高职高专"十二五"规划教材

Protel DXP 电路设计与制板
（第 2 版）

主　编　夏江华
副主编　宋　科　赵　威
　　　　孙宏伟　李建平

北京航空航天大学出版社

内容简介

本书从"实用、够用"的原则出发，以典型的应用实例为主线，详细介绍了 Protel DXP 2004 电子设计自动化软件的使用方法。

本书详细讲解了 Protel DXP 2004 软件中原理图设计、印制电路板设计和电路仿真分析三大部分。全书共 12 章，其中第 1～2 章为 Protel DXP 2004 概述部分，第 3～6 章为原理图设计部分，第 7～9 章介绍了印制电路板设计，第 10 章为电路仿真分析部分，第 11 章简要介绍了利用 Protel DXP 进行信号完整性分析的基本方法，第 12 章以一个完整的实例项目为主线，综合了全书的主要教学内容。本书注重实用操作技能训练，在讲解基本知识的同时，辅以实例进行说明，强调理论与实践相结合。此外，每章后的练习题部分均设有上机操作材料和习题，方便学生上机训练和课后练习。

本书结构合理，条理清楚，内容翔实，可作为大中专院校电子类、计算机类、自动化类、机电一体化类专业及相关专业的教材，也可作为培训教材，还可作为电子产品设计工程技术人员和电子制作爱好者的参考用书。

图书在版编目(CIP)数据

Protel DXP 电路设计与制板 / 夏江华主编. --2 版
. --北京：北京航空航天大学出版社,2012.2
　　ISBN 978-7-5124-0709-1

Ⅰ. ①P… Ⅱ. ①夏… Ⅲ. ①印刷电路—计算机辅助设计—应用软件，Protel DXP Ⅳ. ①TN410.2

中国版本图书馆 CIP 数据核字(2012)第 010441 号

版权所有，侵权必究。

Protel DXP 电路设计与制板(第 2 版)

主　编　夏江华
副主编　宋　科　赵　威
　　　　孙宏伟　李建平
责任编辑　陈守平

*

北京航空航天大学出版社出版发行
北京市海淀区学院路 37 号(100191)　发行部电话：010-82317024　传真：010-82328026
http://www.buaapress.com.cn　E-mail:bhpress@263.net
涿州市新华印刷有限公司印装　各地书店经销

*

开本：787×1092　1/16　印张：19.5　字数：499 千字
2012 年 2 月第 1 版　2014 年 1 月第 2 次印刷　印数：3 001—6 000 册
ISBN 978-7-5124-0709-1　　定价：36.00 元

若本书有倒页、脱页、缺页等印装质量问题，请与本社发行部联系调换。联系电话：(010)82317024

前　言

　　Protel DXP 2004 是 Altium 公司于 2004 年发布的电路设计软件的最新版本，是 Protel DXP 的升级版本。它将项目管理方式、原理图和 PCB 图的双向同步、多通道设计、拓扑自动布线以及强大的电路仿真等技术完美地融合在一起，是一款真正优秀的板卡级设计软件。该软件为用户提供了全方位的设计解决方案，使用户可以轻松进行各种复杂电路的设计。

　　本书结构严谨，采用知识点和实例相结合的方式详细介绍了 Protel DXP 2004 的基本功能以及操作方法与技巧。在范例的选择上，也力求典型实用，每个范例都能体现所学的知识点。

　　全书共分为 12 章，各章的主要内容如下。

　　第 1 章：介绍了印制电路板设计基本知识、Protel DXP 的发展与应用领域，Protel DXP 2004 的组成、特点及安装步骤。

　　第 2 章：介绍了电路板设计一般步骤、Protel DXP 2004 文件的组织和管理。

　　第 3 章：介绍了电路原理图设计环境、原理图设计菜单、相关的参数设置。

　　第 4 章：以一个实例介绍电路原理图的设计流程，以及如何设置编译项目参数、编译项目和定位错误单元，最后介绍了原理图的打印设置。

　　第 5 章：介绍了原理图设计常用工具的使用方法、电路元器件库的建立。

　　第 6 章：介绍了图件的放置方法与层次原理图的设计方法。

　　第 7 章：介绍了电路原理图编辑的方法。

　　第 8 章：介绍了 PCB 设计流程，单面板、双面板的设计方法。

　　第 9 章：介绍了元器件 PCB 封装的创建。

　　第 10 章：介绍了电路仿真功能。

　　第 11 章：简要介绍了利用 Protel DXP 进行信号完整性分析的基本方法，为以后进行高速 PCB 设计奠定基础。

　　第 12 章：以一个完整的实例项目为主线，综合了本书的主要教学内容。

　　本书的特点是知识全面，结构安排合理，语言通俗易通。通过学习，读者可以充分掌握 Protel DXP 2004 的基础知识，并掌握使用 Protel DXP 2004 进行电路设计与制板的设计流程以及相关的方法和技巧。除第 12 章外，书中每章都附有小结、上机练习和习题，便于读者自学或教师组织学生进行上机练习。

本书主要由夏江华、宋科、赵威、孙宏伟和李建平编写，参加部分编写和审核工作的还有李彬、杨丽、王娜和罗贤东等。

最后，限于作者的自身水平，书中难免存在不足和疏漏，恳请广大读者和专家不吝指正。

编　者
2009 年 7 月

目　　录

第 1 章　Protel DXP 基础知识 … 1
1.1　印制电路板基本概念 … 1
1.1.1　印制电路板的发展历史 … 1
1.1.2　印制电路板的分类 … 2
1.1.3　印制电路板的作用与优点 … 4
1.2　Protel DXP 的发展 … 4
1.3　Protel DXP 2004 概述 … 5
1.3.1　Protel DXP 2004 的组成 … 5
1.3.2　Protel DXP 2004 的特点 … 5
1.3.3　Protel DXP 2004 的版本 … 6
1.4　Protel DXP 2004 的安装 … 6
1.4.1　Protel DXP 2004 的运行环境 … 6
1.4.2　Protel DXP 2004 的安装过程 … 7
1.5　本章小结 … 11
1.6　上机练习 … 12
1.7　习　题 … 12

第 2 章　初识 Protel DXP 2004 … 13
2.1　电路板设计的基本步骤 … 13
2.2　启动 Protel DXP 2004 … 14
2.3　简介 Protel DXP 2004 … 15
2.3.1　Protel DXP 2004 菜单栏 … 15
2.3.2　资源个性化 … 16
2.4　Protel DXP 2004 的文件组织结构 … 17
2.5　本章小结 … 17
2.6　上机练习 … 17
2.7　习　题 … 18

第 3 章　原理图设计环境 … 19
3.1　启动原理图编辑器 … 19
3.1.1　从 Files 面板启动原理图编辑器 … 19
3.1.2　从主页 Home 启动原理图编辑器 … 20
3.1.3　利用菜单命令启动原理图编辑器 … 20
3.2　原理图编辑器界面 … 21
3.3　原理图编辑器菜单 … 22
3.3.1　File 菜单 … 22

3.3.2　View 菜单 …………………………………………………… 22
　　3.3.3　Project 菜单 ………………………………………………… 23
　　3.3.4　Help 菜单 …………………………………………………… 24
　　3.3.5　Right Mouse Click 右键菜单 ……………………………… 24
3.4　设置原理图编辑器界面 ……………………………………………… 25
3.5　设置图纸参数 ………………………………………………………… 26
　　3.5.1　设置图纸规格 ………………………………………………… 26
　　3.5.2　设置图纸选项 ………………………………………………… 27
　　3.5.3　设置图纸栅格 ………………………………………………… 28
　　3.5.4　设置自动捕获电气节点 ……………………………………… 28
　　3.5.5　快速切换栅格命令 …………………………………………… 29
　　3.5.6　填写图纸设计信息 …………………………………………… 29
3.6　设置原理图编辑器系统参数 ………………………………………… 30
　　3.6.1　设置原理图参数 ……………………………………………… 30
　　3.6.2　设置图形编辑参数 …………………………………………… 32
　　3.6.3　设置编译器参数 ……………………………………………… 33
　　3.6.4　设置自动变焦参数 …………………………………………… 34
　　3.6.5　设置常用图件默认值参数 …………………………………… 34
3.7　本章小结 ……………………………………………………………… 35
3.8　上机练习 ……………………………………………………………… 35
3.9　习　题 ………………………………………………………………… 36

第4章　电路原理图设计实例

4.1　电路原理图设计流程 ………………………………………………… 37
4.2　电路原理图设计 ……………………………………………………… 38
　　4.2.1　创建一个 PCB 项目 …………………………………………… 38
　　4.2.2　创建一个原理图文件 ………………………………………… 39
　　4.2.3　加载元器件库 ………………………………………………… 40
　　4.2.4　打开库文件面板（Libraries） ……………………………… 42
　　4.2.5　利用库文件面板放置元器件 ………………………………… 42
　　4.2.6　移动、删除元器件及布局 …………………………………… 43
　　4.2.7　放置导线 ……………………………………………………… 45
　　4.2.8　放置电源端子 ………………………………………………… 46
　　4.2.9　自动标志元器件 ……………………………………………… 46
　　4.2.10　快速自动标志元器件和恢复标志 ………………………… 51
　　4.2.11　直接编辑元器件字符型参数 ……………………………… 51
　　4.2.12　添加元器件参数 …………………………………………… 52
4.3　设置编译项目参数 …………………………………………………… 53
　　4.3.1　设置错误报告类型 …………………………………………… 53
　　4.3.2　设置电气连接矩阵 …………………………………………… 53

目 录

  4.3.3 设置比较器 ·· 54
  4.3.4 设置输出路径和网络表选项 ·· 55
 4.4 编译项目和定位错误单元 ·· 55
  4.4.1 编译项目 ··· 55
  4.4.2 定位错误原件 ··· 56
 4.5 生成网络表 ··· 57
 4.6 原理图打印 ··· 58
  4.6.1 设置默认打印参数 ·· 58
  4.6.2 设置打印机参数 ··· 59
  4.6.3 打印预览 ··· 59
  4.6.4 打印原理图 ·· 60
 4.7 本章小结 ·· 60
 4.8 上机练习 ·· 60
 4.9 习 题 ·· 61

第5章 原理图设计常用工具 ··· 62

 5.1 原理图编辑器工具栏简介 ·· 62
 5.2 工具栏的使用方法 ··· 63
 5.3 元器件检索 ··· 63
  5.3.1 启动元器件检索对话框 ·· 63
  5.3.2 填写元器件检索参数 ··· 64
  5.3.3 元器件检索结果的处理方法 ·· 65
 5.4 建立项目元器件库 ··· 65
  5.4.1 建立项目原理图元器件库 ··· 66
  5.4.2 建立项目PCB封装元器件库 ··· 67
 5.5 设置窗口显示 ··· 69
  5.5.1 平铺窗口 ··· 69
  5.5.2 水平平铺窗口 ··· 70
  5.5.3 垂直平铺窗口 ··· 70
  5.5.4 恢复默认的窗口层叠显示状态 ··· 71
  5.5.5 在新窗口中打开文件 ··· 71
  5.5.6 重排设计窗口 ··· 71
  5.5.7 隐藏文件 ··· 71
 5.6 工作窗口面板 ··· 72
  5.6.1 面板标签简介 ··· 72
  5.6.2 剪切板面板功能 ··· 73
  5.6.3 收藏面板功能 ··· 74
  5.6.4 导航器面板功能 ··· 76
  5.6.5 列表面板功能 ··· 79
  5.6.6 图纸面板功能 ··· 82

5.7 其他常用工具 …………………………………………………………………… 83
　　5.7.1 导线高亮工具——高亮笔 …………………………………………… 83
　　5.7.2 存储工具 ……………………………………………………………… 84
　　5.7.3 过滤器 ………………………………………………………………… 85
5.8 小　结 ………………………………………………………………………… 86
5.9 上机练习 ……………………………………………………………………… 86
5.10 习　题 ………………………………………………………………………… 86

第 6 章　图件放置与层次化设计 …………………………………………………… 87
6.1 放置元器件与设置元器件属性 ……………………………………………… 87
　　6.1.1 放置元器件 …………………………………………………………… 87
　　6.1.2 元器件属性设置对话框 ……………………………………………… 89
　　6.1.3 设置属性分组框各参数 ……………………………………………… 89
　　6.1.4 设置图形分组框各参数 ……………………………………………… 91
　　6.1.5 设置参数列表分组框各参数 ………………………………………… 91
　　6.1.6 设置模型列表分组框各参数 ………………………………………… 92
6.2 放置导线与设置导线属性 …………………………………………………… 94
　　6.2.1 普通放置导线模式 …………………………………………………… 94
　　6.2.2 点对点自动布线模式 ………………………………………………… 95
　　6.2.3 设置导线属性 ………………………………………………………… 96
6.3 放置总线与设置总线属性 …………………………………………………… 96
　　6.3.1 放置总线 ……………………………………………………………… 96
　　6.3.2 放置总线属性 ………………………………………………………… 97
6.4 放置总线入口与设置总线入口属性 ………………………………………… 97
　　6.4.1 放置总线入口 ………………………………………………………… 97
　　6.4.2 设置总线入口属性 …………………………………………………… 97
6.5 放置网络标号与设置网络标号属性 ………………………………………… 98
　　6.5.1 放置网络标号 ………………………………………………………… 98
　　6.5.2 设置网络标号属性 …………………………………………………… 99
6.6 放置节点与设置节点属性 …………………………………………………… 99
　　6.6.1 放置节点 ……………………………………………………………… 100
　　6.6.2 设置节点属性 ………………………………………………………… 100
6.7 放置电源端子与设置电源端子属性 ………………………………………… 100
　　6.7.1 电源端子简介 ………………………………………………………… 101
　　6.7.2 放置电源端子 ………………………………………………………… 101
6.8 放置指令与设置指令属性 …………………………………………………… 101
　　6.8.1 放置 No ERC 指令 …………………………………………………… 101
　　6.8.2 设置 No ERC 属性 …………………………………………………… 102
　　6.8.3 放置 PCB 布线规则指令 ……………………………………………… 102
　　6.8.4 设置 PCB 布线规则指令属性 ………………………………………… 102

6.9 放置注释文字与设置注释文字属性 ……………………………………………… 103
　　6.9.1 插入文字工具 A ……………………………………………………… 103
　　6.9.2 插入文本框工具 ……………………………………………………… 104
6.10 放置非电气图形的方法 ……………………………………………………… 105
　　6.10.1 放置直线与设置直线属性 …………………………………………… 105
　　6.10.2 放置多边形与设置多边形属性 ……………………………………… 106
　　6.10.3 放置椭圆弧与设置椭圆弧属性 ……………………………………… 107
6.11 层次原理图设计 ……………………………………………………………… 108
　　6.11.1 自上而下的层次原理图设计 ………………………………………… 108
　　6.11.2 自下而上的层次原理图设计 ………………………………………… 114
6.12 图纸连接器的放置和属性设置 ……………………………………………… 116
6.13 本章小结 ……………………………………………………………………… 117
6.14 上机练习 ……………………………………………………………………… 117
6.15 习　题 ………………………………………………………………………… 118

第7章 电路原理图的编辑 …………………………………………………………… 119

7.1 元器件的通用编辑 …………………………………………………………… 119
　　7.1.1 元器件的复制、剪切和粘贴 ………………………………………… 119
　　7.1.2 元器件的排列和对齐 ………………………………………………… 120
7.2 实用工具栏的使用 …………………………………………………………… 121
　　7.2.1 原理图元器件的全局编辑 …………………………………………… 121
　　7.2.2 字符的全局编辑 ……………………………………………………… 122
7.3 元器件库编辑器 ……………………………………………………………… 124
　　7.3.1 加载元器件库编辑器 ………………………………………………… 124
　　7.3.2 绘图工具栏简介 ……………………………………………………… 125
　　7.3.3 绘制线段 ……………………………………………………………… 126
　　7.3.4 绘制椭圆弧 …………………………………………………………… 126
　　7.3.5 放置矩形 ……………………………………………………………… 126
　　7.3.6 放置元器件引脚 ……………………………………………………… 126
　　7.3.7 放置 IEEE 符号 ……………………………………………………… 127
　　7.3.8 元器件库的管理 ……………………………………………………… 129
7.4 元器件库编辑器的使用 ……………………………………………………… 129
7.5 生成元器件报表 ……………………………………………………………… 131
　　7.5.1 元器件报表 …………………………………………………………… 131
　　7.5.2 元器件库报表 ………………………………………………………… 132
　　7.5.3 元器件规则检查表 …………………………………………………… 132
7.6 建立 Protel DXP 2004 元器件集成库 ……………………………………… 132
7.7 本章小结 ……………………………………………………………………… 136
7.8 上机练习 ……………………………………………………………………… 136
7.9 习　题 ………………………………………………………………………… 136

第8章 PCB 设计实例 ... 137
8.1 PCB 的设计流程 ... 137
8.2 双面印制电路板设计 ... 138
8.2.1 文件链接与命名 ... 138
8.2.2 设置电路板禁止布线区 ... 140
8.2.3 导入数据 ... 141
8.2.4 设定环境参数 ... 144
8.2.5 元器件的自动布局 ... 145
8.2.6 调换元器件封装 ... 148
8.2.7 PCB 和原理图文件的双向更新 ... 150
8.2.8 元器件布局的交互调整 ... 153
8.2.9 确定电路板的板形 ... 156
8.2.10 电路板的 3D 效果图 ... 157
8.2.11 布置布线规则 ... 157
8.2.12 自动布线 ... 164
8.2.13 手工调整布线 ... 166
8.2.14 加补泪滴 ... 166
8.2.15 放置敷铜 ... 166
8.2.16 网络的高亮检查 ... 167
8.2.17 设计规则检查 DRC ... 167
8.2.18 文件的打印输出 ... 170
8.3 单面板电路板的设计 ... 171
8.4 多层电路板设计 ... 173
8.5 本章小结 ... 175
8.6 上机练习 ... 175
8.7 习 题 ... 176

第9章 元器件 PCB 封装的创建 ... 177
9.1 PCBLib 编辑器启动及操作界面 ... 177
9.1.1 PCBLib 编辑器的启动 ... 177
9.1.2 PCBLib 编辑器的组成 ... 178
9.1.3 工作参数及图纸参数设置 ... 179
9.2 制作元器件封装图举例 ... 179
9.3 本章小结 ... 184
9.4 上机练习 ... 184
9.5 习 题 ... 185

第10章 DXP 仿真功能 ... 186
10.1 常用仿真元器件简介 ... 186
10.1.1 仿真激励源 ... 187
10.1.2 仿真元器件 ... 191

10.1.3　仿真专用函数元器件 ································ 196
　　　10.1.4　仿真数学函数元器件 ································ 197
　10.2　仿真器的设置 ·· 197
　　　10.2.1　仿真器设置对话框 ···································· 197
　　　10.2.2　仿真方式的特点和设置方法 ······················ 200
　10.3　仿真实例 ··· 201
　　　10.3.1　并联电路 ··· 201
　　　10.3.2　二极管与门电路 ······································· 203
　　　10.3.3　稳压二极管 ·· 205
　　　10.3.4　晶体管输出特性 ······································· 207
　10.4　绘制仿真原理图 ··· 208
　10.5　仿真图形分析与处理 ·· 211
　　　10.5.1　增加波形图 ·· 211
　　　10.5.2　操作波形图 ·· 215
　　　10.5.3　波形大小调整 ··· 220
　　　10.5.4　波形图选项 ·· 220
　　　10.5.5　图表选项 ··· 220
　　　10.5.6　文件选项 ··· 221
　10.6　本章小结 ··· 223
　10.7　上机练习 ··· 223
　10.8　习　题 ·· 223

第 11 章　利用 DXP 进行信号完整性分析　224
　11.1　信号完整性简介 ··· 224
　11.2　Protel DXP 2004 所提供的信号完整性分析 ····· 225
　11.3　使用 Protel 进行信号完整性分析 ····················· 225
　11.4　实　例 ·· 226
　11.5　本章小结 ··· 236
　11.6　上机练习 ··· 236
　11.7　习　题 ·· 236

第 12 章　基于 89C51 单片机的多功能实验电路板的制作实例　237
　12.1　实例说明 ··· 237
　12.2　学习目标 ··· 237
　12.3　操作步骤 ··· 238
　12.4　本章小结 ··· 251

附录 A　常用原理图元器件符号与 PCB 封装形式 ······ 252
附录 B　相关快捷方式 ··· 259
附录 C　集合库与 PCB 封装库 ·································· 262
　C.1　集合库 ·· 262
　C.2　PCB 封装库 ·· 288

附录 D　热转印法自制 PCB 的方法与技巧 …………………………… 291
　　D.1　准备材料 ………………………………………………… 291
　　D.2　制作步骤 ………………………………………………… 291
　　D.3　使用方法 ………………………………………………… 293
附录 E　印制电路板设计常用词汇 …………………………………… 294
参考文献 ………………………………………………………………… 299

第 1 章　Protel DXP 基础知识

教学提示：本章主要介绍 Protel DXP 2004 的安装和基本环境，以及制作印制电路板（PCB）的一些基本概念。

教学目标：通过本章的学习，学生应该了解印制电路板的基础知识、Protel DXP 2004 的基本特点和 Protel DXP 2004 软件的安装方法，并对 Protel DXP 2004 有一个整体印象，为后面的学习奠定基础。

1.1　印制电路板基本概念

1.1.1　印制电路板的发展历史

印制电路板最初是为了方便安装分立电子元器件、减少过多连接线而设计的一种代替电子电路连接线的安装基板。随着各种电子设备元器件向小型化和高密度化发展，手工连接线的方式已基本被淘汰，所有电子元器件都开始采用印制电路板。由于电路板是用预先设计好的电路通过照相制版的方法在覆有铜箔的基板上制成，所以简称为印制电路板，如图 1-1 所示。

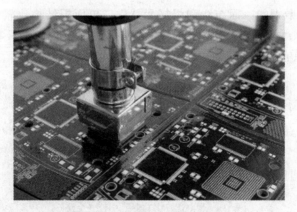

图 1-1　印制电路板

关于电路板的构思早在 1936 年就有人提出过，但采用的是加成法，即将铜线布置在基板上，方便电子元器件的连接，用来制作无线电接收机。

20 世纪 50 年代，出现了单面印制电路板，制造方法是使用覆铜箔纸基酚醛树脂层压板（PP 基材），用化学药品溶解除去不需要的铜箔，留下的铜箔成为电路，称为减成法工艺。一些品牌制造工厂用此工艺制作印制板，以手工操作为主，腐蚀液是三氯化铁，溅上衣服就会变黄。当时应用印制板的代表性产品手提式晶体管收音机，就采用了 PP 基材的单面印制板。

20 世纪 60 年代，出现了应用覆铜箔玻璃布环氧树脂层压板（GE 基材）的印制板专用材料，使印制电路板的应用和生产进入了产业化阶段。1965 年开始出现商品化批量生产 GE 基板，工业用电子设备用 GE 基板、民用电子设备用 PP 基板已成为业内的常识。

进入20世纪70年代，印制电路板技术有了很大进步。这个时期的印制板从4层向6、8、10、20、40、50层甚至更多层发展，同时实行高密度化（细线、小孔、薄板化）电路，宽度与间距从0.5mm向0.35mm、0.2mm、0.1mm发展，印制板单位面积上布线密度大幅提高。

50多年来，印制电路板的变化反映了电子技术的高速发展。自1947年发明半导体晶体管以来，电子设备的形态经历了由大型、大体积向小型、小体积再向袖珍型和微型化发展的历程。半导体器件也由低功率、分立晶体管向高集成度发展，开发出了各种高性能和更高集成度的IC。

进入21世纪，电子技术设备在向高密度化、小型化和轻量化发展的同时，将向高智能化产品发展。主导21世纪的创新技术将是"纳米技术"和各种智能机器人技术。这些新技术将会带动电子元器件的研究开发，从而进一步促进电子电镀技术的进步。

1.1.2 印制电路板的分类

印制电路板的分类方法比较多，主要有以下几种。

1. 按基板材料分类

纸制敷铜板：这种板价格低廉，但性能较差，可用于低频电路和要求不高的场合。

玻璃布敷铜板：这种板价格较贵，但性能较好，常用于高频电路和高档家电产品中。

挠性塑料敷铜板：这种板能够承受较大的变形。

2. 按结构分类

单面印制电路板（简称单面板）：单面板是一种一面敷铜，另一面没有敷铜的电路板，如图1-2所示。只可在它敷铜的一面布线和焊接元器件。单面板结构比较简单，制作成本较低。但是对于复杂的电路，由于只能一个面上走线，并且不允许交叉，单面板布线难度很大，布通率往往较低，因此通常只有电路比较简单时才采用单面板布线。

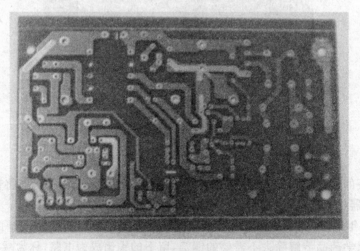

图1-2 单面板

双面印制电路板（简称双面板）：双面板是一种包括顶层（top layer）和底层（bottom layer）的电路板。顶层一般为元器件面，底层一般为焊接面。双面板两面都敷上铜箔，因此PCB中两面都可以布线，并且可以通过导孔在不同工作层中切换走线，相对于多层板而言，双面板制作成本不高。对于一般的应用电路，在给定一定面积时通常都能全部布通，因此目前一般的印制板都是双面板,如图1-3所示。

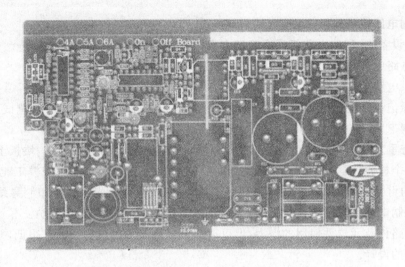

图1-3 双面板

多层印制电路板(简称多层板):多层板就是多个工作层面的电路板,如图1-4所示。最简单的多层板有4层,通常是在top layer和bottom layer中间加上了电源层和地线层。通过这样的处理,可以最大限度地解决电磁干扰问题,提高系统的可靠性,同时也可以提高布通率,缩小PCB的面积。

图1-4 多层板(显卡低通滤波电路部分)

1.1.3 印制电路板的作用与优点

1. 印刷电路板的作用

在电子设备中,印制电路板通常起三方面作用:
1) 对电路中的各种元器件提供必要的机械支撑。
2) 提供电路的电气连接。
3) 用标记符号把板上所安装的各个元器件标注出来,便于插件、检查及调试。

2. 印制电路板的优点

1) 具有重复性。一旦电路板的布线经过验证,就不必再为制成的每一块板上的互连是否正确进行逐个检验,因为所有板的连线与样板一致。这种方法适合于大规模工业化生产。

2) 板的可预测性。设计师通常按照"最坏情况"的设计原则来设计印制导线的长、宽、间距及选择印制电路板的材料,以保证最终产品能通过试验条件。虽然该方法不一定能准确地反映印制电路板及元器件使用的潜力,但可以保证最终产品测试的废品率很低,并可大大简化印制电路板的设计。

3) 所有信号都可以导线的任一点沿直线进行测试,而不会产生因导线接触而引起短路的危险。

4) 印制电路板的焊点可以在一次焊接过程中将大部分焊完。现代焊接方法主要使用的是浸焊和波峰焊,这样可以保证高速、高质量地完成焊接工作,减少虚焊、漏焊,从而降低电子设备的故障率。

1.2 Protel DXP 的发展

从 20 世纪 80 年代开始,计算机应用进入了各个领域。20 世纪 80 年代末,由美国 AC-CEL Technologies Inc. 推出了第一个应用于电子电路设计软件包——TANGO,这个软件包在当时给电子电路设计带来了设计方法和方式的革命,人们开始用计算机来设计电子电路。但 TANGO 在应用中逐渐显示出其不适应时代发展需要的弱点,这时 Altium(前称 Protel International Limited)公司以其强大的研发能力推出了 Protel For DOS 作为 TANGO 的升级版本。从此 Protel 开始出现在 PCB 设计的历史舞台,并日益显示其强大的生命力。

随后,Windows 操作系统开始流行,许多应用软件开始支持 Windows 操作系统。Altium 公司也相继推出了 Protel For Windows 1.0、Protel For Windows 1.5 等版本。这些版本的可视化功能给用户设计电子电路带来了很大方便,设计者再也不用记一些繁琐的命令,同时也让用户体会到了资源共享的乐趣。

随着 Windows 95 的出现,Altium 公司也紧跟潮流,推出了 Protel 3.X。这个版本加入了新颖的主从式结构,但在自动布线方面却没有什么出众的表现。另外,这个版本是 16 位和 32 位的混合型软件,所以也不太稳定。

1998 年,Altium 公司推出了给人以全新感觉的 Protel 98。Protel 98 以其出众的自动布线能力获得了业内人士的一致好评。

1999 年,Altium 公司又推出了最新一代的电子电路设计系统——Protel 99。在 Protel 99 中加入了许多全新的特色。

2002年，Altium公司重新设计了Design Explorer(DXP)平台，随着Protel DXP的上市，出现了第一个在新DXP平台上使用的产品。Protel DXP是EDA行业内第一个可以在单个应用程序中完成所有板设计处理的工具。

2004年，Altium公司又推出了Protel DXP 2004。由于其强大的功能和方便的操作，很快发展成为众多EDA用户的首选电路CAD软件。

1.3 Protel DXP 2004 概述

1.3.1 Protel DXP 2004 的组成

Protel DXP 2004 主要由四部分组成。
1) 原理图设计系统，用于电路原理图的设计。
2) PCB设计系统，用于PCB的设计。
3) FPGA系统，用于可编程逻辑器件的设计。
4) 电子电路仿真系统，用于对电子电路模拟仿真设计。

本书着重讲述电路原理图设计、电子电路仿真和印制电路板设计三个系统工具的使用。

Protel DXP 2004 将原理图编辑、PCB图绘制及打印等功能有机结合在一起，形成了一个集成的开发环境。在这个环境中，原理图编辑就是电子电路的原理图设计，是通过原理图编辑器来实现的。原理图编辑器为用户提供高速、智能的原理图编辑手段，由它生成的原理图文件为印制电路板的制作做准备工作。用户可以利用Protel DXP 2004 的仿真功能，对设计的电路原理图进行仿真分析，评估设计电路的电气性能。PCB图绘制就是印制电路板的设计，它是通过PCB编辑器来实现的，其生成的PCB文件可直接应用到印制电路板的生产中。

1.3.2 Protel DXP 2004 的特点

Protel DXP 2004 是Altium公司于2004年2月推出的一套最新的完整的板卡级设计系统，主要运行于Windows XP或Windows 2000环境。该软件从多方面改进和完善了Protel DXP版本，使其具有更高的稳定性、增强的图形功能和超强的用户界面。因此，Protel DXP 2004 设计系统也被称为DXP 2004。

Protel DXP 2004 几乎将所有的电子电路设计工具集成在单个应用程序中。它通过把电路图设计、FPGA应用程序设计、电路仿真、PCB绘制编辑、拓扑自动布线、信号完整性分析和设计输出等技术完美融合，为用户提供全线的设计解决方案，使用户可以轻松进行各种复杂的电子设计。

Protel DXP 2004 已经具备了当今所有先进的电路辅助设计软件的优点，能进行任何从概念到成型的板卡设计，而不受设计规格和复杂程度的束缚。作为单一的板卡设计应用软件，Protel DXP 2004 能提供前所未有、最大限度的工具集成功能。

Protel DXP 2004 具有如下主要特点。
1) 具有集成元器件库。Protel DXP 2004 提供了丰富的元器件库，并且采用了集成零件库架构，包括原理图符号及PCB封装、SPICE仿真模型和SI模型。通过链接的方式，在打开原理图编辑器或者PCB编辑器放置元器件时，可以把所有元器件符号、仿真和信号分析模型及PCB封装形式等信息同步地传输到具体的项目中。

2）具有人工智能的自动布线器。Protel DXP 2004采用了一种基于拓扑逻辑分析的布线器——Situs布线器，在PCB布局之后能进行整板的电气节点分析，形成拓扑图，最后根据拓扑图，进行智能的布线路径计算，找出最佳的布线路径。它还几乎不受板上几何图形的约束，可以进行大面积和高密度的自动布线，而且布线通过率高。

3）具有丰富灵活的编辑功能。它包括自动连接功能、交互式全局编辑、便捷的选择功能、在线编辑元器件参数、随时修改元器件引脚等功能。

4）具有多通道设计功能。设计好一张相同部分的子图后，Protel DXP 2004可自动生成相同的子电路图，大幅度降低了工作量。

5）支持FPGA设计。Protel DXP 2004提供了一个VHDL语言编辑器，在设计FPGA时可以直接把原理图中输入的FPGA设计转化为VHDL文件格式，并同时为端口和元器件添加各种参数。

6）具有查询功能。在查询面板中输入查询语句，系统可输出符合条件的查询结果。

7）支持双显示器设置。可以用两台显示器进行设计。

8）支持层次化原理图设计。Protel DXP 2004支持层次化原理图设计，对图纸和阶层数没有限制。

9）具有设计校验功能。Protel DXP 2004具有强大纠错功能的设计法则校验器，保证设计完整、准确。

10）多样的输入输出形式。具有多种输入输出方式，包括P-CAD、ORCAD、PADS和AUTOCAD等文档。

11）卓越的电路仿真功能。Protel DXP 2004集成了更为完善的电路仿真功能，不仅可以导入和导出波形数据，还能以层叠的方式显示多个波形，甚至可以对多个波形图平铺浏览。可以说，人性化的电路仿真功能让用户的电路设计工作变得更为简单。

12）具有增强高频电路信号完整性分析功能。在高频电路的设计中，难免要用到信号完整性分析。Protel DXP 2004在早期版本的基础上，完善了信号完整性分析功能，使用户在电路图设计阶段就完成绝大部分的电路调试工作，为电路的调试工作提供了方便。

1.3.3 Protel DXP 2004的版本

Protel DXP 2004软件有两个版本，即30天使用版（trial version）和正式版。可以直接从Protel的官方网站www.protel.com上注册下载30天使用版。Protel DXP 2004的正式版则需要到相关的软件销售商处购买。在购买时随光盘赠送一个许可证号。购买Protel DXP 2004软件正式版的用户也可以从网站上下载正式版用的软件升级包。

1.4 Protel DXP 2004的安装

1.4.1 Protel DXP 2004的运行环境

1. 推荐配置

1）操作系统：Windows XP。

2) 硬件配置：
- CPU 为 P4，1.2 GHz 或更高处理器；
- 内存为 512 MB；
- 硬盘空间为 620 MB；
- 最低显示分辨为 980×1 024 像素，显存为 32 MB。

2. 最低配置

1) 操作系统：Windows 2000 专业版。
2) 硬件配置：
- CPU 主频为 500 MHz；
- 内存为 128 MB；
- 硬盘空间为 620 MB；
- 最低显示分辨为 980×768 像素，显存为 8 MB。

1.4.2　Protel DXP 2004 的安装过程

1. Protel DXP 2004 的安装

Protel DXP 2004 是基于 Windows 操作系统的应用软件，其安装或卸载过程与其他应用软件没什么两样。下面将主要讲述 Protel DXP 2004 应用软件的安装过程。

1) 在 Windows XP 操作系统下，运行 Altium 2004 文件夹中的 Setup.exe 安装应用程序，就会出现如图 1-5 所示的 Protel DXP 2004 安装向导界面。

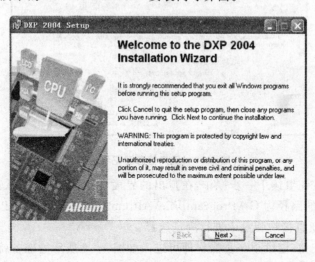

图 1-5　Protel DXP 2004 安装向导

2) 单击 Next 按钮，就可以进入如图 1-6 所示的注册协议许可界面。在该界面中，用户如果对 Altium 公司提出的使用协议没有异议，选中 I accept the license agreement 单选项，然后单击 Next 按钮继续下一步操作。

3) 在弹出的用户信息登记界面中，用户可根据自身情况，在 Full Name 文本框中输入用户名，在 Organization 文本框中输入单位名称，如图 1-7 所示。此外，在该界面中用户还可以设定该软件的使用权限：Anyone who uses this computer 或 Only for me。

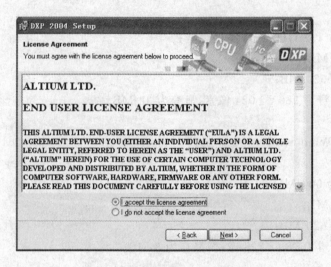

图1-6 注册协议许可界面

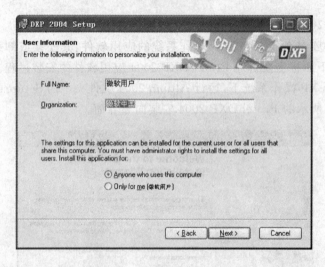

图1-7 用户信息登记界面

4）单击Next按钮继续下一步操作，在弹出的界面中，用户可以选择软件的安装路径，如图1-8所示。默认的路径为C:\Program File\Altium2004。当然，也可以将其安装在其他路径，单击Browse按钮直接在硬盘中进行浏览选择。

5）单击Next按钮，继续下一步操作即可进入如图1-9所示的准备就绪界面。如果用户确定所有的准备工作已经完成，可以单击Next按钮开始程序的安装。如果临时改变了主意，只要单击Back按钮就可以返回上一步重新设置。

6）单击Next按钮，继续下一步操作即可进入如图1-10所示的界面，安装进度条将实时显示安装进程。

7）安装过程可能需要几分钟，安装结束后将会弹出界面提示DXP 2004 has been successfully installed，如图1-11所示，单击Finish按钮，即可完成Protel DXP 2004 的安装。

2. Protel DXP 2004 的认证

初次启动Protel DXP 2004系统时，其启动画面就会提示用户未获得许可，如图1-12所

第 1 章 Protel DXP 基础知识

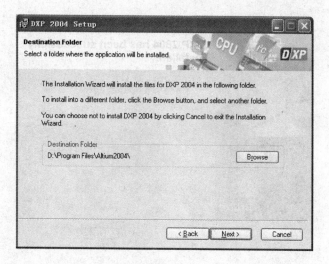

图 1-8 安装路径界面

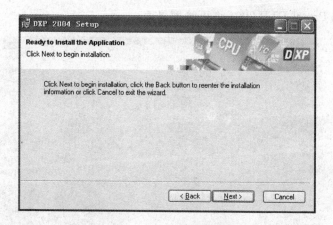

图 1-9 安装准备就绪界面

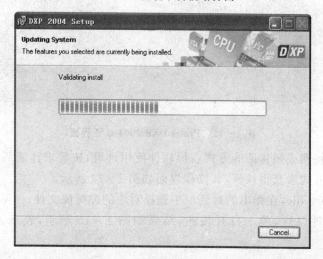

图 1-10 Protel DXP 2004 安装进程

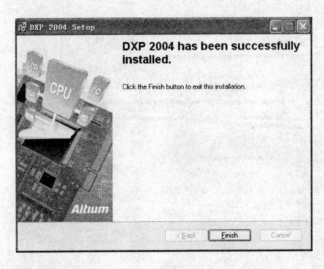

图 1-11　完成 Protel DXP 2004 安装

示。接着就会出现 Protel DXP 2004 许可管理界面。

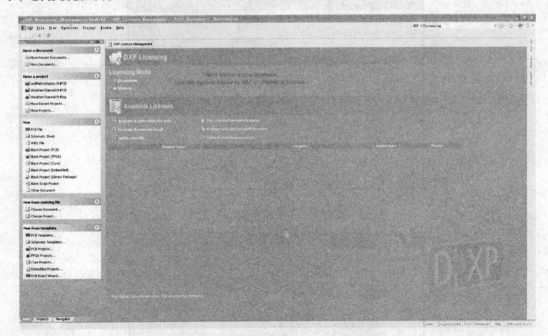

图 1-12　Protel DXP 2004 认证界面

用户可通过因特网或销售商等方式获得软件使用许可，按要求注册后方可使用。本例选用添加许可文件的方式来获得认证，其操作界面如图 1-13 所示。

单击 Add license file，在弹出的对话框中选择对应的许可证文件，如图 1-14 所示。

选择许可证文件以后，单击打开按钮，结果如图 1-15 所示，表示许可证文件已安装成功。

第 1 章 Protel DXP 基础知识

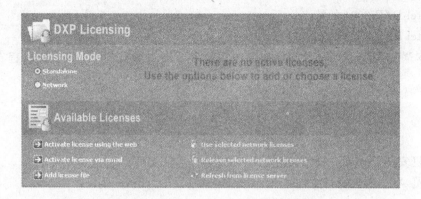

图 1-13 Protel DXP 2004 认证激活

图 1-14 添加激活许可证文件

图 1-15 许可证文件安装成功

1.5 本章小结

本章主要介绍了以下知识点：
- 印制电路板基本概念,包括印制电路板的发展历史、印制电路板的结构、印制电路板的优点。
- Protel DXP 的发展和演变,包括 Protel DXP 2004 的应用领域,Protel DXP 2004 的组成。

➢ Protel DXP 2004 的特点。
➢ Protel DXP 2004 的安装过程。

通过本章的学习,读者应对印制电路板设计和 Protel DXP 2004 的安装过程有一个大概的了解。

1.6 上机练习

1) 上机安装 Protel DXP 2004 软件,并安装许可证文件。
2) 浏览 Altium 公司官方网站 http://www.altium.com。

1.7 习　题

1. 填空题

印制电路板按照结构可以分为_____、_____和_____三种。

2. 简答题

1) 印制电路板按基板材料分,可以分成哪几种?按结构分,可以分成哪几种?各自有什么特点?
2) 简述使用印制电路板的优点。
3) Protel DXP 2004 有什么特点?

第 2 章　初识 Protel DXP 2004

教学提示：本章主要介绍印制电路板设计的一般步骤，以及 Protel DXP 2004 的菜单基本功能和文件管理结构。

教学目标：通过本章的学习，学生应该了解电路板设计的一般步骤，熟悉 Protel DXP 2004 的菜单界面，掌握 Protel DXP 2004 文件组织结构的特点。

2.1　电路板设计的基本步骤

印制电路板的设计是所有设计步骤的最终环节。电路原理图设计等工作只是从原理上给出了电气连接关系，其功能的最后实现依赖于 PCB 图的设计，因为制板时只需要向制板商提供 PCB 图，而不是原理图。

在进行印制电路板设计之前，有必要了解印制电路板的设计过程。通常，先设计好原理图，然后创建一个空白的 PCB 文件，再设置 PCB 的外形、尺寸；根据自己的习惯设置环境参数，接着向空白的 PCB 文件导入网络表及元器件的封装等数据，然后设置工作参数，通常包括板层的设定和布线规则的设定；在上述准备工作完成后，就可以对元器件布局；接下来的工作是自动布线、手工调整不合理的图件、对电源和接地线进行敷铜，最后进行设计校验。在印制电路板设计完成后，应当将与该设计有关的文件导出、存盘。

总的来说，设计印制电路板可分为以下 12 个步骤。

1) 准备原理图。这是印制电路板设计的前期工作。当然，在有些特殊情况下，例如电路比较简单，可以不进行原理图设计而直接进入印制电路板设计，即手工布局、布线，或者利用网络管理器创建网络表后进行半自动布线。虽然，不绘制原理图也能设计 PCB 图，但是无法自动整理文件，这会给以后的维护带来极大的麻烦，况且对于比较复杂的电路，这样做几乎是不可能的。建议在设计 PCB 图前，一定要设计其原理图。

2) 规划印制电路板。这也是印制电路板设计的前期工作。这里包括根据电路的复杂程度、应用场合等因素，选择电路板是单面板、双面板，还是多面板，选取电路板的尺寸，电路板与外界的接口形式，以及接插件的安装位置和电路板的安装方式等。

3) 设置环境参数。这是印制电路板设计中非常重要的步骤，主要设置电路板的结构、尺寸和板层参数。

4) 导入数据。导入数据主要是将由原理图形成的电路网络表、元器件封装等参数装入 PCB 空白文件中。Protel DXP 2004 提供一种不通过网络表而直接将原理图内容传输到 PCB 文件的方法。当然，这种方法看起来虽然没有直接通过网络报表文件，但这些工作由 Protel DXP 2004 系统自动完成。

5) 设定工作参数。设定工作参数包括电气栅格，可视栅格的大小和形状，公制单位和英制单位的转换，工作层面的显示和颜色等。大多数参数可以用系统的默认值。

6) 元器件布局。元器件布局分为自动布局和手工布局。一般情况下，自动布局很难满足要求。元器件布局应当从机械结构、散热、电磁干扰、布线方便等方面进行综合考虑。

7) 设置布线规则。设置布线规则也是印制电路板设计的关键之一。布线规则是设置布线时的各种规范(如安全间距、导线宽度等),这是自动布线的依据。

8) 自动布线。Protel DXP 2004 系统自动布线的功能比较完善,也比较强大。如果参数设置合理,布局妥当,一般都会成功完成自动布线。

9) 手工调整。自动布线后,在某些方面会发现布线不尽合理,这时就必须进行手工调整,以满足设计要求。

10) 敷铜。对各布线层中放置的布线网络进行敷铜,以增强设计电路的抗干扰能力。另外,需要过大电流的地方也可采用敷铜的方法加大过电流的能力。

11) DRC 校验。对完成布线的电路板做 DRC 校验,以确保印制电路板图符合设计规则和所有网络均已正确连接。

12) 输出文件。在印制电路板设计完成后,还有必须完成的工作,如保存设计的各种文件、打印输出或文件输出(包括 PCB 文件)等。

2.2 启动 Protel DXP 2004

Protel DXP 2004 系统安装注册后,安装程序自动在开始菜单上放置一个启动 Protel DXP 2004 的快捷方式图标,如图 2-1 所示。

启动 Protel DXP 2004 的方法与启动其他应用程序的方法相同,双击桌面上的 Protel DXP 2004 快捷方式图标即可启动,启动界面如图 2-2 所示。

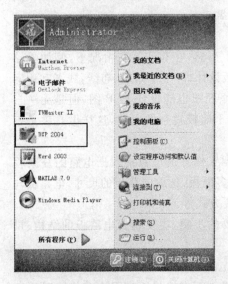

图 2-1 启动 Protel DXP 2004 快捷方式

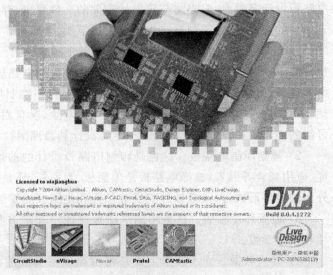

图 2-2 Protel DXP 2004 启动界面

另外,还可通过执行 Start|Protel DXP 2004 或 Start|Program|Altium|Protel DXP 命令来完成启动。

2.3 简介 Protel DXP 2004

2.3.1 Protel DXP 2004 菜单栏

Protel DXP 2004 的菜单栏是用户启动和优化设计的入口。用户可以通过它进行命令操作、参数设置。用户进入 Protel DXP 2004，首先可看到菜单栏中有 7 个菜单项，如图 2-3 所示。

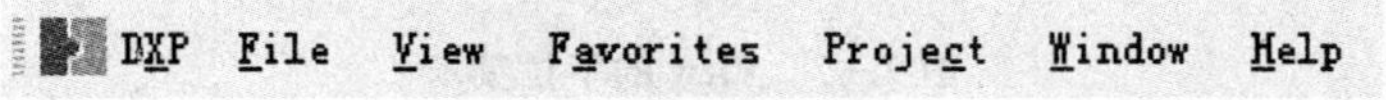

图 2-3 主菜单栏

下面介绍菜单栏各菜单项的功能。

1) DXP：主要用于设置系统参数，使其他菜单及工具栏自动改变以适应编辑的文件。DXP 的下拉菜单及其功能如图 2-4 所示。

2) File：主要用于文件的新建、打开和保存等，其下拉菜单及功能如图 2-5 所示。

New 的级联菜单及功能如图 2-6 所示。

3) View：主要用于工具栏、状态栏和命令行

图 2-4 DXP 下拉菜单

等的管理，并控制各种工作窗口面板的打开和关闭，其下拉菜单及功能如图 2-7 所示。

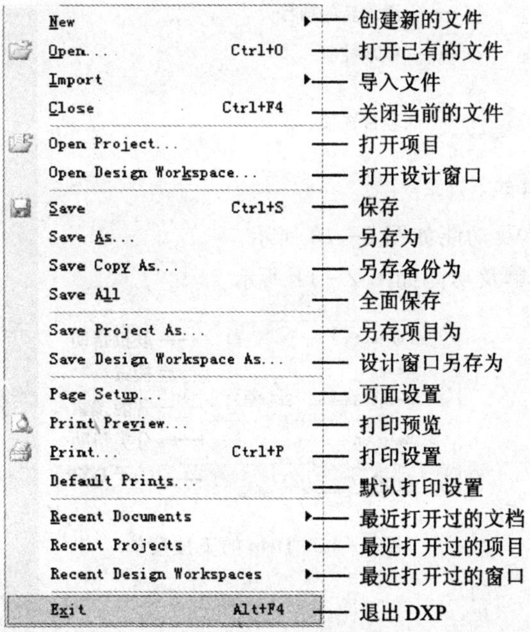

图 2-5 File 下拉菜单　　　　　　　　图 2-6 New 下拉菜单

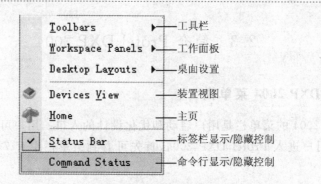

图 2-7 View 的下拉菜单

4) Favorites：主要用于集中管理常用工具，其下拉菜单及功能如图 2-8 所示。

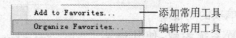

图 2-8 Favorites 的下拉菜单

5) Project：主要用于整个项目的编译、分析和版本控制，其下拉菜单及功能如图 2-9 所示。

图 2-9 Project 的下拉菜单

6) Window：主要用于窗口管理，其下拉菜单及功能如图 2-10 所示。
7) Help：主要用于打开帮助文件，其下拉菜单及功能如图 2-11 所示。

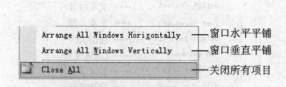

图 2-10 Windows 的下拉菜单

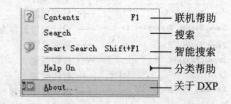

图 2-11 Help 的下拉菜单

2.3.2 资源个性化

编辑器包括菜单栏、工具栏及快捷方式操作面板等。不同的用户可能会有不同的设计习惯，针对这种情况，Protel DXP 2004 允许用户根据自己的需要和习惯来修改系统的设计环境，如新建或调整菜单栏、修改菜单外观和调整工具栏工具图标的排列等,这就是资源个性化,个性化资源设置对话框如图 2-12 所示。

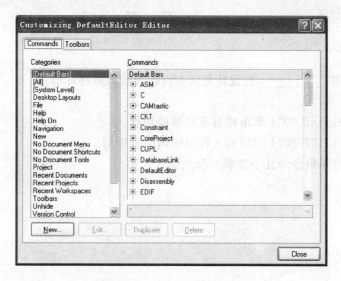

图 2-12　个性化资源设置对话框

2.4　Protel DXP 2004 的文件组织结构

Protel DXP 2004 的文件结构比较复杂。比如,常用的 PCB 设计文件就包括原理图语言文件(.SchDoc)、印制电路板文件(.PcbDoc)、原理图库文件(.SchLib)、PCB 元器件库文件(.PcbLib)、集成式元件库文件(.IntLib)、网络表文件(.NET)等。为了克服因文件过多而造成的文件管理混乱的缺点,Protel DXP 2004 采用了工程项目组、工程级和设计文件级三级文件组织管理模式,即整个设计项目可以用一个工程项目组来定义,工程项目组又分为多个不同的工程,而每一个工程又包含几乎所有的设计文件。这就使得整个工程项目环环相扣,层次清楚。

提示:所谓"组织",是因为在项目文件中只是建立了与设计有关的各种文件的链接关系,而文件的实际内容并没有真正包含到项目中。一个项目下的任意一个文件都可以单独打开、编辑或复制。

2.5　本章小结

本章介绍的是 Protel DXP 2004 的入门知识,主要包括 Protel DXP 2004 菜单栏各菜单项的主要功能和 Protel DXP 2004 文件的主要管理方法。

2.6　上机练习

1) 用三种不同的方法启动 Protel DXP 2004 软件。
2) 熟悉 Protel DXP 2004 菜单栏各菜单项的主要功能,显示与隐藏工具栏。

2.7 习 题

1. 填空题

在 PCB 设计中，_____的设计是所有设计步骤的最终环节。

2. 简答题

1) 简述 Protel DXP 2004 菜单栏各菜单项的功能。

2) 简述 Protel DXP 2004 采用的文件组织结构的作用。

3) 设计印制电路板分为几个步骤？分别是什么？

第 3 章 原理图设计环境

教学提示：本章主要介绍原理图编辑器的启动、编辑界面、部分菜单命令、图纸设置及系统参数设置方法。

教学目标：通过本章的学习，学生应该熟悉启动原理图编辑器，掌握原理图纸的设置和系统参数设置方法。

3.1 启动原理图编辑器

启动原理图编辑器有三种方法：从 Files 面板启动，从主页启动和利用菜单命令启动。

3.1.1 从 Files 面板启动原理图编辑器

1）启动 Protel DXP 2004。

2）单击系统面板标签 System，在其弹出的菜单中选择 Files，打开 Files 面板，如图 3-1 所示。

3）在 Files 面板的 Open a document 分组框中双击原理图文件，启动原理图编辑器，打开一个已有的原理图文件。

4）在 Files 面板的 Open a project 分组框中双击项目文件，弹出如图 3-2 所示的 Projects 项目面板。在项目面板中双击原理图文件，启动原理图编辑器，打开一个已有项目中的原理图文件。

5）在 Files 面板的 New 分组框中单击 Schematic Sheet 选项，启动原理图编辑器，同时新建一个默认名称为 Sheet1.SchDoc 的原理图文件。

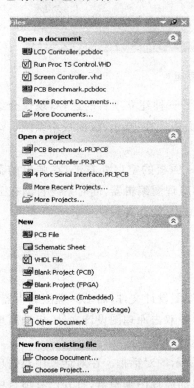

图 3-1 Files 面板

图 3-2 Projects 项目面板

3.1.2 从主页 Home 启动原理图编辑器

从主页启动原理图编辑器,必须建立 PCB 项目,具体步骤如下。

1) 启动 Protel DXP 2004。

2) 从主页 Home 的 Pick a task 栏中,单击 Printed Circuit Board Design 选项,打开印刷电路板设计界面,如图 3-3 所示。

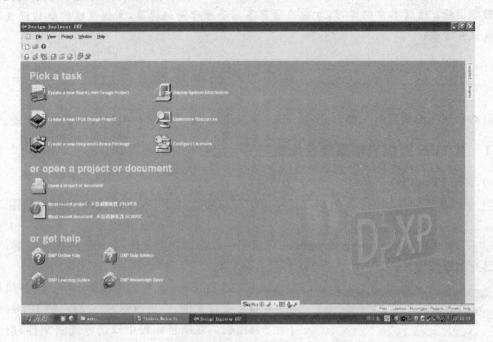

图 3-3 印制电路板设计界面

印刷电路板设计界面中的 PCB Projects 分组框提供了三种建立项目的途径,现仅介绍第一种途径。单击 New Blank PCB Project,弹出 Projects 面板。在 Projects 面板中系统自动建立一个默认名称为 PCB Project1.PrjPCB 的项目文件。

3) 单击 Projects 面板中的 Project 按钮或在 Projects 面板的空白处右击,在弹出的菜单中执行 Add New to Project|Schematic(见图 3-4),启动原理图编辑器,同时系统自动在 PCB Project1.PrjPCB 项目下建立一个默认名称为 Sheet1.SchDoc 的原理图文件。

3.1.3 利用菜单命令启动原理图编辑器

利用菜单命令启动原理图编辑器有三种常用方法。

1) 执行菜单命令 File|New|Schematic,新建一个原理图设计文件,启动原理图编辑器。

2) 执行菜单命令 File|Open,在选择打开文件对话框中双击原理图设计文件,启动原理图编辑器,打开一个已有的原理图文件。

3) 执行菜单命令 File|Open Project,打开如图 3-5 所示的对话框。在对话框中双击项目文件,弹出项目面板。在项目面板中,单击原理图文件,启动原理图编辑器,打开已有项目中的原理图文件。

第 3 章 原理图设计环境

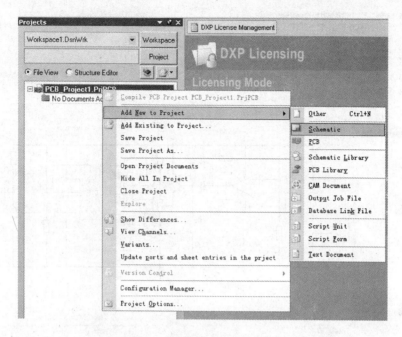

图 3-4 给项目添加原理图文件

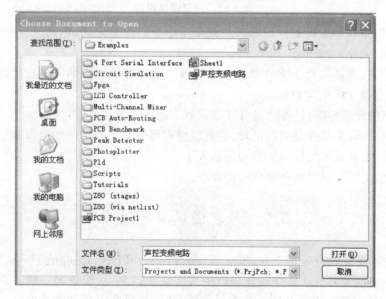

图 3-5 用命令打开的对话框

3.2 原理图编辑器界面

原理图编辑器主要由菜单栏、工具栏、编辑窗口、文件标签、状态栏、命令栏和已激活的面板标签及面板组成,如图 3-6 所示。

1) 菜单栏:编辑器所有的操作都可以通过菜单命令完成,菜单中有下划线的字母为热键,大部分带图标的命令在工具栏中有对应的图标按钮。

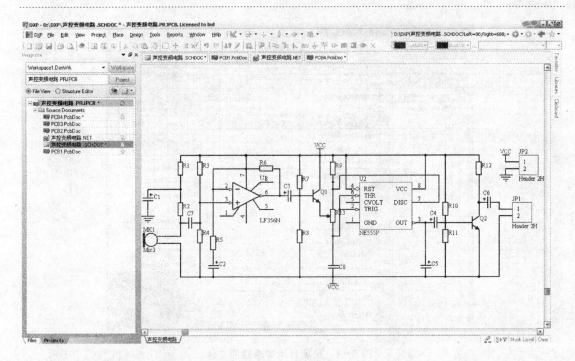

图 3-6 原理图编辑器

2) 工具栏:编辑器工具栏的图标按钮是菜单命令的快捷方式,熟悉工具栏图标按钮的功能可以提高设计效率。

3) 文件标签:激活的每个文件都会在编辑窗口顶部显示相应的文件标签,单击文件标签可以使相应文件处于当前编辑窗口。

4) 已激活的面板标签:已激活且处于隐藏状态的面板。

5) 编辑窗口:各类文件显示的区域,在此区域内可以实现原理图的编辑和绘制。

6) 状态栏:主要显示光标的坐标和栅格大小。

7) 命令栏:主要显示当前正在执行的命令。

3.3 原理图编辑器菜单

原理图编辑器菜单栏包括 File、Edit、View、Project、Place、Design、Tools、Reports、Window、Help、Project 菜单项。这些菜单项就原理图编辑器来说,应该是一级菜单,它们当中有的还有二级、三级菜单。下面介绍几个常用菜单,其他菜单在以后的章节中介绍。另外,还介绍了 Right Mouse Click 右键菜单。

3.3.1 File 菜单

File 文件管理菜单命令的主要功能是完成文件的相关操作,如新建、保存、重命名、打开、打印等,如图 3-7 所示。

3.3.2 View 菜单

View 显示菜单命令的主要功能是管理工具栏、状态栏和命令行是否在编辑器中显示,控制各种工作面板的打开和关闭,设置图纸显示区域,如图3-8所示。

图3-7 File 菜单

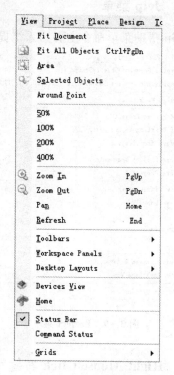

图3-8 View 菜单

下面简要介绍 View 菜单中各命令的作用。
- Fit Document:用于显示整个文档,以查看电路图。
- Fit All Objects:用于使对象充满显示在工作区中。
- Area:用于放大显示用户设定区域。执行此命令,移动光标到目标的左上角位置,然后拖动鼠标移动到合适位置,再单击,即可放大所选定区域。
- Around Point:用于放大显示用户设定的点周围区域。首先选定要放大的区域或元器件,然后执行此命令,移动"十"字光标到目标区域或元器件左上角,单击,然后移动光标到目标区或元器件右下角的合适位置,再单击,即可放大所选定区域。
- 多种比例显示:View 菜单提供了 50%、100%、200% 和 400% 四种比例显示方式。
- Zoom In/Zoom Out:放大/缩小显示区域。
- Pan:移动显示位置。在执行该命令前,应将光标移动到目标点上,然后执行该命令或单击 Home 键,目标点位置就会移动到工作区的中心位置显示。
- Refresh:刷新画面。在进行滚动画面、移动元器件等操作时,有时会造成画面留有斑点和图形变形等问题,这虽然不影响电路的正确性,但很不美观。这时,执行该命令可立即刷新画面。

3.3.3 Project 菜单

Project 项目菜单命令主要涉及项目文件的有关操作,如新建项目文件、编辑项目文件等,如图3-9所示。

3.3.4 Help 菜单

Help 帮助菜单命令主要为系统提供使用帮助,如图 3-10 所示。

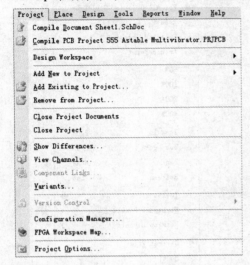

图 3-9 Project 菜单

图 3-10 Help 菜单

3.3.5 Right Mouse Click 右键菜单

Right Mouse Click 右键菜单命令的功能较多,主要是为操作方便而将一些常用的命令集中在右键菜单中,如图 3-11 所示。

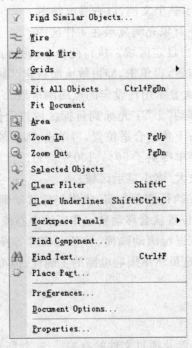

图 3-11 Right Mouse Click 右键菜单

3.4 设置原理图编辑器界面

原理图编辑器界面的设置主要是指工具栏和工作面板是否显示、要打开的文件数量和所在部位。原理图编辑器界面的设置应以简单实用为原则，完全没有必要把所有的工具或面板全部打开，因为那样会使整个工作界面显得零乱，特别是在计算机配置较低时会影响运行速度。一般情况下，工具栏选择显示标准工具栏 Schematic Standard 和布线工具栏 Wiring，其他使用系统默认设置即可，如图 3-12 所示。

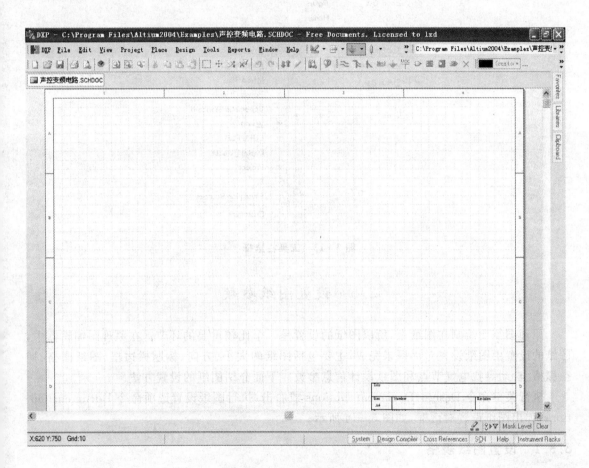

图 3-12 原理图编辑器界面

设置方法是从 View 下拉菜单 Toolbars 中选中要显示的工具栏。单击工具栏名称，其左侧会出现图标 ✓，表示被选中（见图 3-13），相应的工具栏会出现在原理图编辑器界面上。

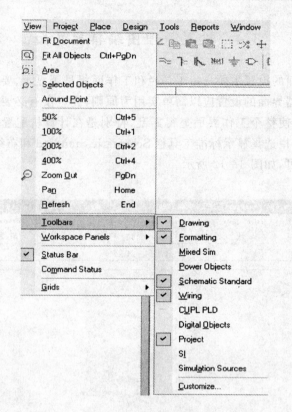

图 3-13 工具栏选择

3.5 设置图纸参数

原理图需要绘制在图纸上,所以图纸的设置是一个比较重要的环节。在原理图编辑器中,图纸的设置由图纸设置对话框来完成,主要包括图纸的大小、方向、标题栏边框、图纸栅格、捕获栅格、自动寻找电气节点和图纸设计信息参数。下面介绍图纸的设置方法。

执行菜单命令 Design|Document Options 或右击,执行图纸设置选项命令 Document Options,弹出图纸设置对话框,如图 3-14 所示。

3.5.1 设置图纸规格

图纸规格设置有两种方式:标准格式和自定义格式。

1. 标准格式设置方法

单击 Standard Style(标准格式分组框)的下拉按钮,弹出下拉列表框,如图 3-15 所示。从中选择适当的图纸规格。光标在下拉列表框中上下移动时,有一个高亮条会跟着光标移动,当合适的图纸规格变为高亮时,单击它,如 A4,A4 即被选中,当前图纸的规格即被设置为 A4 幅面。

2. 自定义格式设置方法

有时标准格式的图纸不能满足设计要求,需要自定义图纸大小,在图纸设置对话框中的自定义格式分组框进行设置。

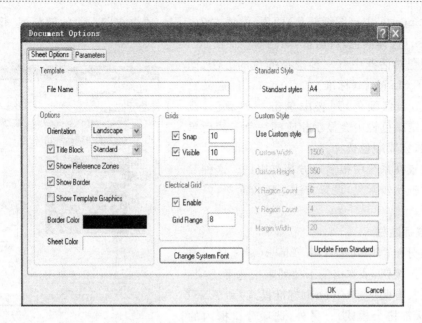

图 3-14　图纸设置对话框

首先选中 Use Custom Style（使用自定义格式）项，单击其右侧方框，方框内出现"√"号即表示选中，同时相关的参数设置项变为有效，这种选择方法称为勾选，参见图 3-14。在对应的文本框中输入适当的数值即可。

其中 3 项参数的含义如下。

1) X Region Count：X 轴边框参考坐标刻度数，刻度数即等分格数。

2) Y Region Count：Y 轴边框参考坐标刻度数。

3) Margin Width：边框宽度改变时，边框内文字大小将随宽度的变化而变化。

3.5.2　设置图纸选项

图纸选项包括图纸方向、颜色、是否显示标题栏和是否显示边框等选项。图纸选项的设置通过 Options 分组框的选项来完成。

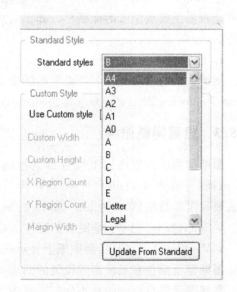

图 3-15　标准图纸规格选择列表

1. 图纸方向的设置

如图 3-16 所示，单击 Orientation（方向）右边的下拉按钮，在出现的下拉列表中选择图纸方向。下拉列表中有两个选项：Landscape（水平放置）和 Portrait（垂直放置）。

2. 设置图纸颜色

图纸颜色的设置包括图纸 Border Color（边

图 3-16　选择图纸方向

框颜色)和 Sheet Color(图纸颜色)两项,设置方法相同。单击它们右边的颜色框,将弹出一个 Choose Color(选择颜色)对话框,如图 3-17 所示。

选择颜色对话框中有三种选择颜色的方法,即 Basic(基本)、Standard(标准)和 Custom(自定义)。从这三个 Colors(颜色)列表中单击一种颜色,在 New(新)选定颜色栏中会显示相应的颜色。然后单击 OK 按钮,完成颜色选择。

颜色设置在系统中很多地方都要用到。这种颜色设置对话框比较常见,设置方法也比较简单,以后将不再介绍。

3. 设置标题栏

在选项分组框中勾选 Title Block(标题栏),单击右边的下拉按钮,从弹出的下拉列表中选择一项。此下拉列表共有两项:Standard(标准模式)和 ANSI(美国国家标准协会模式)。另外,选项分组框内的 Show Template Graphics(显示模板图像)选项用于

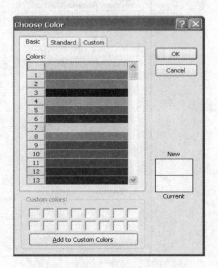

图 3-17 选择颜色对话框

设置是否显示模板图纸的标题栏。如不勾选标题栏,编辑器窗口和文件打印时都不会出现标题栏。

4. 设置边框

图纸边框的设置也在图纸设置对话框的选项分组框内,参见图 3-14。该设置共有两项:Show Reference Zones(显示参考边框)和 Show Border(现实图纸边界),都是勾选有效。

3.5.3 设置图纸栅格

图纸栅格的设置在图纸设置对话框的 Grids(栅格)分组框内进行,参见图 3-14,包括 Snap(捕获)栅格和 Visible(可视)栅格两个选项。设置方法为勾选有效,其右侧的文本框用于输入要设定的数值(单位为 mil,$1mil = 2.54 \times 10^{-5}$ m),数值越大栅格越大。

➢ Snap(捕获)栅格:是图纸上图件的最小移动距离(捕获栅格勾选时有效)。
➢ Visible(可视)栅格:是图纸上显示栅格的距离,即栅格宽度。

图纸栅格颜色在系统参数设置的图形编辑参数设置对话框中设置,详见 3.5.6 节的内容。原理图元器件引脚的最小间距一般为 10 mil(表贴式更小),所以栅格设置的数值应等于或小于 10 mil,并且应使 10 栅格值等于整数。这是为了在绘制原理图时,保证导线与元器件引脚平滑地连接(注意:原理图元器件引脚间距与 PCB 封装引脚间距不是一个概念,标准的 DIP 引脚间距为 100 mil)。

3.5.4 设置自动捕获电气节点

自动捕获电气节点设置在图纸设置对话框的 Electrical Grid(电气栅格)分组框内进行,参见图 3-14。其设置方法与图纸栅格设置方法相同。

勾选该项有效时,系统在放置导线时以光标为中心,以设定值为半径,向周围搜索电气节点,光标会自动移到最近的电气节点上,在该节点上显示一个"米"字形符号,表示电气连接有

效。应当注意的是，要想准确捕获电气节点，自动寻找电气节点的半径值应比捕获栅格值略小。

3.5.5 快速切换栅格命令

View 菜单和 Right Mouse Click 右键菜单中的 Grids（栅格设置）子菜单具有快速切换栅格的功能，如图 3-18 所示。

1) 执行 Toggle Visible Grid 命令，可以切换是否显示栅格。

2) 执行 Toggle Snap Grid 命令，可以切换是否捕获栅格。

3) 执行 Toggle Electrical Grid 命令，可以切换电气栅格是否有效，即是否自动捕获电气栅格。

4) 执行 Set Snap Grid 命令，可以在弹出的捕获栅格大小对话框中设置合适的数值，以确定图件在图纸上的最小移动距离，如图 3-19 所示。

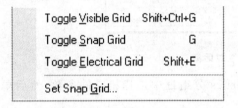

图 3-18 Grids 子菜单

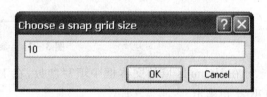

图 3-19 设置捕获栅格大小对话框

3.5.6 填写图纸设计信息

单击图纸设置对话框中的 Parameters（图纸信息）标签，即可打开图纸设计信息列表，如图 3-20 所示。

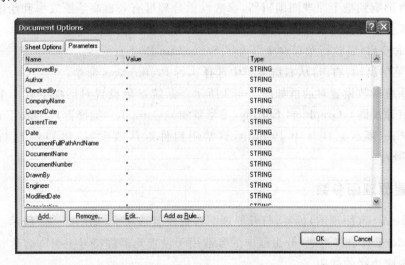

图 3-20 图纸设置对话框中的图纸设计信息列表

图纸设计信息的填写方法有两种：

1) 单击要填写参数名称的 Value 文本框，该文本框中"＊"变为高亮选中状态，两边对应的 Name 和 Type 也变为高亮选中状态，此时可直接在文本框输入参数。

2) 单击要填写参数名称所在行的任意位置，使该行变为高亮选中状态，然后单击图纸设置对话框下方的编辑按钮 Edit，进入 Parameter Properties(参数属性对话框)，如图 3-21 所示，双击要填写参数名称所在行的任意位置，也可以直接进入参数属性对话框。

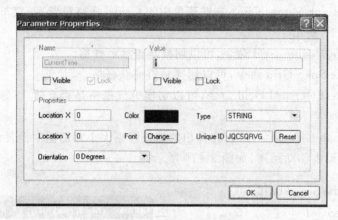

图 3-21 参数属性对话框

在 Value 区域的文本框中填写参数，在 Properties 分组框中选择相应的参数，然后单击 OK 按钮确定。

需要特别注意的是：图 3-20 中 Add as Rule(添加规则按钮)所设计的参数，是 PCB 不限规则的设置，其详细设置方法略。

3.6 设置原理图编辑器系统参数

系统参数影响到整个原理图编辑器，参数设置合理可有效提高绘图效率和绘图效果。
启动系统参数设置对话框的方法有以下两种。

1) 菜单命令启动：执行菜单命令 Tools|Schematic Preferences。
2) 右键菜单启动：右击，从右键菜单中选择执行 Preferences 命令。

启动的系统参数设置对话框如图 3-22 所示。系统参数设置对话框中有 7 个标签，分别是 Schematic(原理图)、Graphical Editing(图形编辑)、Compiler(编译器)、Auto Focus(自动聚焦)、Break Wire(断线)、Default Primitives(常用组件默认值设置)和 Orcad(Tm) Options(ORCAD 选项)。

3.6.1 设置原理图参数

单击 Schematic(原理图)标签，打开原理图参数设置选项卡，如图 3-22 所示。

1) Pin Margin(引脚边距)分组框中的参数用于设置元器件符号上引脚名称、引脚标号与元器件符号轮廓边缘的间距。

2) Options(选项)分组框中的选项用来设置绘制原理图时的一些自动功能。

➤ Drag Orthogonal(正拖动)：当拖动一个元器件，与元器件连接的导线将与该元器件保持直角关系。当未选中该项时，将不保持直角关系(注：该功能仅对菜单拖动命令 Edit、

第3章 原理图设计环境

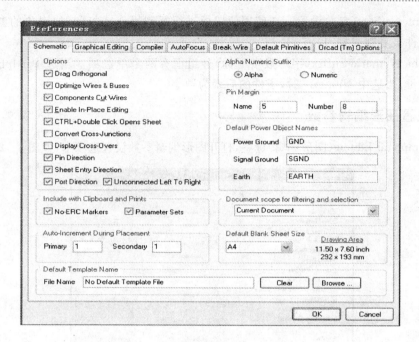

图3-22 原理图参数设置选项卡

Move、Drag 和 Drag Selection 有效）。
- Optimize Wires & Buses（优化导线和总线）：可以防止导线、贝赛尔曲线或者总线间的相互覆盖。
- Components Cut Wires（元器件自动切割导线）：将一个元器件放置在一条导线上时，如果该元器件有两个引脚在导线上，则该导线自动被元器件的两个引脚分成两段，并分别连接在两个引脚上。
- Enable In-Place Editing（直接编辑）：当光标指向已放置的元器件标志、字符、网络标号等文本对象上时，单击（或使用快捷键F2）可以直接在原理图编辑窗口内修改文本内容，而不需要进入参数属性对话框。若该选项未勾选，则必须在参数属性对话框中编辑修改文本内容。
- Convert Cross-Junctions（转换十字节点）：在两条导线的T形节点处增加一条导线形成十字交叉时系统自动生成两个相邻节点。
- Display Cross-Overs（显示跨越）：在未连接的两条十字交叉导线的交叉点显示弧形跨越，如图3-23所示。

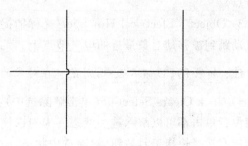

图3-23 跨越功能示意图

- Pin Direction（显示引脚信号方向）：在元器件的引脚上显示信号的方向。

3) Include with Clipboard and Prints（剪贴板和打印）分组框中各参数的功能如下。
- No-ERC Marker（No-ERC 跟随）：在使用剪贴板进行复制操作或打印时，对象的 No-ERC 标志将随图件被复制或打印。

➢ Parameter Sets(参数设置):在使用剪切板进行复制操作或打印时,对象的参数设置将随图件被复制或打印。

4) Alpha Numeric Suffix(字母数字下标)分组框有两个单选项。当选中 Alpha 时,子件的后缀为字母;当选中 Numeric 时,子件的后缀为数字。

3.6.2 设置图形编辑参数

单击 Graphical Editing(图形编辑)标签,打开图形编辑参数设置选项卡,如图 3-24 所示。

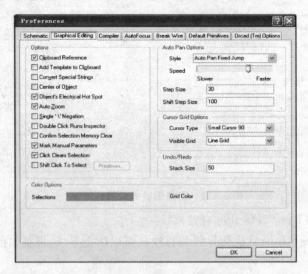

图 3-24 图形编辑参数设置选项卡

1) Add Template to Clipboard(带模板复制):勾选该项,在复制和剪切图件时,将当前文件所使用的模板一起复制。如果将原理图作为 Word 文件的插图,则在复制前应该将该功能取消。

2) Center of Object(光标捕捉元器件中心):勾选该项,在移动元器件时,光标捕捉元器件的中心(即实体部分),此项功能的优先权小于 Object's Electrical Hot Spot(光标捕捉最近电气节点)。

3) Object's Electrical Hot Spot(光标捕捉最近电气节点):勾选该项,在移动对象时,光标将自动跳到被移动对象最近的电气节点上。

注:如果 2)、3)都不选中,则鼠标在对象的任何位置上都可以实现拖动功能。

4) Click Clears Selection(单击解除选中):勾选该项,在原理图编辑窗口选中目标以外的任何位置单击都可以解除选中状态。未勾选该项时,只能通过菜单命令 Edit|Deselect 或单击取消所有选择快捷工具按钮,解除选中状态。

5) Double Click Runs Inspector(双击打开检查器):勾选该项,在原理图中双击一个对象时,弹出的不是对象属性对话框,而是 Inspector(检查器)面板。

6) Shift+Click To Select(Shift+单击选中):勾选该项,并单击 Primitives... ,打开基本单元选择对话框,如图 3-25 所示。勾选其中的基本单元,也可以全部勾选。以后选中对象时必须用 Shift+鼠标左键。

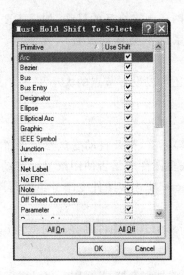

图 3-25 基本单元选择选项卡

3.6.3 设置编译器参数

单击 Compiler(编译器)标签,打开编译器设置选项卡,如图 3-26 所示。

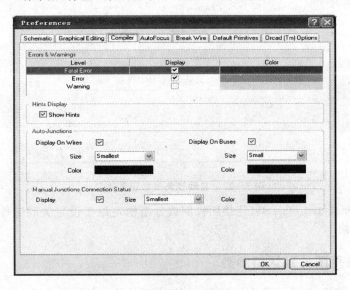

图 3-26 编译器参数设置选项卡

1) Errors&Warnings(错误和警告分组框):主要用于设置编译器编译时所产生的错误和警告是否显示,以及显示的颜色。

2) Hints Display(提示显示分组框):勾选此项后,光标指向图件时,在光标处会出现相应的信息提示。

3) Auto-Junctions(自动放置节点分组框):在画连接导线时,只要导线的起点或终点在另一条导线上(T 形连接时)、元器件引脚与导线 T 形连接或几个元器件的引脚构成 T 形连接时,系统就会在交叉点上自动放置一个节点。如果是跨过一条导线(即十字形连接),系统在交叉点不会自动放置节点。所以两条十字交叉的导线,如果需要连接,必须手动放置节点。如果没有勾选自动放置节点选项,系统不会自动放置电气节点。需要时,设计者必须手动放置节点。

在自动放置节点分组框中还可以设置节点的大小。

3.6.4 设置自动变焦参数

单击 AutoFocus(自动变焦)标签,打开自动变焦参数设置选项卡,如图 3-27 所示。主要设置在放置图件、移动图件和编辑图件时是否使图纸显示自动变焦等功能。

1) Dim Unconnected Objects(非连接图件变暗分组框):用于设置非关联图件在有关的操作中是否变暗和变暗程度。

2) Thicken Connected Objects(连接图件高亮分组框):用于设置关联图件在有关的操作中是否变为高亮。

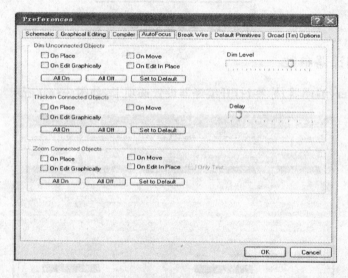

图 3-27 自动变焦参数设置选项卡

3) Zoom Connected Objects(连接图件缩放分组框):用于设置关联图件在有关的操作中是否自动变焦显示。

3.6.5 设置常用图件默认值参数

单击 Default Primitives(默认参数)标签,打开默认值参数设置选项卡,如图 3-28 所示。

1) Primitive List(默认值类别):单击其下拉按钮会弹出一个下拉列表,其中包括几个工具栏的对象属性选择,一般选择 All,包括全部对象都可以在 Primitives 窗口显示出来。

2) Primitives(默认值参数):在该列表框内,单击 Bus 使其处于选中状态,然后单击 Edit Values 按钮,弹出属性对话框,如图 3-29 所示。直接双击 Bus 也可以启动属性设置对话框。在设置对话框中可以修改设置有关的参数,如总线宽度和总线颜色。设置完成后,单击 OK 按钮确认,退回到图 3-28 所示的界面,如果有需要,可以继续设置其他图件的属性。

3) Reset(复位)和 Reset All(全部复位):在选中图件时,单击 Reset 按钮,即将复位图件的属性参数复位到安装的初始状态。单击 Reset All 按钮,复位所有图件对象的属性参数。

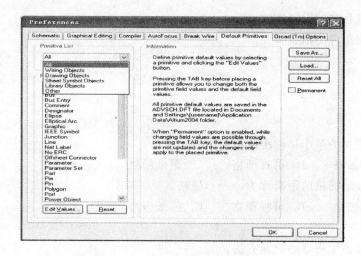

图 3-28 默认值参数设置选项卡

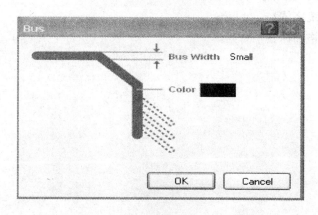

图 3-29 Bus 属性设置对话框

4) Permanent(永久锁定):即永久锁定了属性参数。该项有效时,在原理图编辑器中通过 Tab 键激活属性设置改变的参数,仅影响当前设置,即取消放置后再放置该对象时,其属性仍为锁定的属性参数。如果该项无效,在原理图编辑器中通过 Tab 键激活属性设置改变的参数,这将影响以后的所有放置。

3.7 本章小结

本章主要介绍原理图编辑器的启动、编辑界面,部分菜单命令,图纸设置及系统参数设置方法。

3.8 上机练习

1) 创建一个新的原理图文件且该文件名为 MYFIRST.SCHDOC。
2) 打开一原理图编辑器,对原理图的图纸进行设置。设置要求:A4 大小、横向放置、颜色为浅黄色、标题栏为标准样式。

3) 熟悉系统参数的设置方法。
4) 修改常用组件的默认属性。

3.9 习 题

1. 选择题

1) 图纸上图件的最小移动距离称为（　　）栅格。
   A. 捕获栅格　　B. 可视栅格　　C. 图纸栅格　　D. 不确定
2) 图纸上显示栅格的距离称为（　　）栅格。
   A. 捕获栅格　　B. 可视栅格　　C. 图纸栅格　　D. 不确定

2. 练习题

1) 简述原理图编辑器的启动方法。
2) 如何设置图纸规格、方向？
3) 如何设置系统字体？
4) 如何设置网格和标签？

第4章 电路原理图设计实例

教学提示：电路原理图设计主要是利用 Protel DXP 2004 提供的原理图编辑器绘制、编辑原理图，目的是为 PCB 设计提供网络表等设计参数信息，也可以为其他用途提供标准的电路原理图。本章通过一个实例，学习 Protel DXP 2004 电路原理图的绘制方法。

教学目标：通过本章的学习，学生应掌握利用原理图编辑器绘制、编辑原理图。

4.1 电路原理图设计流程

电路原理图的设计流程图如图 4-1 所示。

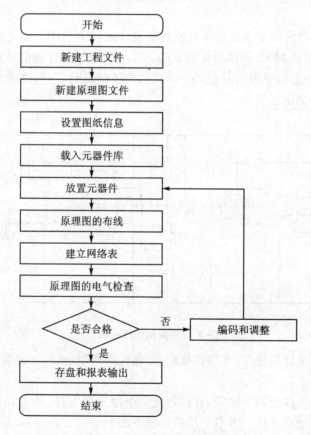

图 4-1 电路原理图设计流程

1) 设置图纸规格（见 3.5 节）。Protel DXP 2004 原理图编辑器启动后，首先要对绘制的电路图有一个初步的构思，设计好图纸的大小。设置合适的图纸大小是设计好原理图的第一步。图纸大小是根据电路图的规模和复杂程度而定的。一般情况下，可以使用系统的默认图纸尺寸和相关设置，在绘图过程中再根据实际情况调整图纸设置，或在绘图完成后再调整。

2) 设置原理图编辑器系统参数（见 3.6 节），如设置栅格大小和类型、光标类型等，大部分参数可以使用系统默认值。

3) 放置元器件、导线等相关图件,如果电路图最终将为 PCB 制板提供设计参数时,一定要注意元器件的封装定义和设定。Protel DXP 2004 集合库中的元器件都带有封装,为设计提供了很大的方便。如果自己创建元器件,建议创建集合库元器件,这样会提高设计速度和质量。

4) 原理图的调整,利用 Protel DXP 2004 原理图编辑器提供的各种编辑工具,将图纸上的图件进行编辑和调整,如电气检查、参数修改、元器件排列、自动标志和各种标注文字等,构成一个完整的原理图。

5) 报表输出,通过 Protel DXP 2004 原理图编辑器提供的各种报表工具生成各种报表。

6) 文件保存及打印输出。

4.2　电路原理图设计

本节通过一个简单的例子来讲解电路原理图设计的基本过程。图 4-2 所示是一个声控变频电路,音频信号通过 MK1 传送给运放 LF356N,LF356N 将音频信号放大后控制 NE555P 的振荡频率,使其在一定的范围内变化,R9、R10、C5 是振荡元器件,改变它们的参数,就可以改变输出频率和频率变化范围。

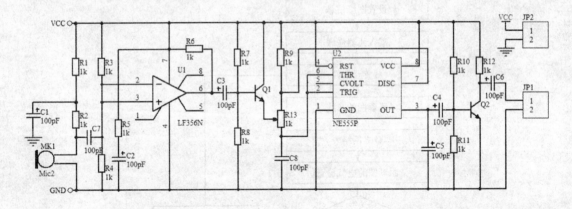

图 4-2　声控变频电路

本节介绍原理图文件的建立、元器件查询、元器件库调用、图件的放置、属性修改及报表生成等内容。

创建一个原理图文件有两个途径:直接创建一个原理图文件,或者先创建一个项目,然后在新建项目中创建原理图文件。本节采用后一种方法。

4.2.1　创建一个 PCB 项目

1) 启动 Protel DXP 2004。

2) 执行菜单命令 File|New|PCB Project,弹出项目面板,如图 4-3 所示。

3) 项目面板中显示的是系统以默认名称创建的新项目文件,执行菜单命令 File、Save Project,在弹出的保存文件对话框中键入文件名,如"声控变频电路",单击 保存(S) 按钮,项目即以名称"声控变频电路.PRJPCJ"保存在默认文件夹 Examples 中,当然也可以指定其他保存路径。项目面板中的项目名称相应的变为"声控变频电路.PRJPCB",如图 4-4 所示。

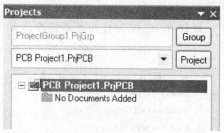

图 4-3 项目面板

图 4-4 更名保存的项目面板

4.2.2 创建一个原理图文件

刚才创建的项目中没有任何文件,下面在项目中创建原理图文件。

1) 执行菜单命令 File|New|Schematic,在项目"声控变频电路.PRJPCB"下面出现 Sheet.SchDoc 文件名称,这就是系统以默认名称创建的原理图文件,同时原理图编辑器启动,原理图文件名作为文件标签显示在编辑窗口上方。

2) 执行菜单命令 File|Save,在弹出的保存文件对话框中键入文件名,如"声控变频电路",单击【保存】按钮,原理图设计即以名称"声控变频电路.SCHDOC"保存在默认文件夹 Examples 中。同时项目面板中原理图文件名和编辑窗口文件标签也相应更名,如图 4-5 所示。

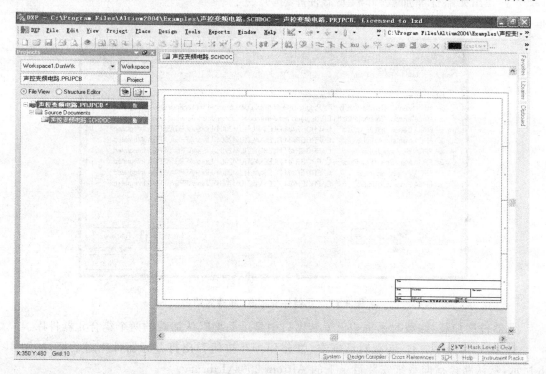

图 4-5 新建项目和原理图文件的原理图编辑器

本例中的图纸规格和系统参数均使用系统默认设置，所以不用设置这两项。

4.2.3 加载元器件库

在原理图纸上放置元器件前，必须先打开其所在元器件库（也称为打开元器件库或加载元器件库）。

Protel DXP 2004 系统默认打开的集合元器件库有两个：常用分立元器件库和常用接插件库。一般常用的分立元器件图符号和常用接插件符号都可以在这两个元器件库中找到。

本例中的两个集成电路 LF356N 和 NE555P 不在这两个元器件库中，而在 Altium 2004\Library\ST Microelectronics 库文件夹中的 ST Operational Amplifier.IntLib 和 Texas Instruments\TI Analog Timer Circui.IntLib 两个集合元器件库。所以，必须把两个元器件库加载到 Protel DXP 2004 系统中。

加载元器件库在菜单 Design 中，如图 4-6 所示。

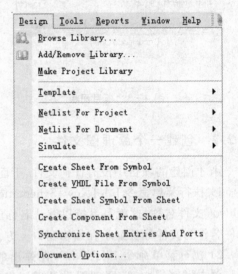

图 4-6 Design 菜单

1) 执行元器件库命令 Design|Add|Remove Library，弹出元器件库加载/卸载元器件库对话框（Add Remove Libraries），如图 4-7 所示。

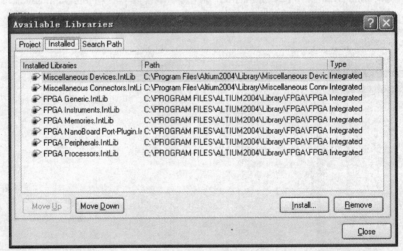

图 4-7 元器件库加载/卸载对话框

元器件库加载/卸载对话框中已安装窗口中显示系统默认加载的两个集合元器件库。

2) 在元器件库加载/卸载对话框中，单击 Install 按钮弹出打开元器件库对话框，如图 4-8 所示，默认路径指向系统安装目录下的 Altium 2004\Library。

3) 单击图 4-9 窗口中的 ST Microelectronics 文件夹，打开文件夹。单击元器件库

第4章 电路原理图设计实例

图 4-8 打开库文件对话框

ST Operational Amplifier. IntLib，该文件库名称出现在打开的文件库文件夹对话框的"文件名"文本框中，如图 4-9 所示，最后单击【打开】按钮，在文件库加载/卸载对话框中显示刚才加载的元器件库，如图 4-10 所示。

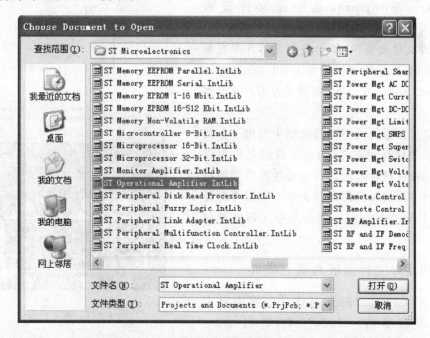

图 4-9 打开 ST Microelectronics 文件夹

4）用同样的方法将 NE555 所在元器件库加载到系统中。
5）在元器件库加载/卸载对话框中单击 Close 按钮，关闭对话框。此时就可以在原理图

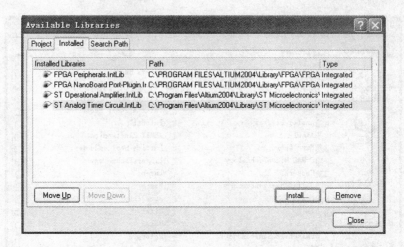

图 4-10 加载元器件库后的加载/卸载对话框

图纸上放置已加载元器件库中的元器件符号。

元器件的放置方法常用的有两种,一种是利用库文件面板放置,另一种是利用菜单命令放置。本节采用第一种放置方法。

4.2.4 打开库文件面板(Libraries)

1) 执行菜单命令 Design|Browse Library 或单击面板标签 System,选中库文件面板 ☑ Libraries,弹出库文件面板,如图 4-11 所示。

2) 在库文件面板中,单击当前元器件库右侧的 ▼ 下拉按钮,在其列表框中单击 ST Operational Amplifier.IntLib 集合库,将其设置为当前元器件库。

在库文件面板的元器件列表框中列出了当前元器件库中的所有元器件,单击元器件名称可以在原理图元器件符合框内看到元器件的原理图符号。在元器件附加模型列表框中单击元器件封装模型,元器件模型显示框中就会显示元器件的封装符号。

4.2.5 利用库文件面板放置元器件

1) 在库文件面板的元器件列表框中双击 LF356N,或在选中 LF356N 时单击 Place LF356N 按钮,库文件面板变为透明状态,同时元器件 LF356N 的符号附着在鼠标光标上,跟随光标移动,如图 4-12 所示。此时,每按一次键盘的空格键,元器件将逆时针旋转 90°,按 X 键左右翻转,按 Y 键上下翻转。

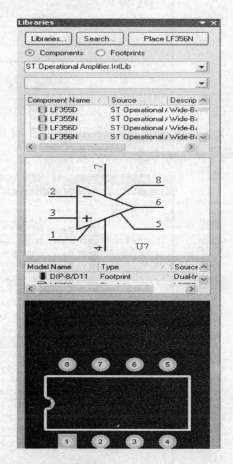

图 4-11 库文件面板

2)将元器件移动到图纸的适当位置,单击,将元器件放置到该位置。

3)此时系统仍处于元器件放置状态,光标上仍有同一个待放的元器件,再次单击,又会放置一个相同的元器件。这就是相同符号元器件的连续放置。

4)右击,或按键盘的 Esc 键即可退出元器件放置状态。

用同样的方法,将 TI Analog Timer Circuit IntLib 集合库置为当前库,放置元器件 NE555P;将 Miscellaneous Connectors.IntLib 集合库置为当前库,放置 Header2;将 Miscellaneous Devices.IntLib 集合库置为当前库放置其他分立元器件,如电阻 Res2、无极性电容 Cap、电解电容 Cappoll、电位器 Rpot2、麦克 Mic2、三极管 NPN 等。

本例采用先放置元器件,再布局和放置导线的方法绘制原理图,放置完元器件后的原理图如图 4-13 所示。

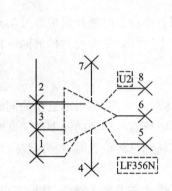

图 4-12 元器件放置状态

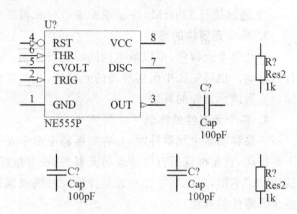

图 4-13 放置元器件后的原理图

5)特别需要注意的是用库文件面板放置元器件时,系统不提示给定元器件的标注信息(如元器件标志、标称值大小、封装符号等)。除封装符合系统自带外,其余参数均为默认值,在完成放置后都需要编辑。本章原理图中大部分的注释和标称值均被隐藏。

4.2.6 移动、删除元器件及布局

原理图布局是指将元器件符号移动到合适的位置。

一般放置元器件可以不必考虑布局和元器件参数问题,将所有元器件放置在图纸中即可。元器件放置完成后再考虑布局问题,这样绘制原理图的效率比较高。

原理图布局时应按信号的流向从左向右,电源线在上、地线在下的原则布局。

1. 选取操作元器件

选取单个元器件时,最简单的方法是单击该元器件。当需选取多个元器件时,可在想要选取的元器件左上角,单击,此时光标变成十字形状。然后拖动鼠标直到框选所有想要选择的元器件,再放开鼠标,即可选定这些元器件。如果想取消元器件的选取,在所选元器件旁边的工作区内单击一下即可。

2. 元器件的移动

元器件的移动大致可分为两种情况:平移和层移。平移是指元器件在平面里移动,如图 4-14 所示。层移是指当一个元器件被另一个元器件掩盖时对元器件的移动。

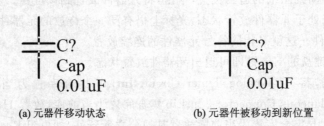

(a) 元器件移动状态　　　　　　(b) 元器件被移动到新位置

图 4-14　元器件移动

移动元器件通常有两种方法：
1) 在所需移动元器件上方单击的同时进行拖动即可完成该元器件的移动。
2) 通过执行 Edit|Move 菜单命令进行元器件的移动。

3. 单个元器件的移动

移动单个元器件，可以单击的同时进行拖动，当移动到目标位置时松开鼠标即可实现元器件的移动。也可先选中所要移动的元器件，此时鼠标变成"十"字形，单击元器件的同时拖动鼠标可实现该元器件的移动。

4. 多个元器件的移动

当要移动多个元器件时，可将光标移至多个元器件整体的左上角，单击不放松的同时向右下角拖动，直至框选所有要移动的元器件，松开鼠标即可选中所有要移动的元器件。此时鼠标变成"十"字形，单击其中任一元器件的同时拖动鼠标，当移动到目标位置时，松开鼠标，可实现多个元器件的移动。

另外，还可执行 Edit|Select|Toggle Selection 命令，逐次选中多个元器件，然后右击，退出 Toggle Selection 选项，再用鼠标进行拖动。

5. 元器件的旋转

元器件调整位置的技巧：元器件位置固定前或单击该元器件的同时，按 Space 键可使元器件旋转；按 Y 键可使元器件沿 Y 方向翻转；按 X 键可使元器件沿 X 方向翻转，如图 4-15 所示。

图 4-15　元器件的旋转

6. 元器件的删除

当某个元器件的选择不正确或不需要时可以对元器件进行删除，Protel DXP 中提供三种删除元器件的方法。
1) 单击元器件，则元器件处于选中状态，按 Delete 键即可将其删除。
2) 选中需要删除的元器件，执行 Edit|Clear 命令，即可将该元器件删除。

3) 执行 Edit|Delete 命令,光标将变成"十"字形状,将其移至所需删除元器件的上方,单击即可将其删除。

4.2.7 放置导线

导线是指元器件电气节点之间的连线(Wire)。Wire 具有电气特性,而绘图工具中的 Line 不具有电气特性,不要把两者混淆。具体步骤如下。

1) 执行菜单命令 Place|Wire,或单击布线工具栏的 按钮,光标变为图 4-16 所示形状,即出现大"十"字光标(系统默认形状,可以重新设置)。

2) 光标移动到元器件的引脚端(电气节点)时,光标中心的"×"变为"米"字形符号,表示导线的端点与元器件引脚的电气节点可以正确连接,如图 4-17 所示。

3) 单击,导线的起点就与元器件的引脚连接在一起了,同时确定了一条导线的起点,如图 4-18 所示。移动

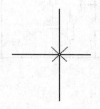

图 4-16 放置导线时的光标

光标,在和导线起点之间会有一条线出现,这就是所要放置的导线。此时,利用快捷键 Shift+空格键可以在 90°、45°、任意角度和点对点自动布线形四种导线放置模式间切换,图 4-18 所示为任意角度模式。

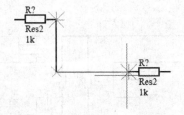

图 4-17 导线起点与元器件引脚电气
节点正确连接示意图

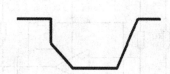

图 4-18 任意角度模式下的导线放置

4) 将光标移到要连接的元器件引脚上,单击,这两个引脚的当前点就用导线连接起来。如需要导线改变方向,在转折点单击,就可以放置导线到下一个需要连接的元器件引脚上。

5) 系统默认放置导线时,单击的两个电气节点为导线的起点和终点,即第一个电气节点为导线的起点,第二个电气节点为终点。起点和终点之间放置的导线为一条完整的导线,无论中间是否有转折点。一条导线放置完成后,光标上不再有导线与图件相连,回到初始的导线放置状态(见图 4-16),此时可以开始放置下一条导线。如果不再放置导线,右击就可以取消系统的导线放置状态。

6) 按图 4-2 所示的布局和导线连接方式将原理图中所有的元器件用导线连接起来,如图 4-19 所示。

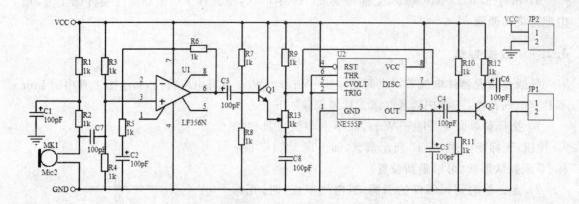

图 4-19 完成导线连接的原理图

4.2.8 放置电源端子

1) 在布线工具栏中单击 按钮,光标上出现一个 VCC 的 T 形电源符号,放置在原理图中(共两个),如图 4-20 所示。

2) 在布线工具栏中单击 按钮,光标上出现一个 GND 的电源地符号,放置在原理图中(共三个),如图 4-20 所示。

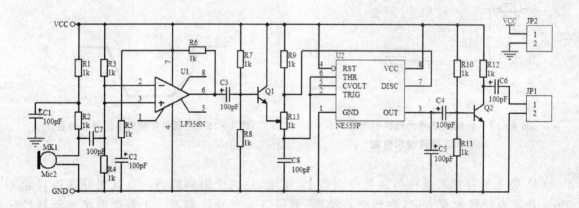

图 4-20 放置全部图件的原理图

系统在默认状态绘制导线时,在 T 形导线交叉点会自动放置节点。本例中的节点全部为系统自动放置,不需要人工放置。

至此,原理图图件的放置工作已完成,但图中元器件的属性还不符合要求(主要指元器件标志和标称值),下面来完成这些工作。

4.2.9 自动标志元器件

给原理图中的元器件添加标志符是绘制原理图的一个重要步骤。元器件标志也叫元器件序号,自动标志有时也称为自动排序或自动编号。添加标志符有两种方法,手工添加和自动添加。手工添加标志符需要逐个编辑,比较烦琐,也容易出错。系统提供的自动标志元器件功能很好地解决了这个问题。现在介绍利用系统提供的自动标志元器件功能给元器件添加标志符的方法。

自动标志元器件命令 Annotate 在 Tools 菜单中，如图 4-21 所示。

1) 执行菜单命令 Tools|Annotate，弹出 Annotate（自动标志元器件）对话框，如图 4-22 所示。

2) 选择元器件标志方案 2 Down then across（先上后下，先左后右，这是最常用的一种方案）。

3) 选择参数匹配元器件为 Comment（元器件注释，即人们通常所指的元器件功能说明）。

4) 选中当前图纸名称"声控变频电路 h.SCHDOC"（系统默认为选中，即从当前图纸启动自动标志元器件对话框时，该图纸默认为选中状态）。

5) 使用索引控制，勾选起始索引，系统默认的起始号为1，习惯上不必改动，如需改动可以单击右侧的增减按钮，或直接在其文本框内输入起始号码。对于单张图纸来说，此项可以不选。改变起始索引主要是针对一个项目设计中有多张原理图图纸时，保证各

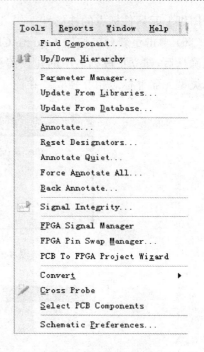

图 4-21 Tools 菜单

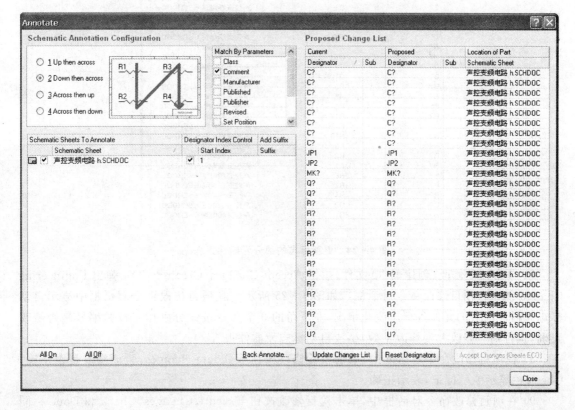

图 4-22 自动标志元器件对话框

张图纸上元器件标志的连续性。

6) 单击更新列表按钮 Update Changes List,弹出信息框,如图 4-23 所示。单击 OK 按钮确认后,建立更改列表中的建议编号列表,即按要求的顺序进行编号,如图 4-24 所示。不同类型元器件标志相互独立。在图 4-24 中,可以单击 Designator,使元器件标志列表排序。

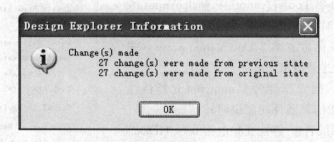

图 4-23 更新元器件标志信息框

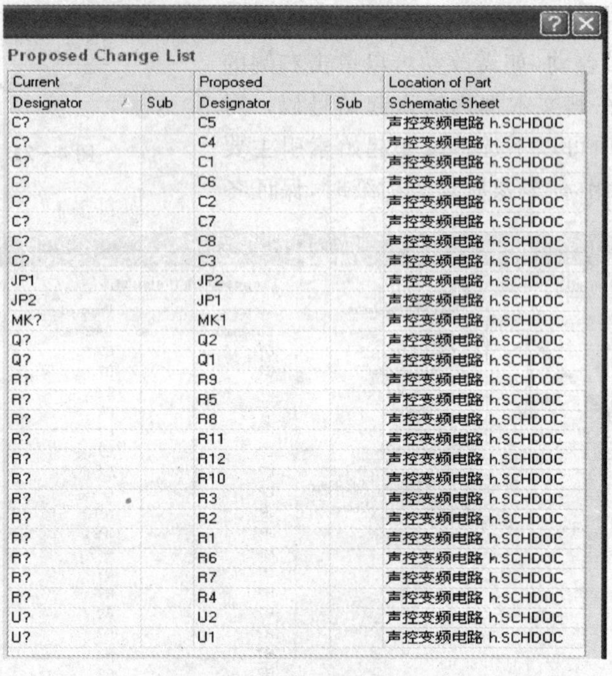

图 4-24 更新标志的部分元器件列表

7) 单击接受修改(创建 ECO 文件)按钮 Accept Changes(Create ECO),弹出 Engineering Change Order(项目修改命令对话框),如图 4-25 所示。在项目修改命令对话框中显示自动标志元器件前后的元器件标志变化情况,左下角的 3 个命令按钮分别用来校验编号是否修改正确,执行编号修改并使修改生效,生成自动标志元器件报告。

8) 在项目修改命令对话框中,单击校验修改按钮 Validate changes,验证修改是否正确,Check 栏显示"√"标记,表示正确。

9) 在项目修改命令对话框中,单击执行修改按钮 Execute Changes,Check 和 Done 栏同时显示"√"标记,说明修改成功,如图 4-26 所示。

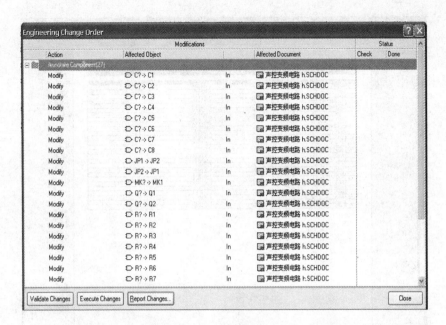

图 4-25　项目修改命令对话框

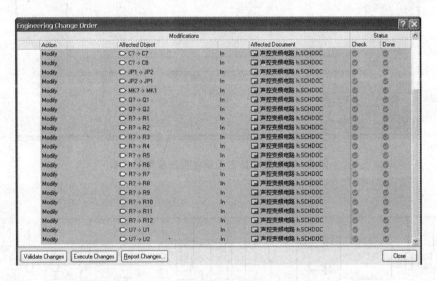

图 4-26　执行修改后的项目修改命令对话框

10）在项目修改命令对话框中，单击 Report Changes 按钮，生成自动标志元器件报告，弹出报告预览对话框，如图 4-27 所示。在报告预览对话框中，可以打印或保存自动标志元器件报告。

11）在自动标志元器件报告预览对话框中，单击 Close 按钮，退回到项目修改命令对话框。

12）在项目修改命令对话框中，单击 Close 按钮，完成自动标志元器件，退回到自动标志元器件对话框（见图 4-22）。单击 Close 按钮，图 4-20 中的元器件按要求进行了自动排序，如图 4-28 所示。

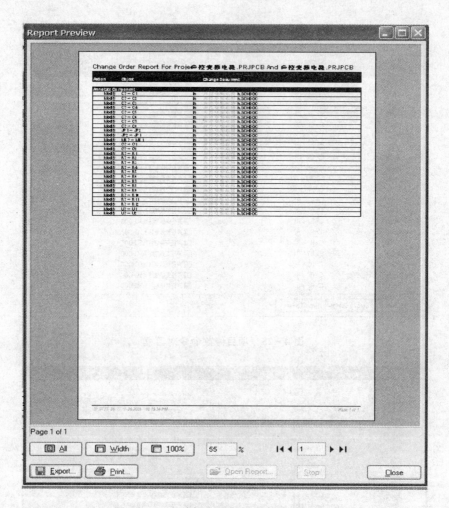

图 4-27 自动标志元器件报告预览对话框

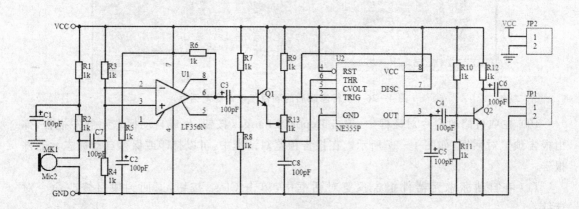

图 4-28 完成自动标志元器件的原理图

4.2.10 快速自动标志元器件和恢复标志

1) 执行菜单命令 Tools|Annotate Quiet,系统对当前原理图进行快速自动标志。没有 4.2.9 节的中间过程,仅提示有多少个元器件被标志,单击 Yes 按钮即完成自动标志。

2) 执行菜单命令 Tools|Force Annotate All,系统对当前项目中所有的原理图文件进行强制自动标志。不管原来是否有标志,系统都将按照默认的标志模式重新自动标志项目中的所有原理图文件。

3) 复位标志命令 Tools|Reset Designators 的功能是将当前原理图中所有元器件复位到标志的初始状态。

4) 恢复元器件标志命令 Tools|Back Annotate 的功能是,利用原来自动标志时生成的 ECO 文件,将改动标志后的原理图恢复到原来的标志状态。

4.2.11 直接编辑元器件字符型参数

系统默认状态下放置电阻等分立元器件时,在元器件符号旁会出现元器件标志、元器件注释和标称值 3 个字符串。如放置电阻时,R? 为元器件标号,Res2 为元器件注释,1K 为系统默认的元器件标称值。所有的字符串都在图纸中出现,会使整个电路图显得繁杂,所以一般仅显示元器件标号即可。元器件注释是元器件的说明,一般为元器件在元器件库中的名称。元器件标称值是 Protel DXP 2004 进行仿真时元器件的主要参数,也是将来生成元器件清单和制作实际电路的主要依据。

本节以电阻为例,介绍利用系统的直接编辑功能,在原理图中直接编辑这些参数(直接编辑功能对几乎所有的字符型参数都有效,其他章节不再进行介绍)。

1) 设置系统参数中原理图参数的直接编辑 Enable In-place Editing 功能有效,即在原理图参数设置对话框中勾选该项(参见 3.6.1)。

2) 删除 Res2。

➢ 单击 R1 下方的 Res2,元器件四周出现 8 个小方块,表示被操作图件的母体,Res2 被虚线框住,表示被选中的操作图件,如图 4-29(a)所示。

➢ 将光标移到虚线框内,此时光标变为"I"形,单击,Res2 变为高亮,同时编辑文本框出现,如图 4-29(b)所示。

➢ 按键盘上的空格键,用空格代替字符串 Res2,空格不会显示在图纸中,如图 4-29(c)所示。最后按 Enter 键或单击确定。

3) 修改元器件标称值。用同样的方法对元器件标称值进行如图 4-29(a)、(b)两步操作。当元器件标称值变为高亮时,直接输入相应的阻值,按 Enter 键确定。

4) 移动字符串。移动字符串与移动元器件的方法基本相同。将鼠标指向 R1,按住左键,出现"十"字光标,移动 R1 到合适的位置即可。如果放置位置不能符合要求,可以将图纸的捕获栅格设置小,然后再移动放置。

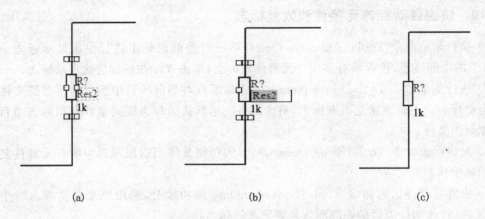

图 4-29 删除 Res2 过程

4.2.12 添加元器件参数

本章示例的电路图,在放置 Q1、Q2 并没有标称元器件的型号,现在用添加注释的方法添加元器件的型号。

1) 在原理图中双击三极管 Q1,弹出元器件属性设置对话框,如图 4-30 所示。

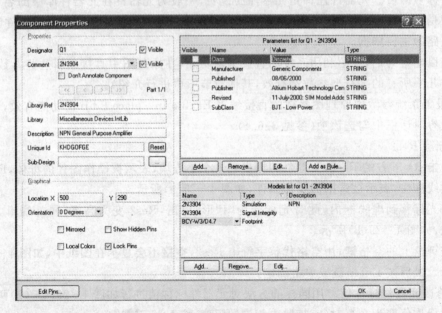

图 4-30 元器件属性设置对话框

2) 在元器件属性设置对话框的元器件注释(Comment)文本框中添入"9010",勾选其右侧的 Visible(可视)选项。

3) 在元器件属性设置对话框中,单击 OK 按钮,推出元器件属性设置对话框,"9010"即标注在 Q1 附近。拖动"9010"到合适的位置。

4) Q2 的元器件型号 C1008 用同样的方法添加。

电路图绘制完成后,应该对工程进行编译,以便检查是否有错误。

4.3 设置编译项目参数

编译项目是 Protel DXP 2004 在设置过程中非常重要的步骤,主要包括项目检查和各种数据生成等内容。

编译项目参数设置包括错误检查参数、电气连接矩阵、比较器设置、ECO 生成、输出路径、网络表选项和其他项目参数的设置,Protel DXP 2004 将依据这些参数对项目进行编译。

4.3.1 设置错误报告类型

执行菜单命令 Project|Project Options,弹出 Options for PCB Project 声控变频电路.PRJPCB(设置项目选项)对话框,如图 4-31 所示。这是 Error Reporting(错误报告类型)设置窗口,一般使用系统的默认设置。

错误报告类型一共分为 6 大类,共 68 项。6 大类分别为总线、元器件、文件、网络、参数和其他。Report Mode(报告模式)表示违反规则的程度,在下拉列表中有 4 种模式可供选择。设置时可以充分利用右键菜单进行快速设置。

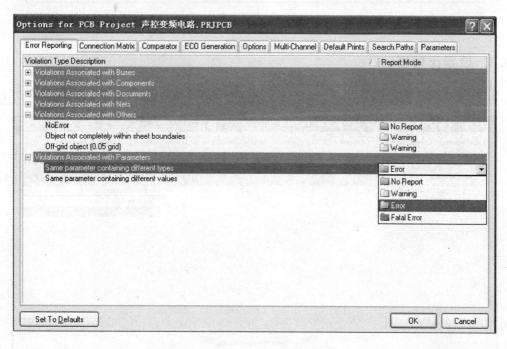

图 4-31 错误报告类型对话框

4.3.2 设置电气连接矩阵

在设置项目选项对话框中,单击 Connection Matrix(电气连接矩阵)标签,进入电气连接矩阵对话框,如图 4-32 所示。光标移到矩阵中需要产生错误报告的条件的交叉点时变为小手,单击交叉点的方框选择模式,共 4 种模式可供选择,用不同的颜色代表,每单击一次切换一次模式。也可以利用右键菜单快速设置。本例使用系统的默认设置,所以不必修改。

Protel DXP 电路设计与制板(第2版)

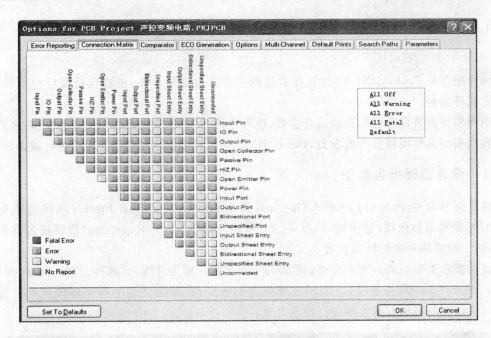

图 4-32 电气连接矩阵对话框

4.3.3 设置比较器

在设置项目选项对话框单击选项标签 Comparator,进入比较器设置对话框,如图 4-33 所示。

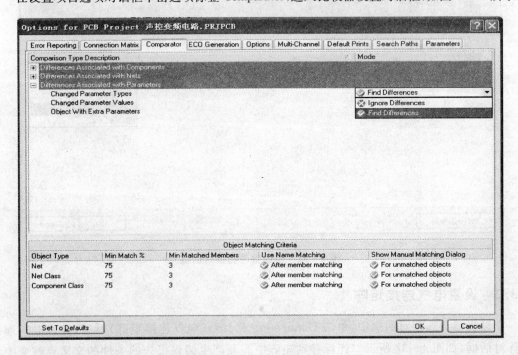

图 4-33 比较器设置对话框

比较器中的参数主要针对项目修改时文件间的差别给出。这些参数分为元器件、网络和参数 3 大类，共 24 项。设置时在参数模式的下拉列表中选择差别或忽略差别，在对象匹配标准分组框中设置匹配标准。

一般情况下使用系统的默认设置即可。

4.3.4 设置输出路径和网络表选项

在设置项目选项对话框中，单击选项标签进入选项设置对话框。在该对话框中可以设定网络表的保存路径。本例使用默认路径。对话框中 Netlist Options 分组框里有 3 个选项，一般选取原则是：项目中只有一张原理图（非层次结构）时选第 1 项，项目为层次结构设计时选第 2、3 项。本例选第 1 项，如图 4-34 所示。单击 OK 按钮，完成设置。

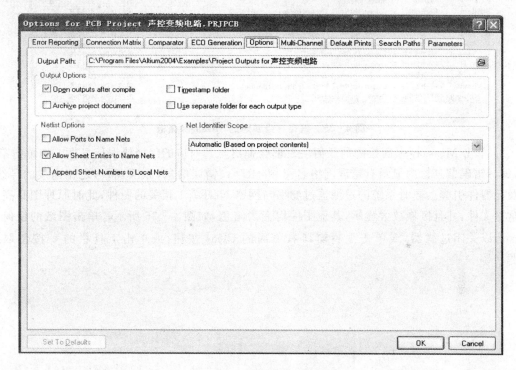

图 4-34 工程选项对话框

4.4 编译项目和定位错误单元

4.4.1 编译项目

完成编译项目的设置就可对项目进行编译。实际上，编译项目就是检测设计完成的文件和电气规则的参数是否违反规则。

1) 为了更好地了解编译器的使用方法，在原理图中故意设置一些错误。将图 4-28 中电源 VCC 下侧的导线（横线）删除，将图 4-31 中 Net With Only One Pin 栏设置为致命错误。

2) 执行菜单命令 Project|Compile PCB Project，对"声控变频电路.PRJPCB"项目进行编译，弹出 Navigator（导航器）面板和 Messages（信息）面板。如果这两个面板没有自动弹出，可

以单击面板标签 Design Compiler,选中☑ Navigator,打开导航器面板。单击面板标签 System,选中☑ Messages,打开信息面板。

4.4.2 定位错误原件

1) Messages 面板在原理图绘制正确时是空白的,由于本例在图中故意设置了错误,因此 Messages 不是空白的,如图 4-35 所示。它的内容主要是错误类型、错误来源和错误原件等信息。

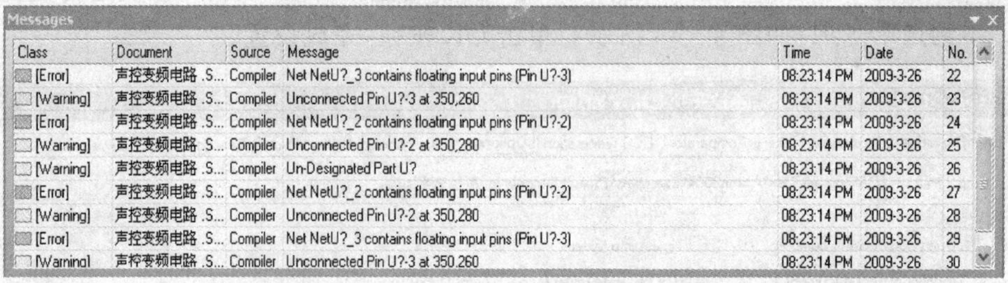

图 4-35 编译有错误时的 Messages 面板

2) 单击 Messsages 面板中的任何一栏都会弹出与其对应的编译错误信息框。如单击第 5 栏,编译错误信息框内显示有错误网络名称 NetR7_1、错误信息(原因)和与之相连接的导线,以及元器件引脚。同时系统的过滤器过滤出与网络 NetR7_1 相关的图件,此时原理图高亮显示这些文件,并且区域放大显示,其他图件均变为暗色,如图 4-36 所示。单击图纸的任何位置都可以关闭过滤器,或单击编辑窗口右下面的 Clear 按钮,或单击工具栏的 ☒ 按钮取消过滤。

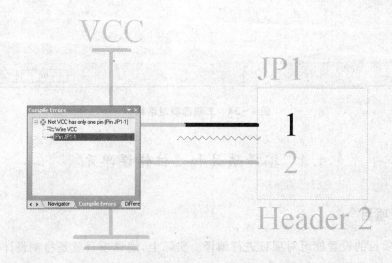

图 4-36 编译错误信息框和有错误元器件过滤

上述过程仅是提示项目编译时产生的错误信息和位置,纠正这些错误还要对原理图进行编辑和修改(详见第 6 章)。编辑更正所有的错误,直到编译后 Messages 面板不显示错误为止。这样,才能为项目进一步的设计工作提供正确的设计数据。

3) Navigator(导航器)面板,主要显示所编译文件中的元器件和网络关系列表,如图 4-37 所示。列表框中的各项也具有过滤器的作用。单击 Instance(实体)列表栏中的各项,过滤器过滤出对应的元器件实体和引脚;单击网络、总线列表栏(Net/Bus)中的各项,过滤器过滤出同一个网络名称相连的元器件引脚和导线,同时在导航器面板第3栏显示相应的引脚。有关导航器面板的详细使用方法见 4.6 节。

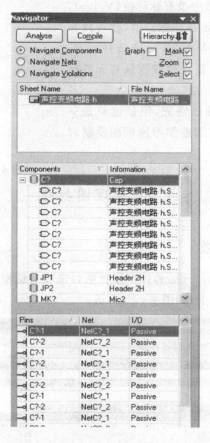

图 4-37 导航器面板

4.5 生成网络表

网络表是指电路原理图中元器件引脚等电气节点相互连接的关系列表。它主要为 PCB 制板提供元器件信息和线路连接信息,同时也为仿真提供必要的信息。由原理图生成的网络表可以制作 PCB,由 PCB 图生成的网络表可以与原理图生成的网络表进行比较,以检验制作是否正确。本节介绍由原理图生成网络表的方法。

(1) 执行菜单命令

执行菜单命令 Design|Netlist For Project|Protel,系统生成 Protel 网络表,默认名称与项目名称相同,文件扩展名为".NET",保存在项目所在文件夹中系统自建的子文件夹"Project Outputs for 声控变频电路"中。

(2) 用文本编辑器进行编辑和修改

网络表文件是一个文本文件,可以用文本编辑器进行编辑和修改,其结构如图 4-38 所示。

网络表分两部分:方括号内的是元器件信息;圆括号内的是网络信息,即元器件的电气连接信息。Protel 网络表中的元器件信息中没有标称值(Value),通常将元器件说明项更改为元器件标称值,就可以在元器件信息中显示。但是这样做的实际意义并不大,因为元器件信息中影响 PCB 制板的数据只有元件标志和元器件封装两项。

至此,原理图绘制的流程已讲完,但是这只是一个入门级的讲解,在以后将详细地学习原理图绘制时用到的各种工具和编辑方法。

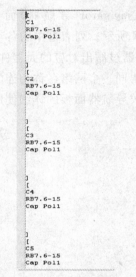

图 4-38 Protel 网络表结构

4.6 原理图打印

4.6.1 设置默认打印参数

1) 执行菜单命令 Project|Project,弹出设置项目选项对话框。单击选项(Default Prints)标签,打开默认打印设置选项卡,如图 4-39 所示。

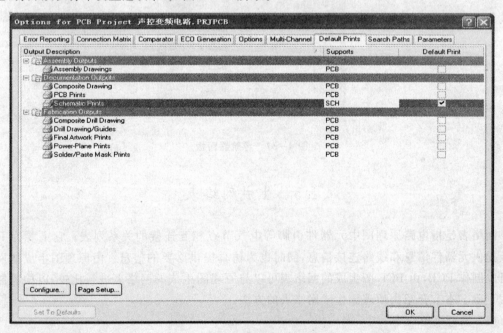

图 4-39 默认打印设置选项卡

2) 单击打印设置选项卡的页面设置 Page Setup 按钮,打开打印页面设置对话框,如图 4-40 所示。执行菜单命令 File|Page Setup,也能实现同样的功能。

第 4 章 电路原理图设计实例

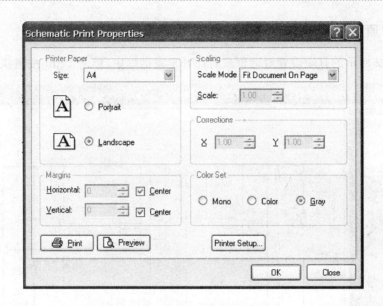

图 4-40 打印页面设置对话框

4.6.2 设置打印机参数

在打印页面设置对话框中,单击打印机设置按钮 Printer Setup,进入如图 4-41 所示打印机设置对话框。设置有关参数后,单击 OK 按钮退到打印页面设置对话框。

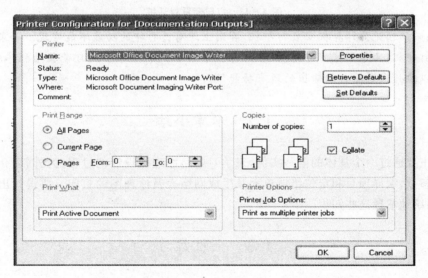

图 4-41 打印机设置对话框

4.6.3 打印预览

在打印页面设置对话框中,单击预览按钮 Preview,进入打印预览对话框,预览图纸设置是否正确,如不妥,可重新设置。

4.6.4 打印原理图

在图 4-42 所示的打印设置对话框或打印预览对话框中,单击 Print 按钮执行打印。

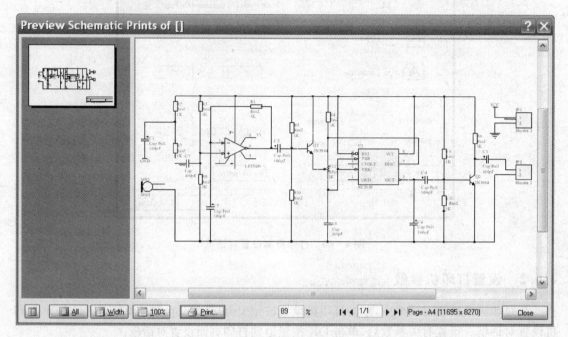

图 4-42 打印预览对话框

注意:必须预先为计算机安装打印机,否则上述有关打印的功能不能实现。如果暂时不打印或没有打印机,又想预览图样,建议在计算机中添加一个操作系统自带驱动程序的打印机,这样就可以执行上述除打印输出的所有功能了。

4.7 本章小结

本章主要通过一个具体的电路实例,来学习电路原理图设计的过程;另外,还介绍了设置编译项目参数、编译项目和定位错误单元及生成网络表及原理图的打印。要设计出正确的电路,需要系统地掌握这些知识。

4.8 上机练习

1) 新建一个工程名字为"工程1"的工程文件,然后在该工程下面分别创建一个名为"原理图1"的原理图文件。

2) 绘制本章中的实例。

3) 绘制图 4-43 所示的分压偏置放大电路。

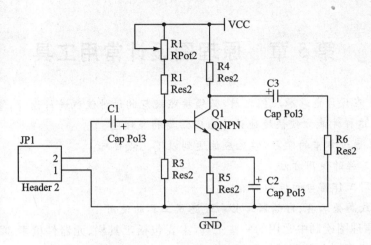

图 4-43 分压编置放大电路

4.9 习 题

1. 填空题

1) Protel DXP 2004 系统默认打开的集合元器件库有两个：_____ 库和 _____ 库。
2) 原理图布局是指将元器件符号移动到 _____ 的位置。
3) 添加标志符有两种方法，_____ 添加和 _____ 添加。
4) _____ 表是指电路原理图中元器件引脚等电气节点相互连接的关系列表。

2. 简答题

1) 简述新建一个工程并保存的方法。
2) 如何通过库文件面板放置原理图元器件？
3) 简述项目的编译方法。
4) 简述图纸的打印方法。
5) 简述原理图生成网络表执行的命令。

第5章 原理图设计常用工具

教学提示：在设计电路原理图之前，必须按照规范的设计流程进行设计，掌握好相关的原理图设计工具，这样才能方便快捷地设计出所需要的原理图。

教学目标：通过本章的学习，学生应该达到以下几点目标：
1) 掌握工具栏的使用方法
2) 熟悉不同工作窗口面板的功能。
3) 掌握导线高亮工具、存储器工具和过滤器工具的使用。

本章介绍原理图绘制中常用的一些工具，主要包括工具栏、元器件检索、项目元器件库的建立、窗口显示设置和各种面板功能等。

5.1 原理图编辑器工具栏简介

工具栏中的工具按钮，实际上是菜单命令的快捷执行方式。大部分菜单命令前带有✓图标的，都可以在工具栏中找到对应的图标按钮。

原理图编辑器的工具栏共有 7 种类型。所有工具栏的打开和关闭都由菜单命令 View|Toolbars 来管理。Toolbars 菜单命令如图 5-1 所示（在有工具栏显示的位置右击也可以弹出此菜单）。

工具类型名称前有"√"的表示该工具栏激活，在编辑器中显示，否则没有显示。工具栏的激活习惯上叫做打开工具栏。单击 Toolbars 菜单命令，切换工具栏的打开和关闭状态。

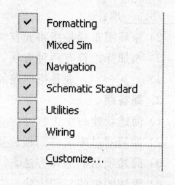

图 5-1 Toolbars 菜单命令

原理图编辑器工具栏如图 5-2 所示。

原理图编辑器工具栏从属性上大致可分为 3 类，即电

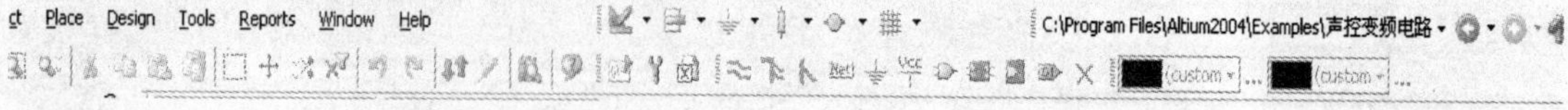

图 5-2 原理图编辑器工具栏

路图绘制类、信号相关类和文本编辑类。最常用的工具栏是电路图绘制类。

电路图绘制类包括 Wiring（布线工具栏）和 Utilities（辅助工具栏）。

信号相关类包括 Mixed Sim（混合信号仿真工具栏）和 Schematic Standard（原理图标准工具栏）。

文本编辑类包括 Formatting（文本格式工具栏）、Navigation（导航工具栏）和 Schematic Standard（原理图标准工具栏）中的大部分工具。

图形绘制类工具绘制的图形没有电气属性，只起标注作用，这是图形绘制工具 Drawing 和布线工具 Wiring 的区别。

5.2 工具栏的使用方法

1) 工具栏在原理图编辑器中可以有固定状态和浮动状态两种状态,如图 5-3 所示。光标在工具栏中,并且未选中任何工具时,按下左键不放,光标变为 ✛,工具栏即可被拖走。将工具栏拖到编辑器窗口的四周使其可以处于固定状态。

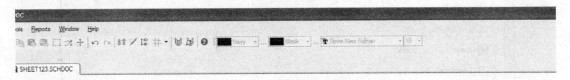

(a) 固定状态的原理图编辑器

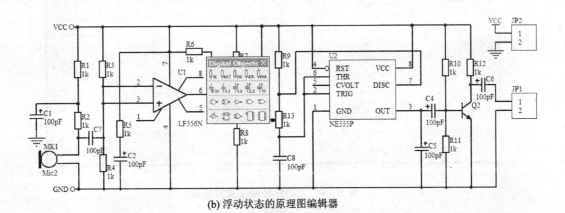

(b) 浮动状态的原理图编辑器

图 5-3 工具栏放置状态

2) 单击工具栏中带有下拉按钮的工具,弹出下拉工具条,从弹出的工具条中选中工具即可进行操作。

3) 工具栏中带有颜色框时(主要指文本格式工具栏),单击颜色框即弹出颜色选择条或颜色选择对话框,选择需要的颜色。

5.3 元器件检索

元器件检索是绘制原理图时使用最多的一个系统工具。由于 Protel DXP 2004 元器件库结构的特殊性,无法直接从元器件库名称上看出它包含了哪些元器件符号。如果把这些库文件一个一个地加载到系统中进行浏览又太费时,利用元器件检索就可以快速地找到需要的元器件。元器件检索也称为元器件查找或查找元器件。

5.3.1 启动元器件检索对话框

执行菜单命令 Tools | Find Component 或用右键单击菜单命令 Find Component,弹出 Search Libraries(元器件检索设置)对话框,如图 5-4 所示。

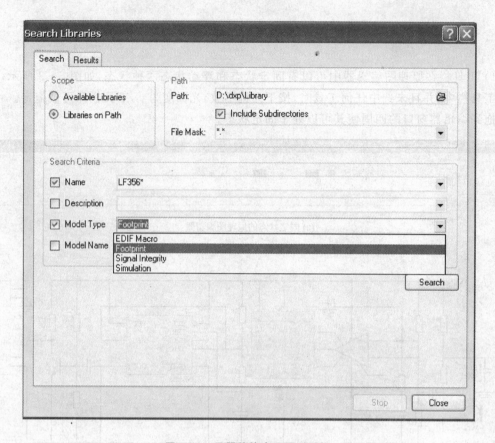

图 5-4 元器件检索设置对话框

5.3.2 填写元器件检索参数

1) 元器件检索设置对话框中的 Scope(查找范围)分组框中有 Available Library(已加载元器件库)和 Libraries on Path(指定元器件库路径)两个单选项。选中 Libraries on Path 时,可以在查找路径文本框中指定查找路径。通常是指向 Protel DXP 2004 安装时的默认元器件库文件夹,如 D:/Program Files/Altium 2004/Library。这个路径用浏览的方法去找比较快捷。选中已加载元器件库时,元器件检索范围只能是已加载的元器件库,不能够在其他未加载的元器件库中进行检索。

2) Path(路径)分组框中包括 Include Subdirectories(子目录)复选项应勾选,因为 Protel DXP 2004 系统的元器件符号都放在 Library 文件夹的子目录中。文件格式(File Mask)一般使用通配符" * . * ",不必指定元器件库的具体名称,系统将在所有元器件库文件中查找符合要求的元器件。

3) Search Criteria(检索标准)分组框中有 4 个选项,常用的是元器件 Name(名称)选项。在元器件名称文本框中填写查找元器件名称有一定的技巧。例如,填一个"LF356",单击检索按钮,检索结果是"No Component Selected"。为什么呢?原因是系统采用的检索方式是完全匹配检索方式,只有检索标准与对象完全匹配时才能检索到。那么,在填写检索元器件名称时,就要使用通配符来代替那些不十分清楚的字段。如刚才的例子中,将元器件名称填写为

"LF356*",或直接填写为"356*"。现将元器件名称填写为"LF356*"(该检索系统不区分大小写),单击检索按钮,打开检索结果对话框(见图5-5),开始检索元器件。

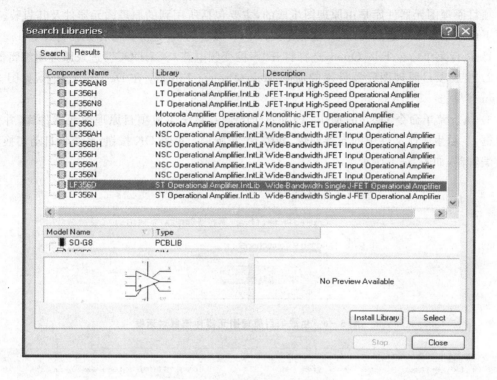

图 5-5 元器件检索结果对话框

5.3.3 元器件检索结果的处理方法

1) 在图5-5所示元器件检索结果对话框中,单击检索结果列表框中的元器件名称(一行中的任意位置),原理图符号区和封装区就会显示该相应元器件符号和封装图。选择一个两者都符合的元器件(变为高亮),单击 Install Library 按钮,将元器件所在库加载到系统中,单击 Close 按钮,关闭对话框,这时就可以在原理图中放置元器件了。

2) 单击 Select 按钮,将元器件所在库加载到系统中的同时,库文件面板打开,被选中的元器件处于激活状态,如图5-5所示,可以直接进行放置工作。

利用元器件检索结果加载元器件库和直接加载元器件库的作用是相同的,但直接加载元器件库的前提是必须知道元器件所在库的名称,显然利用元器件检索结果加载元器件库更方便,更实用。

5.4 建立项目元器件库

项目元器件库是由项目设计中用到的元器件或封装所构成的库文件,它是专为某个项目设计服务的。在编辑某个项目时,只要把它的项目元器件库文件加载即可,而无需加载其他元器件库,这会使设计的后续编辑工作更方便,更快捷。

5.4.1 建立项目原理图元器件库

项目原理图元器件库是由原理图生成的,主要包括所用到的原理图元器件及其封装。

下面以第 3 章中建立的"声控变频电路.SCHDOC"为例,建立原理图元器件库。

1) 执行菜单命令 File|Open,选择打开"声控变频电路.SCHDOC",进入原理图编辑器。

2) 生成项目原理图元器件库的命令 Make Project Library 在 Design 菜单中,见图 3-6 Design 菜单。

3) 执行菜单命令 Design|Make Project Library,系统生成项目原理图元器件库,并弹出信息框,显示生成库文件中的元器件数,如图 5-6 所示。单击 OK 按钮,系统将自动切换到库文件编辑器,如图 5-7 所示。

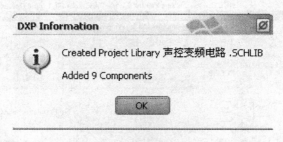

图 5-6 生成项目原理图元器件信息对话框

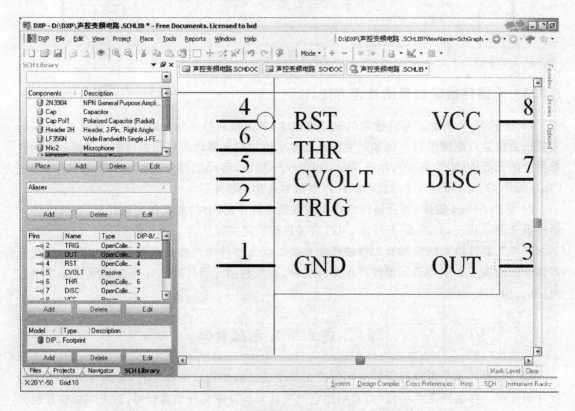

图 5-7 项目原理图元器件库文件编辑器

4) 打开 Projects(项目)面板,可以看到生成的项目原理图元器件库文件"声控变频电路.SCHLIB",如图 5-8 所示。该文件被保存在原理图所在的文件夹中。

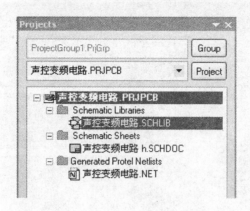

图 5-8 项目面板

5.4.2 建立项目 PCB 封装元器件库

项目 PCB 封装元器件库由 PCB 文件生成,主要包括该项目中所用到的 PCB 封装。

1) 执行菜单命令 File|Open,打开第 8 章建立的"声控变频电路.PCBDOC",进入 PCB 编辑器,如图 5-9 所示。

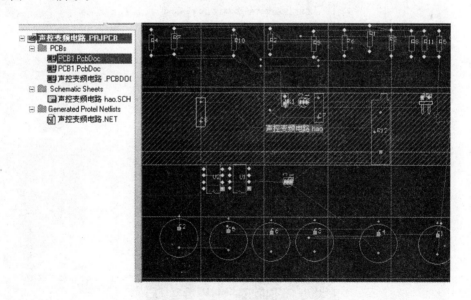

图 5-9 PCB 编辑器

2) 执行菜单命令 Design|Make PCB Library,系统将自动生成项目 PCB 元器件库,并自动切换到 PCB 库文件编辑器,如图 5-10 所示。

3) 打开 PCB 面板,可以浏览生成的项目 PCB 元器件库"声控变频电路.PcbLib",如图 5-11 所示。

Protel DXP 电路设计与制板(第 2 版)

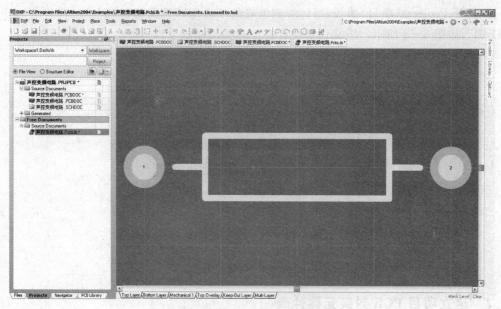

图 5-10　PCB 库文件编辑器

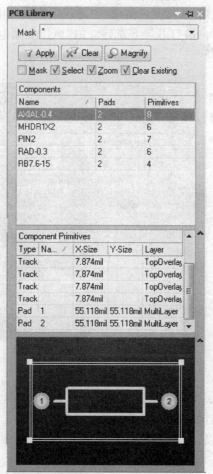

图 5-11　项目面板

5.5 设置窗口显示

有关窗口显示设置的命令全部在 Window 菜单中,如图 5-12 所示。

Window 菜单命令主要是针对编辑器同时打开多个文件而言的。下面以同时打开 3 个文件为例介绍有关命令的使用方法。

打开系统自带的设计示例 Example/Circuit Simulation/Amplified Modulator/Amplified Modulator.PRJCB。在打开文件时,编辑器的编辑窗口以默认的层叠方式显示,使每个窗口的文件标签可见。若当前窗口是活动窗口,则其被显示在其他窗口之上,文件标签为浅色。要改变当前窗口,只需单击相应窗口的文件标签。

5.5.1 平铺窗口

图 5-12 Window 菜单

执行菜单命令 Window|Tile,系统将打开的所有窗口平铺,并显示每个窗口的部分内容,如图 5-13 所示。文件标签为浅色的是活动窗口,单击窗口的任意位置都可以使该窗口为活动窗口,即当前窗口。

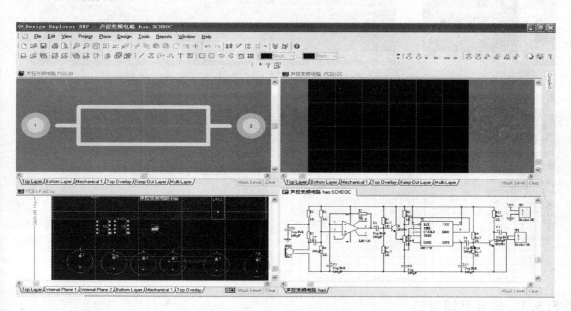

图 5-13 平铺窗口

调用窗口显示模式命令的另一种方法是在活动窗口的文件标签处右击,从弹出的显示模式右键菜单中选择显示模式,如图 5-14 所示。单击 Tile All 命令,也可平铺所有窗口。

图 5-14 窗口显示模式右键菜单

5.5.2 水平平铺窗口

执行菜单命令 Window|Tile Horizontally，系统将打开的所有窗口水平平铺，并显示每个窗口的部分内容，单击窗口的任意位置都可以使该窗口切换为活动窗口。

图 5-15 所示窗口显示模式右键菜单中的 Split Horizontal 命令也有水平平铺功能，但其只影响相邻的两个窗口。

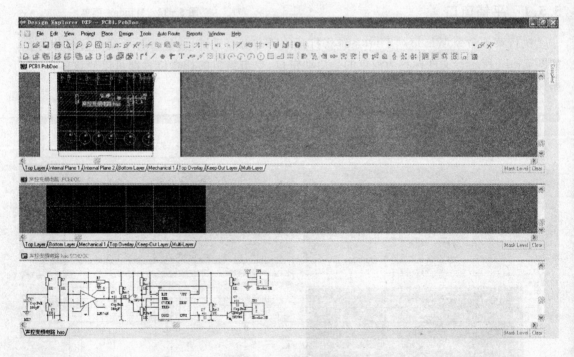

图 5-15 水平平铺窗口

5.5.3 垂直平铺窗口

执行菜单命令 Window|Tile Vertically，系统将打开所有窗口垂直平铺，并显示每个窗口的部分内容，如图 5-16 所示。文件标签为浅色的是活动窗口，单击窗口的任意位置都可以使该窗口切换为活动窗口。

第5章 原理图设计常用工具

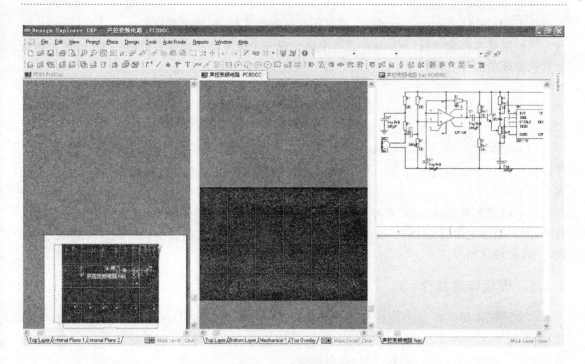

图 5-16 垂直平铺窗口

5.5.4 恢复默认的窗口层叠显示状态

如图 5-14 所示窗口显示模式右键菜单中的 Merge All 命令,具有恢复窗口层叠显示状态的功能,执行此命令后,窗口即恢复为默认的层叠显示状态。

5.5.5 在新窗口中打开文件

Protel DXP 2004 具有支持当前文件在新窗口中显示的功能。在当前文件的文件标签处右击,弹出右键菜单,单击 Open In New Window(在新窗口打开)命令。当前文件在新打开的 Protel DXP 2004 设计窗口显示,即此时在桌面上会有两个 Protel DXP 2004 设计界面。

5.5.6 重排设计窗口

在桌面上有两个或两个以上 Protel DXP 2004 设计窗口时,可以用重排窗口命令使这些设计界面全部显示在桌面上。

执行菜单命令 Window|Arrange All Window Horizontally,所有设计界面水平平铺显示,类似 Tile Horizontally 命令的结果。

执行菜单命令 Window|Arrange All Window Vertically,所有设计界面垂直平铺显示,类似 Tile Vertically 命令的结果。

5.5.7 隐藏文件

Protel DXP 2004 具有支持隐藏当前文件的功能。

单击 Hide Current 命令,隐藏当前文件(包括文件补标签)。

单击 Hide All Documents 命令，隐藏所有打开的文件(包括文件标签)。

执行隐藏文件命令后，Window 菜单中会出现一个恢复隐藏命令 Unhide。Unhide 中包含所有被隐藏的文件名称。单击文件名称即可使该文件处于显示状态。

5.6 工作窗口面板

Protel DXP 2004 在各个编辑器中大量使用了 Workspace Panel(工作窗口面板)。所谓工作窗口面板是指集同类操作于一身的弹出式窗口。这些面板按类区分，放在不同的面板标签中。

本节以第 3 章中建立的"声控变频电路.PRJPCB"为例，介绍工作面板的使用方法。首先打开"声控变频电路.PRJPCB"项目，进入原理图编辑器，执行菜单命令 project|Compiler PCB Project，编译该项目。

5.6.1 面板标签简介

原理图编辑器共有 6 个面板标签：System(系统)面板标签、Design Compiler(设计编译器)面板标签、Cross References(交叉引用)面板标签、SCH(原理图)面板标签、Help(帮助)面板标签和 Instrument Racks(仪器架)面板标签。

（1）打开面板的方法

从菜单 View|Workspace Panels 的子菜单中选择要打开的面板。单击原理图编辑器右下角的面板标签，从弹出的菜单中选择要打开的面板。

（2）面板的标签及面板的名称

1）系统面板标签中共有 8 个面板，如图 5-17 所示。

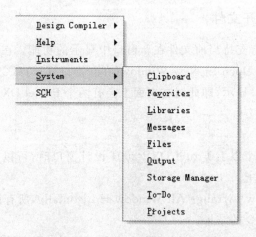

图 5-17 系统面板标签包含的面板

2）设计编译器面板中共有 4 个面板，如图 5-18 所示。

3）交叉引用面板标签本身就是一个面板启动按钮。单击它就可以打开交叉引用面板。在菜单中，它的上一级菜单是 Embedded，即嵌入式。交叉引用面板主要针对嵌入式系统的开发。

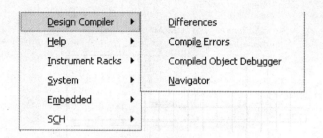

图 5-18　设计编译器面板标签包含的面板

4）原理图面板标签中共有 3 个面板，如图 5-19 所示。

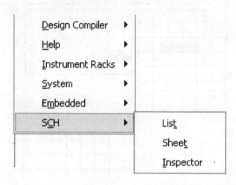

图 5-19　原理图面板标签包含的面板

5）帮助面板标签的功能与菜单 Help|Search 的功能相同。

6）仪器架面板标签中共有 3 个面板，如图 5-20 所示。这 3 个面板主要是针对系统外挂开发设备的。

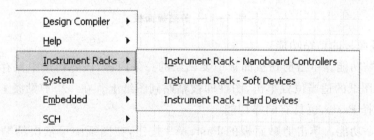

图 5-20　仪器架面板标签包含的面板

5.6.2　剪切板面板功能

（1）剪切板面板的保存功能

在原理图绘制和编辑过程中，所有的复制操作都会在 Clipboard（剪切板）面板上被依次保存，最近的一次在最上面，如图 5-21 所示。

在系统参数设置对话框中，如果勾选了 Add Template to Clipboard（图形编辑参数复制）功能（见图 3-24），剪切板面板中将连同图纸信息一起被保存，如图 5-21 所示的第三次复制。

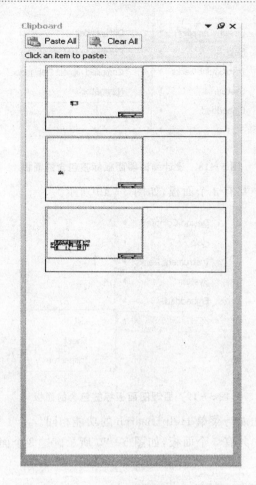

图 5-21 剪贴板面板

(2) 剪切板面板的粘贴功能

1) 单独粘贴功能。单击剪切板面板中要粘贴的一条内容,该剪切条中保存的图纸就会附着在光标上,在图纸的适当位置单击,图件即被粘贴到图纸上。在一个剪贴条上单击会弹出一个右键菜单,选择 Paste,也具有同样功能。

2) 全部粘贴功能。单击剪贴面板的 Paste All 按钮,在图纸中可依次粘贴剪贴板中所保存的全部内容,粘贴顺序与剪贴板中从上至下的保存顺序相同。

(3) 清除剪贴板的内容

1) 单击清除。在要删除的剪贴条上右击,从弹出的右键菜单中选择 Delete,即可清除该条内容。

2) 全部清除。单击剪贴板面板的 Clear All 按钮,剪贴板面板中所保存的全部内容都会被清除。

5.6.3 收藏面板功能

Favorites(收藏面板)的功能类似网页浏览器中的收藏夹,可以将常用的文件放在里面以方便调用。

（1）为收藏面板添加内容

1）打开要收藏的文件（如原理图文件、库文件、PCB 文件等），打开收藏面板。光标指向编辑窗口的文件标签，按住左键，拖动到收藏面板窗口，如图 5-22 所示。

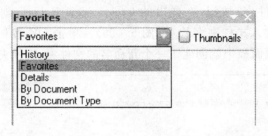

图 5-22　收藏面板

2）放开左键，弹出添加收藏对话框，如图 5-23 所示。单击 OK 按钮，文件即被添加到收藏面板中，如图 5-24 所示。

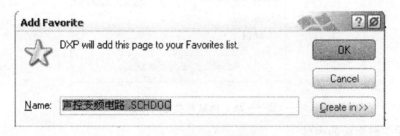

图 5-23　添加收藏对话框

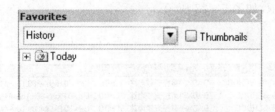

图 5-24　添加收藏后的收藏面板

3）在收藏面板中选择不同的显示模式，可改变收藏的显示风格，如图 5-25 所示。

图 5-25　收藏面板的一种显示

（2）利用导航工具栏添加收藏

导航工具栏的 ☆·按钮也能够实现添加收藏的功能。单击 ☆·，从下拉菜单中选择 Add to

Favorites 按钮,弹出如图 5-23 所示的添加收藏对话框。其文本框中显示当前激活的文件名称,单击 OK 按钮,文件即被添加到收藏面板中。

单击如图 5-23 所示的添加收藏对话框中的 Create in(创建)按钮,收藏对话框完全打开。单击 New Folder(新文件夹)按钮,在弹出的 Create New Folder(创建新文件夹)对话框的 Folder name 文本框中输入文件夹名称(见图 5-26)。单击 OK 按钮,退回到添加收藏对话框。单击 OK 按钮,收藏面板中就创建了一个新命名的文件夹,文件夹中包含有收藏的文件。

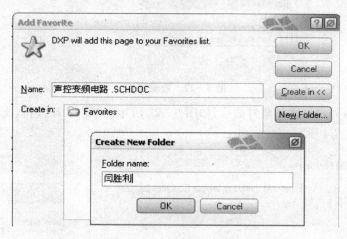

图 5-26 创建新收藏文件夹

(3) 清除收藏面板的内容

单击导航工具栏的 ☆· 按钮,从下拉菜单中选择 Organize Favorites,弹出 Organize Favorties(整理收藏)对话框,如图 5-27 所示。

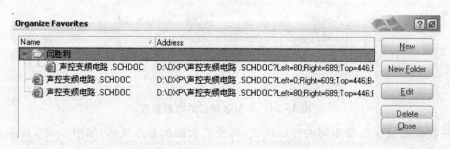

图 5-27 整理收藏对话框

在整理收藏对话框中选中要删除的文件(单击变为高亮),单击 Delete(删除)按钮,即从收藏面板中删除了选中的文件。

单击整理收藏对话框的 Close(关闭)按钮,关闭整理收藏对话框。整理收藏对话框可以收藏面板的所有位置,此处不再详述。

5.6.4 导航器面板功能

在原理图编辑器中,Navigator(导航器)面板的主要功能是快速定位,包括元器件、网络分布等。导航器面板位于 Design Compiler(编译面板)标签中,编译面板标签中面板功能是针对编译器设置的,所以要想使用其中的面板功能,必须先对文件或项目进行编译。

单击原理图编辑器面板标签 Design Compiler，选中 ☑ Navigator，打开导航器面板，如图 5-28 所示。

（1）导航器面板定位功能

定位功能是图件的高亮放大显示功能，目的是突出显示相关图件。

1) 元器件定位功能。单击导航器面板第二栏 Instance 列表中的元器件，编辑器窗口放大显示该元器件（变焦显示），其他图件变为浅色（掩膜功能），如图 5-29 所示。

2) 网络定位功能。单击导航器面板第三栏网络/总线（Net/Bus）列表中的网络名称，编辑器窗口放大显示该网络的导线、元器件引脚（包括引脚名称和序号）和网络名称，其他图件被掩膜，变为浅色（包括被选中引脚所属元器件的实体部分）。该功能仅针对具有电气特性的图件，如图 5-30 所示。

3) 交互导航功能。单击导航器面板的 Interactive Navigation（交互导航）按钮，出现大"十"字光标，单击原理图中的图件，与之关联的图件被定位，如图 5-31 所示。同时，导航器面板各栏也显示相应内容。

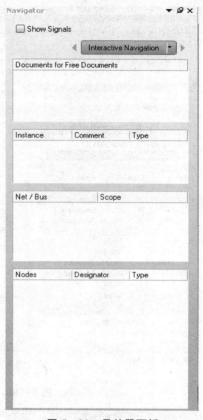

图 5-28 导航器面板

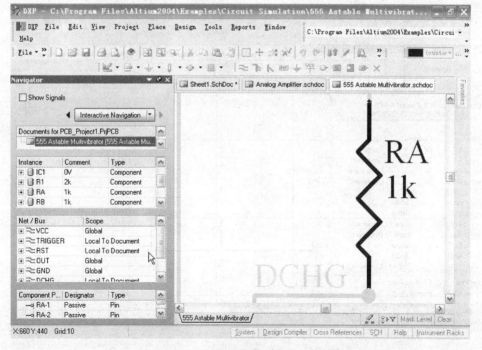

图 5-29 导航器面板的元器件定位功能

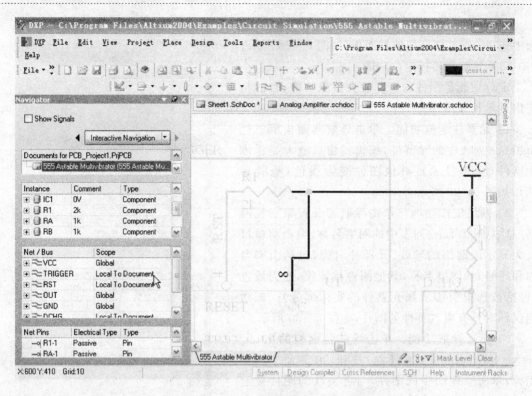

图 5-30　导航器面板的网络定位功能

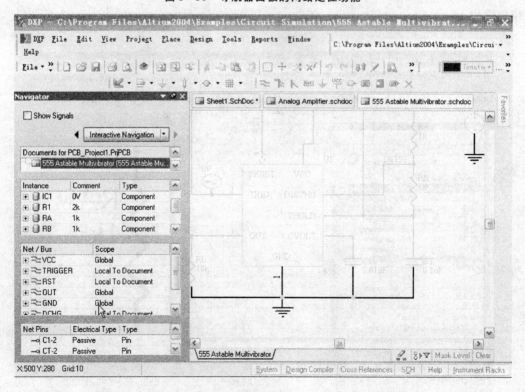

图 5-31　导航器面板的交互导航功能

4)导航器面板的定位功能只在 PCB 编辑器中适用。

(2)调节掩膜程度

1)单击编辑器窗口右下角的 Mask Level(掩膜程度调整器)按钮,弹出掩膜程度调整器,如图 5-32 所示。

2)用光标拖动 Dim 滑块,向上减小,向下增大。

(3)取消掩膜

取消掩膜的方法有 3 种:

1)在编辑器窗口的任何位置单击。

2)单击标准工具栏的×按钮。

3)单击编辑器窗口右下角的 Clear 按钮。

PCB 编辑器中只有后两种方法有效。

图 5-32 掩膜程度调整器

5.6.5 列表面板功能

List(列表)面板位于 SCH(面板标签)中。列表面板允许通过逻辑语言来设置过滤器,即设置过滤器的过滤条件,如图 5-33 所示,从而使过滤更准确快捷。

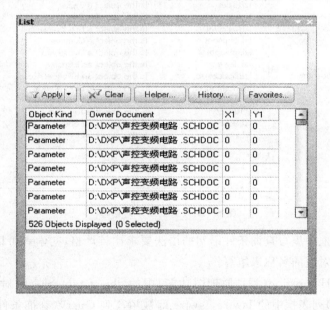

图 5-33 列表面板

过滤是指快速过滤的元器件、网络等相关图件,被过滤的相关图件以编辑器窗口的中心为中心放大显示(变焦显示),其他图件采用掩膜功能变为浅色。

(1)列表面板的互动显示功能

1)单击面板标签中的 ☑ List 列表面板项,打开列表面板。初始状态的列表面板各栏无显示内容。单击 Apply 按钮,当前图纸的全部信息都会在第二栏中显示(包括隐藏的信息),如图 5-33 所示,共列出了有关"声控变频电路.SCHDOC"的 525 个设计数据。

2)单击列表面板第二栏中的各项,图纸中相应的图件出现选中虚线框(当前是该图件在图纸中可视),同时第二栏下面的信息栏显示一个被选中(如果出现多选,则显示相应数目)。

3) 单击图纸中的图件,列表面板的显示内容会同时跳转。

(2) 列表面板的过滤功能

列表面板第一栏可填入查询条件,以便更准确地显示要查询的信息。填写的查询条件,必须符合系统的语法规则。如果不会填写,可以请助手帮忙。单击 Helper(助手)按钮,打开 Query Helper(查询助手)对话框,如图 5-34 所示。

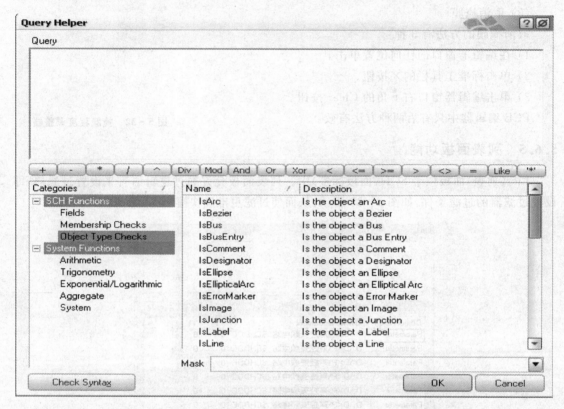

图 5-34 查询助手对话框

查询助手对话框中填写查询条件语句的语法要求比较严格,初学者可以用类别分组框中列出的类别和与之对应的名称来填写。

例如:选择 SCH function(类别原理图功能)中的 object type check(对象类型表单)。双击右侧 name(名称)列表框中的 Iswire,Iswire 即被填写到 Query(查询条件框)中。单击 OK 按钮,退回到列表面板。单击 Apply 按钮,列表面板中列出所有符合条件的信息,如图 5-35 所示。同时原理图中所有符合条件的图件被选中,如图 5-36 所示。

单击 Apply 按钮中的下拉按钮,弹出一个过滤模式选择对话框,如图 5-37 所示。选择其中不同的选项,系统按不同的模式过滤。如不勾选 Zoom 项,过滤器不会以变焦方式显示选中的图件。如不勾选 Select 项,被选中图件不以被选取的方式显示,而是将未选中的图件进行掩膜,如图 5-38 所示。

(3) 列表面板的锁定功能

上述过滤功能执行后,编辑器自动锁定未被选中图件(即被掩膜图件),因此只能对过滤出的图件进行编辑操作。

第 5 章 原理图设计常用工具

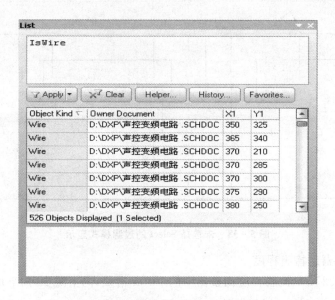

图 5-35 添加查询条件的列表面板

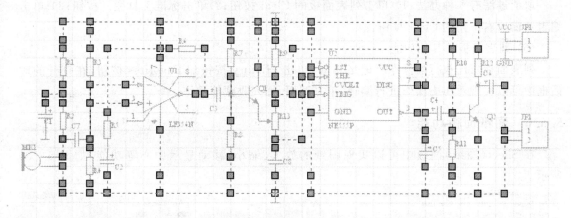

图 5-36 符合查询条件的图件被选中

图 5-37 过滤模式选择对话框

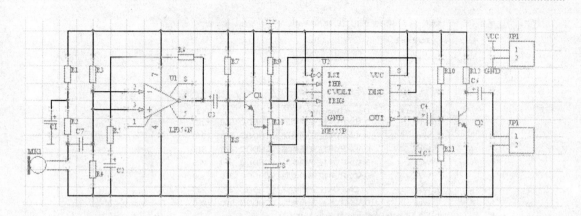

图 5-38　未选择 Select 的过滤模式显示

（4）调整过滤器的掩膜程度

调节如图 5-32 所示掩膜程度调整器中的 Filter 滑块，向上减少，向下增大。

（5）取消过滤

取消过滤有 3 种办法：1）单击列表面板的 Clear 按钮；2）单击标准工具栏 按钮；3）单击编辑器窗口右下角的 Clear 按钮。

（6）列表面板的其他功能

列表面板对已执行的操作有记忆功能，单击 History 按钮和 Favorites 按钮，在打开的对话框中可以实现对历史操作进行编辑、重复调用、加入收藏等操作。

5.6.6　图纸面板功能

在 Sheet（图纸）面板中可以实现图纸的放大、缩小、移动显示中心等功能，如图 5-39 所示。

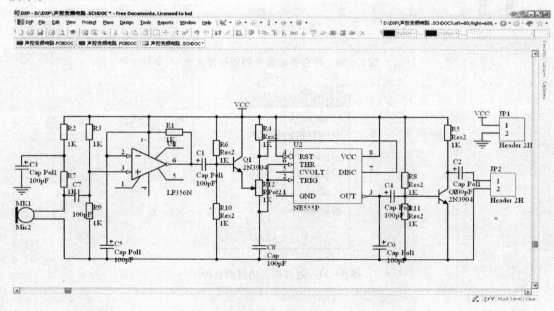

图 5-39　图纸面板

1) 单击按钮,实现适合全部图件的显示功能,与菜单命令 View|Fit All objects 作用相同。

2) 单击和按钮或拖动显示比例调节滑块,执行放大和缩小功能。直接在比例文本框中输入数字,视图按该比例显示。

3) 将光标移到图纸面板预览框的显示区域框(默认为红色)内时,光标变为十,按住左键,可拖动显示区域框,从而改变显示中心的位置。

5.7 其他常用工具

其他常用工具主要有导线高亮工具、存储器工具和过滤器工具。

5.7.1 导线高亮工具——高亮笔

编辑器窗口右下角的按钮是一个导线高亮工具——高亮笔。高亮笔具有以下功能。

1) 与元器件关联导线的高亮显示功能。单击按钮,出现"十"字光标,单击原理图中的元器件实体部分,与该元器件关联的导线高亮显示,如图 5-40 所示。

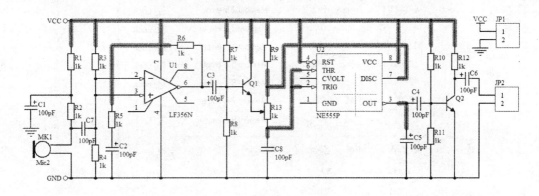

图 5-40 与元器件关联导线高亮显示

2) 与导线或引脚关联导线的显示功能。单击按钮,出现"十"字光标,单击原理图中的导线或引脚,与该导线或引脚关联的导线高亮显示,如图 5-41 所示。

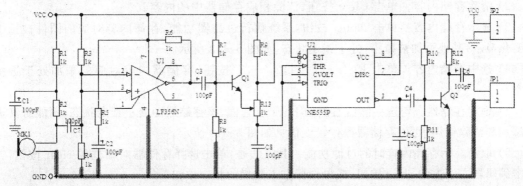

图 5-41 与导线或引脚关联导线的高亮显示

3) 取消导线高亮显示功能。单击编辑器窗口右下角的 Clear 按钮,取消高亮显示。

4) 默认状态下,编辑器窗口只能高亮显示选中的一组关联导线。如果要高亮显示多次选中的导线,在使用高亮笔的同时按下 Shift 键或 Ctrl 键即可。

5) 导线高亮显示时,与之相连的元器件引脚不会高亮显示。

6) 导线高亮显示不具有变焦显示功能。

7) 高亮笔有效时,按空格键切换高亮笔的颜色;按 Shift+空格键切换高亮笔的模式(连接模式和网络模式);按 Ctrl+Shift+鼠标左键单击 I/O 端口或图纸入口,高亮显示目标图纸中相关连接或网络。

5.7.2 存储工具

系统提供了 8 个存储器供用户存储所选图件。单击编辑器右下方的选择存储器按钮,打开选择存储器对话框,如图 5-42 所示。

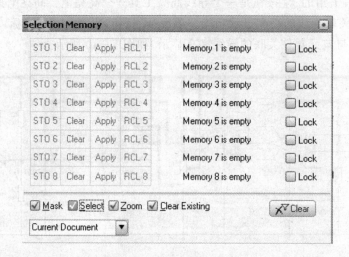

图 5-42 选择存储器对话框

1) 添加存储内容。在原理图中先选取要存储的图件,然后单击 STO $n(n=1,2,\cdots,8)$ 按钮,所选择的内容即被存储在对应的存储器中。

2) 清除存储内容。单击 Clear 按钮,清除相应存储器中的内容。

3) 显示存储内容。单击 Apply 按钮,系统执行过滤器功能,存储内容对应的图件被选中并变焦显示,其他添加被掩膜,处于锁定状态,如图 5-43 所示。

4) 选中存储内容。单击 RCL $n(n=1,2,\cdots,8)$ 按钮,存储器内容对应的添加处于选中状态。

5) 锁定存储器。勾选存储器右侧的 Lock 复选框,该存储器即处于锁定状态,不能对其进行添加和清除错误信息,存储器操作错误信息如图 5-44 所示。

6) 取消显示存储内容时的过滤功能。其方法是:单击选择存储器对话框的 clear 按钮,或单击编辑器右下方的 clear 按钮,或单击标准工具栏的相应按钮。

第 5 章　原理图设计常用工具

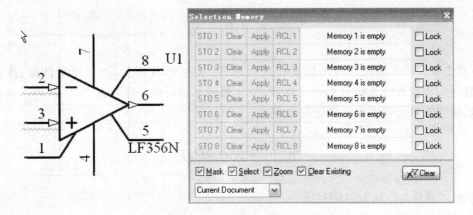

图 5-43　存储器的过滤功能

图 5-44　存储器操作错误信息

5.7.3　过滤器

过滤器位于菜单 Help|Popups|Filter 中,如图 5-45 所示。过滤器有 8 项固定常用过滤条件,除此之外,也可以在过滤条件文本框中添加新的过滤条件。过滤器单独使用的情况比较少,主要是和其他工具配合使用,以提高原理图的编辑效率。

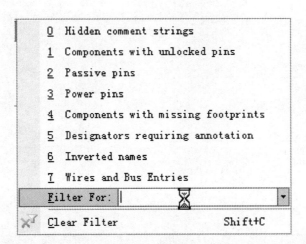

图 5-45　过滤器

5.8 小　结

本章主要介绍了电路原理图的设计流程，如何创建 PCB 项目，加载元器件库、放置元器件、放置导线和放置电源端等 Protel DXP 2004 最基本的操作。在掌握之后，就可以进行元器件搜索、建立项目元器件库和设置窗口显示。

5.9 上机练习

1) 对元器件 555 定时器的检索。
2) 对导线高亮工具的使用。

5.10 习　题

1. 填空题

1) 原理图编辑器工具栏从属性上大致可分为 3 类，即_____类、_____类和_____类。
2) 最常用的工具栏是_____。
3) 工具栏在原理图编辑器中可以有两种状态：_____状态和_____状态。

2. 简答题

1) 如何进行元器件库的加载/卸载？
2) 如何对元器件进行快速定位操作？
3) 实现全部图件显示功能的命令有哪些？

第 6 章 图件放置与层次化设计

教学提示：随着科技的发展，出现了越来越庞大、越来越复杂的电路原理图，如果用一张大图绘制出来，就会显得臃肿，并且检测和修改起来相当困难，利用 Protel 2004 的层次原理图设计，可以很好地解决这个问题。

教学目标：通过本章的学习，学生应该达到以下几点目标：
1) 掌握图件的放置。
2) 熟悉层次原理图的基本知识。
3) 掌握层次原理图的设计方法、建立方法。

本书中图件是一个类概念，泛指原理图编辑器中可以放置和编辑的所有模块。

具有电气属性的图件还有 Wire(导线)、Junction(节点)、Port(输入/输出端口)、Power Port(电源端口)、Sheet Entry(图纸入口)等。其余图件不具有电气属性，只有指示功能，也称辅助图件。有电气属性和没有电气属性的图件共同构成一个完整的电路原理图。

绘制电路原理图的实质是放置图件，并将它们进行有效合理的连接。在放置这些图件的同时，可以设置它们的属性，即在进入放置状态还未放置时，按 Tab 键进入相应属性设置对话框进行设置；也可以在放置完成后双击它，进入相应的属性设置对话框进行设置。两种操作的结果是相同的，可根据个人习惯选择。

放置图件有两种方法，执行菜单命令放置和使用工具栏放置。本章主要介绍利用菜单命令放置图件的方法，同时介绍图件属性的设置方法。

图 6-1 Place 菜单

放置图件的命令主要集中在 Place 菜单中，如图 6-1 所示。

6.1 放置元器件与设置元器件属性

前面介绍了利用库元器件面板放置元器件的方法，这里介绍利用菜单命令放置元器件的方法。

6.1.1 放置元器件

1) 执行菜单命令 Place|Pat 或单击布线工具栏的 按钮，弹出放置元器件对话框，如图 6-2 所示。

2) 如果知道欲放置元器件在已加载元器件库中的准确名称和封装代号，可以直接在放置元器件对话框中输入相关内容。其中，Lib Ref(元器件名称)下拉列表用于选择或填写所放置元器件在元器件库中的名称；Designator(标志符)文本框用于选择或填写所放置元器件在当

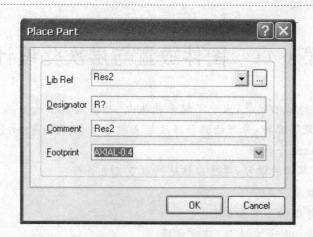

图 6-2 放置元器件对话框

前原理图中的标志;Comment(注释)文本框用于选择或填写所放置元器件的注释信息,Footprint(封装)下拉列表用于选择或填写所放置元器件的 PCB 封装代号。

3) 要记清楚每个元器件在元器件库中的准确名称是很困难的,所以应当充分利用系统提供的工具,快速放置元器件。

如果不知道元器件在元器件库中的准确名称,也不知道所在库,则可以用 4.3 节元器件检索的方法添加元器件库。

在放置元器件对话框中,单击元器件库浏览按钮□,弹出 Browse Libraries(元器件库浏览)对话框,如图 6-3 所示。

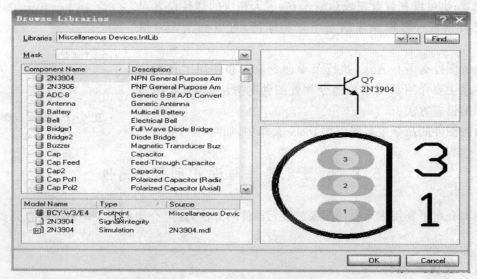

图 6-3 元器件库浏览对话框

在元器件库浏览对话框中,单击已加载元器件库列表的下拉按钮,在下拉列表框中单击元器件库名称,可将该元器件库置为当前元器件库。Mask(筛选)的功能类似于 Excel 中的筛选功能。当元器件筛选文本框清空或输入"*"号时,元器件列表框中显示当前元器件库中的所有元器件。当输入一个字母或数字时,元器件列表框中就会将其他元器件去除,只保留元器件名称以输入字母或数字为起始的元器件。如在元器件浏览对话框的元器件列表框中输入 mcl,则元器件列表窗口中只显示以 mcl 起始的元器件。利用这一功能,可快速找到要放置的元器件。

4) 找到要放置的元器件后,单击元器件列表框中的元器件名称使元器件处于选中状态时(有高亮条),单击 OK 按钮,重新回到放置元器件对话框,此时对话框中的元器件参数如图 6-4 所示。

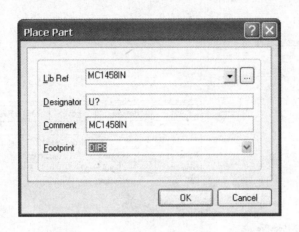

图 6-4　选中元器件时的放置元器件对话框

5) 单击 OK 按钮,进入元器件放置状态,元器件的原理图符号呈浮动状态跟随鼠标指针移动,在图纸中适当的位置单击左键放置元器件。

6.1.2　元器件属性设置对话框

双击放置的元器件或在元器件放置状态时按 Tab 键,弹出 Component Properties(元器件属性)设置对话框,如图 6-5 所示。

双击元器件属性实质上是在元器件属性设置对话框编辑元器件的参数。

6.1.3　设置属性分组框各参数

(1) 标志符的设置方法

如果希望系统对元器件进行自动标记,此时不必修改,一般使用系统的默认值即可。系统默认的标记是元器件类型分类加问号的形式,如集成电路为"U?",电阻为"R?",电容为"C?"等。

如果不希望该元器件参加系统的自动标记,可以在其文本框中输入标记符,同时勾选不允许元器件自动标记项。该元器件在系统自动标记时,不会改变标记符,但其标记符将是同类标记符中的一个。

另外,当指定了标记符,又勾选不允许元器件自动标志,并连续放置多个该元器件符号时,系统会自动递增标志符,并且这些元器件都不会参加系统的自动标志,除非取消该功能(这一特性不会影响到元器件库中元器件的默认属性)。只指定标志符,不勾选不允许元器件自动标志,并连续放置多个元器件时,系统也会自动递增标志等,并且这些元器件都可以进行自动

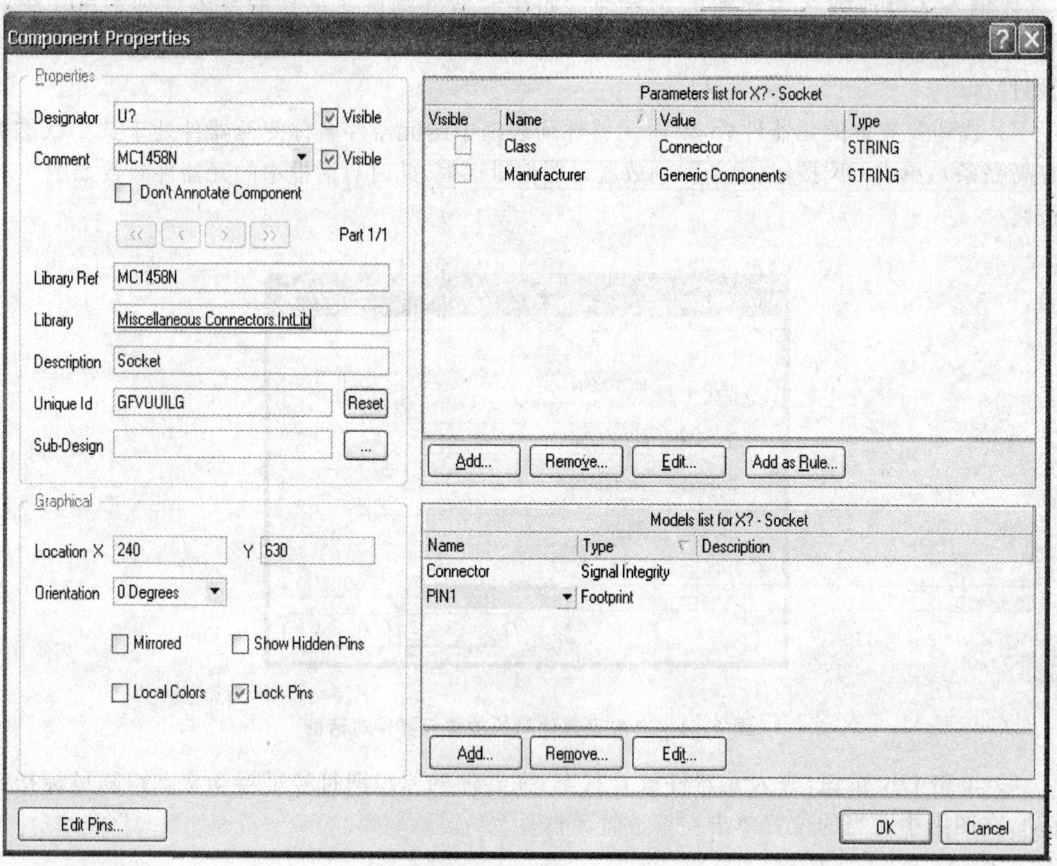

图 6-5　元器件属性设置对话框

标志。

（2）元器件注释

一般用元器件型号来注释，如果使用由系统产生的 Protel 网络表时，这些注释文字将在网络表中出现。这样，便于检查标志符和元器件型号的对应关系。标志符和元器件注释文本框后都有一个显示复选项，勾选该项时，则对应的文本内容在原理图中显示，否则将不显示。参数列表分组框的显示复选项也具有同样的功能。

（3）子件选择

子件选择是选择多个子件元器件的几个子件。所谓多个子件元器件主要是指一个集成电路中包含多个相同功能的电路模块。如图 5-4 所示，分母表示元器件中共有两个相同模块，分子表示是第一个模块，通过单击左右指向的箭头可以选择多个子件元器件中的不同子件。

连续放置多个子元器件时，如果不指定标志符，只能放置系统默认的第一个子件。放置后可用菜单命令 Edit|Increment Number 切换子件。如果指定了标志符，如 U1，在连续放置时，第一次放置时标志符是 U1A，第二次放置时标志符是 U1B。当这个元器件的所有子件都放置完后，再继续放置时标记符会递增，如本例中第三次放置时标记符是 U2A。

图 6-5 中元器件属性分组框内的其他几项参数一般不必修改。其中元器件的 ID 号是由系统产生的元器件的唯一标记码，原理图中的每个元器件都不同。

6.1.4 设置图形分组框各参数

（1）显示隐藏引脚

显示隐藏引脚主要针对集成电路引脚和电源地（0电位）引脚。系统中的集成电路元器件将这两种引脚隐藏起来，为的是尽量减少原理图中的连接导线，使电路图看起来简单明了。系统默认电源引脚的网络标记号为 VCC，电源地引脚网络标号为 GND。所以在绘制原理图时，相应的电源端子中一定要有这两个网络标号。

（2）锁定引脚

锁定引脚功能在默认状态下勾选有效。此时在原理图中，元器件引脚不能单独移动，要想改变引脚在元器件中的位置，必须到原理图库文件编辑中编辑。

当锁定引脚不能勾选时，在原理图中，元器件的引脚可以任意移动。这项功能为原理图的绘制提供了极大的方便。在用导线连接两个元器件的引脚时，如果引脚位置不合适，可以用鼠标左键单击并拖动引脚，将其摆放在元器件的其他位置。

（3）旋转角度和镜像

一般不用改变此设置，在放置元器件状态时或元器件处于拖动状态时，用空格键可以使元器件以光标为中心，逆时针旋转，每按一次空格键旋转 90°。

6.1.5 设置参数列表分组框各参数

图 6-5 中参数列表分组框中的参数主要是仿真设置的模型参数和 PCB 的设计规则。

（1）添加参数

添加参数，即添加参数列表中缺少的参数。在元器件属性设置对话框中单击 Add（添加）按钮，弹出元器件参数属性编辑对话框，如图 6-6 所示。在元器件参数属性编辑对话框中添加参数的名称和标称值。

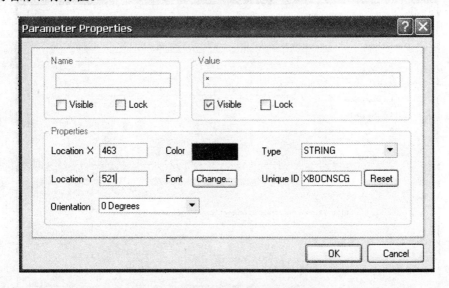

图 6-6　元器件参数属性编辑对话框

（2）编辑参数

对已有的参数进行编辑时，在元器件属性设置对话框中单击 Edit（编辑）按钮或双击参数都弹出如图 6-6 所示的元器件参数属性编辑对话框，在其中进行编辑。

（3）添加规则

添加规则是指元器件在 PCB 制板时所要求的布线规则。在元器件属性设置对话框中单击 Add as Rule（添加规则）按钮，弹出元器件参数编辑对话框，但比图 6-5 在标称值区域多一个 Edit Rule values（编辑规则参数）按钮。单击此按钮，弹出 Choose Design Rules Type（选择设计规则类型）对话框。有关 PCB 设计规则的内容，详见第 9 章。

6.1.6　设置模型列表分组框各参数

模型列表分组框中主要设置封装 DIP8。如果元器件与封装不匹配，可以为元器件添加或删除封装。

（1）删除模型

在模型列表中选中要删除的模型（单击为高亮），单击 Remove 按钮删除该模型。

（2）添加模型

单击添加模型按钮 Add，弹出 Add New Model（添加新模型）对话框，如图 6-7 所示。

在添加新模型对话框中，从 Model Type（模型类型）下拉列表中选择要添加的模型，如 Footprint（模型），单击 OK 按钮，弹出 PCB Model（PCB 模型）对话框，如图 6-8 所示。

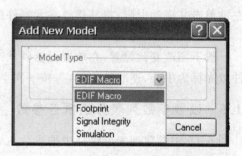

图 6-7　添加新模型对话框

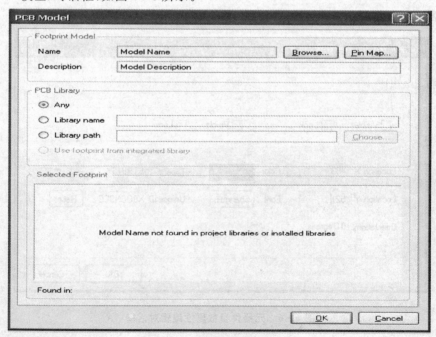

图 6-8　PCB 封装模型对话框

从图 6-8 中可以看到,对话框中的所有选项都是空的,因为还没有选择封装。单击 Browse(浏览器)按钮,弹出 Browse Libraries(浏览封装库)对话框,如图 6-9 所示。如果要添加的封装不在当前库中,使用右上角的 3 个功能按钮 ▼ ... Find... 调用相应库,使用方法与元器件检索方法类似。

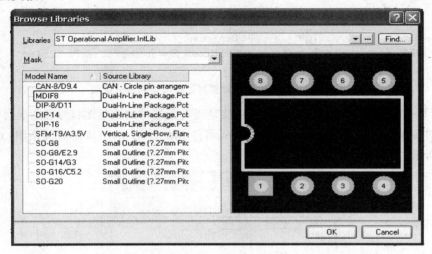

图 6-9 浏览封装库对话框

在浏览封装库对话框的模型列表框中选择封装模型 MDIP8(单击为高亮)。单击 OK 按钮,返回到 PCB 封装模型对话框,此时对话框中已有信息加载,如图 6-10 所示。

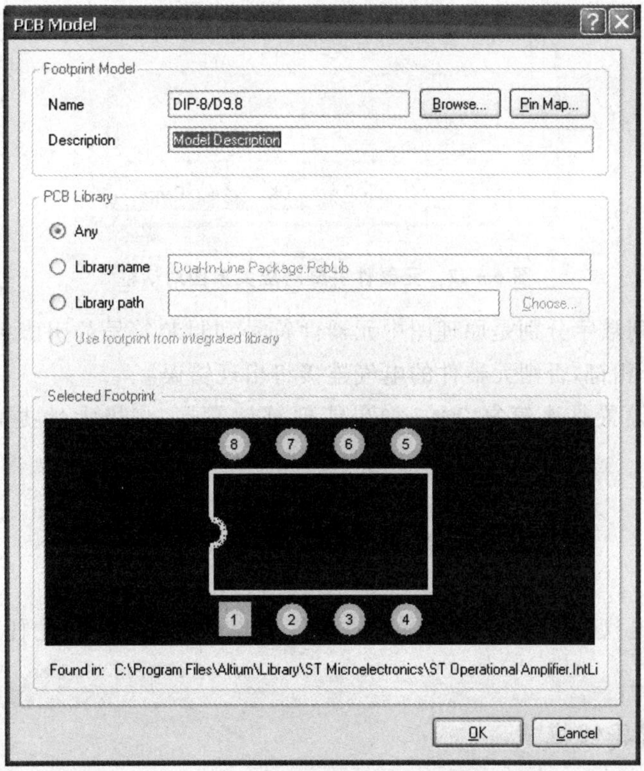

图 6-10 已加载封装的 PCB 封装模型对话框

在图 6-10 中的 PCB Library 分组框内可以直接指定封装所在库。单击 Cancel 按钮，返回到如图 6-5 所示元器件属性设置对话框。此时元器件属性设置对话框中模型列表分组框内的封装名称变为 MDIP8，如图 6-9 所示。单击其下拉列表按钮，可以在自带封装和添加封装间进行选择（自带封装未删除时），在名称栏中显示的为有效封装，如图 6-11 所示。

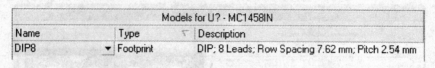

图 6-11　元器件属性设置对话框模型列表分组框

图 6-10 中引脚对应关系图标按钮的功能是查看元器件的原理图符号和封装（PCB 符号）中的引脚对应情况。单击按钮 PinMap，弹出元器件 Model Map（引脚对应关系图）对话框，如图 6-12 所示。

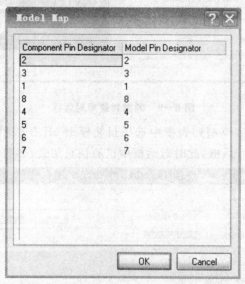

图 6-12　元器件引脚对应关系图对话框

对话框中的两列数字分别是原理图中元器件符号和封装符号的引脚标志（引脚号），两者必须一一对应，完全相符，否则元器件的电气连接将出现错误。

元器件的属性设置是比较复杂的，如果能熟练地掌握，将极大地提高设计水平和设计效率。

6.2　放置导线与设置导线属性

导线是指具有电气特性，用来连接元器件电气节点的连线。导线的任意点都具有电气节点的特性。

6.2.1　普通放置导线模式

1）执行菜单命令 Place|Wive 或单击布线工具栏中的放置导线按钮 。

2) 执行放置导线命令后,出现"十"字光标,有一个"×"号跟随着。"×"号就是电气节点指示,它按图纸设置的捕获栅格跳跃。当"×"号落在元器件引脚电气节点上时,它将变为红色(系统默认颜色)的"米"字形。"×"号变为红色"米"字形时才是有效的电气连接(自动导线模式除外),否则连接无效,无论是导线的起点、终点还是中间点。

3) 系统处于导线放置状态时,原理图编辑器的状态栏显示 Shift+Space to change mode:90 Degree start,即当前放置模式为 90 正交放置,按 Shift+空格键切换放置模式。系统提供了 4 种放置模式,其他 3 种分别是 45°、任意角度和点对点自动布线模式。前 3 种的放置方法与第 3 章中已介绍的方法相同,本节重点介绍第 4 种放置模式。

6.2.2 点对点自动布线模式

1) 用 Shift+空格键切换放置模式至点对点 Auto Wire(自动布线)模式。在元器件"MK?"的下端引脚上单击左键以确定导线的起点,然后将光标移到"JP?"的下端引脚上(不出现红色"米"字形),作为导线的终点,如图 6-13 所示。

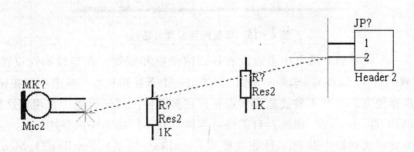

图 6-13 点对点自动布线方式

2) 单击左键(如果此时光标未指向电气节点,系统不会执行自动布线,并且发出声音警示),系统经过运算,自动在两个引脚上放置一条导线,并且导线自动绕开元器件放置,如图 6-14 所示。

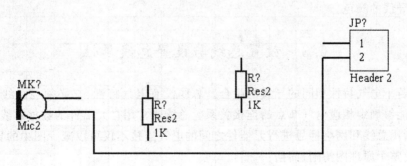

图 6-14 自动导线放置结果

3) 对于点对点自动布线模式,系统只识别两端的电气节点,而不识别中间的电气节点,不管中间是否出现红色"米"字形提示。

4) 点对点自动布线模式对两个端点的引脚电气节点有锁定功能,即用点对点自动布线模式放置的导线,两端引脚的电气节点不能重复使用点对点自动布线。如果需要和其他元器件或导线连接,只能利用已放置导线的其他节点作为电气连接点(如果随后将放置模式切换到其他几种模式,锁定解除)。

6.2.3 设置导线属性

1) 在放置导线时,按 Tab 键或双击已放置好的导线,弹出 Wire(导线)属性设置对话框,如图 6-15 所示。

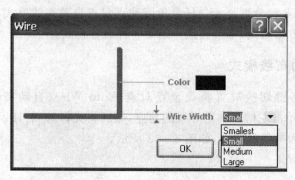

图 6-15 导线属性设置对话框

在如图 6-15 所示的对话框中可以设置导线的颜色和宽度。在导线属性设置对话框中,将光标移到 Wire Width(线宽)选择右侧时,会弹出一个下拉按钮▼。单击下拉按钮▼,从下拉列表框中可选择线宽。共有 4 种线宽可供选择。在多图件的属性设置中都用到这种下拉线宽选择列表,以后不再一一介绍,请读者自己练习掌握它在不同图件中的作用。

下拉式线宽模式列表中共有 4 种线宽模式:Smallest(最细)、Small(细)、Medium(中)和 Large(最宽)。单击需要的线宽模式,它就会出现在线宽文本框中,以后放置的导线或被编辑的导线的线宽就是该线宽模式。

2) 单击已放置好的导线,使导线处于选中状态,文本格式工具栏中的对象颜色设置项激活(显示选中对象的颜色),单击其下拉按钮或浏览按钮,从弹出的颜色设置框中选择颜色,可以改变选中导线的颜色。

6.3 放置总线与设置总线属性

总线是若干电气特性相同的导线的组合。总线没有电气特性,它必须与总线入口和网络标号配合才能够确定相应电气节点的连接关系。总线通常用在元器件的数据总线或地址总线的连接上,利用总线和网络标号进行元器件之间的电气连接不仅可以减少图中的导线、简化原理图,也可使整个原理图清晰、简洁。

6.3.1 放置总线

1) 执行菜单命令 Place|Bus 或单击布线工具栏中的 ⊢ 按钮。
2) 执行放置总线命令后,放置过程与导线相同,但要注意总线不能与元器件的引脚直接连接,必须经过总线入口。
3) 放置总线和放置导线一样也有 4 种放置模式,使用方法相同。

6.3.2 放置总线属性

1) 在放置总线时按 Tab 键或双击已放置好的总线,弹出 Bus(总线)属性设置对话框,如图 6-16 所示。设置方法与导线属性设置基本相同。

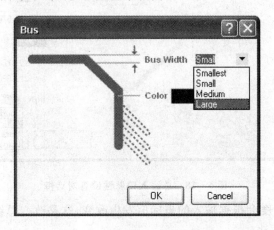

图 6-16 总线属性设置对话框

2) 使用文本格式工具栏对总线进行验收设置的方法与导线相同。

6.4 放置总线入口与设置总线入口属性

总线与元器件引或导线连接时必须通过总线入口才能连接。

6.4.1 放置总线入口

1) 执行菜单命令 Place|Bus Entry 或单击布线工具栏中的 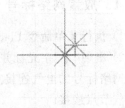 按钮。

2) 出现"十"字光标并带着总线入口线,如图 6-17 所示。如果需要改变总线入口的方向,在放置状态时(未放置前)按空格键,切换总线入口线的角度(共有 45°、105°、225°、315°四种角度选择)。按 X 键左右翻转。放置时,将"十"字光标移到需要的位置,单击左键,即可将总线入口放置在光标当前位置,此时仍处于放置状态,可以继续放置其他入口线。

图 6-17 放置总线入口光标

3) 总线入口的两个端点是两个独立的电气节点,互相没有联系,中间部分没有电气特性,这是和导线的最大区别。放置时一端和总线连接,另一端可以直接和元器件引脚连接,也可以通过导线和元器件引脚连接。

6.4.2 设置总线入口属性

1) 在放置总线入口时按 Tab 键或双击已放置好的总线入口,弹出 Bus Entry(总线入口)属性设置对话框,如图 6-18 所示。

2) 总线入口的属性设置与导线的属性设置基本相同,需要注意的是它的两个端点坐标一般不用设置,随着总线入口位置的移动会相应的改变。有必要也可以输入指定的坐标参数,那

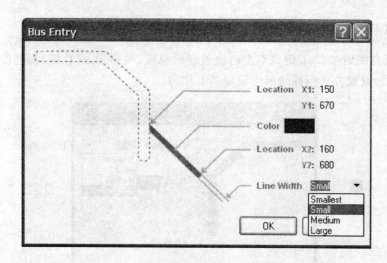

图 6-18 总线入口属性设置对话框

么总线入口的角度和长度会根据输入的坐标值发生改变,这是改变总线入口长度和角度(除去 4 种标准角度)的唯一方法。

6.5 放置网络标号与设置网络标号属性

在 Protel DXP 2004 原理图中,实现元器件间的电气连接有 4 种方法:一是元器件引脚直接连接;二是通过导线连接;三是使用网络电气标号;四是使用节点。

网络标号是一种特殊的电气连接标志符。具有相同网络标号的电气节点在电气关系上是连接在一起的,不管它们之间是否有导线连接。

通常,网络标号的属性设置都是在放置过程中进行的。

6.5.1 放置网络标号

1) 执行菜单命令 Place|Net Label 或单击布线工具栏中的 按钮。

2) 出现"十"字光标并带有网络标号(默认名称),如图 6-19 所示。大"十"字中心的"×"号是网络标号的电气连接点,通常所说的将网络标号放在某个图件上,就是指该点与这个图件的电气节点连接。

3) 如图 6-20 所示是将放置网络标号的几种情况拼接在一起的示意图。

图 6-19 放置网络标号光标

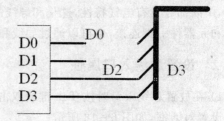

图 6-20 放置网络标号的几种情况示意图

- D0 放置在元器件引脚的电气连接点上。电气连接没有错误,但其距离引脚标号太近,不易分辨。如果一定要用这种放置方法,最好在系统的原理图参数设置中修改引脚间距分组框的两个参数,使引脚标号与网络标号间保持一定的距离,以使区分两者。
- D1 放置在总线入口靠近元器件引脚的端点上。如果将元器件引脚与总线入口用导线连接起来后,导线的两端点与总线入口端点和网络标号的电气连接点重合,所以电气连接也没有错误,但其序号与总线入口重叠,也不易分辨。
- D2 放置在导线上,电气连接正确,位置合适,是最好的一种放置位置。
- D3 放置在总线入口与总线的正交点上,虽然放置时系统可捕获到电气节点("米"字形标志),但由于该电气节点与元器件引脚电气节点没有任何电气连接,所以是一种错误的放置。另外,系统禁止将网络标号放置在总线上,否则编译时会出错。
- 放置时按空格键,切换放置角度(0°,90°,180°,270°四种角度选择)。按 X 键左右翻转,按 Y 键上下翻转。网络标号连接放置时,系统会自动递增序号,所以在放置第一个时给定最小序号。

6.5.2 设置网络标号属性

设置网络标号属性主要是设置网络标号的名称。

网络标号处于放置状态时,按 Tab 键,弹出 Net Label(网络标号)属性对话框,如图 6-21 所示。在 Net(网络)文本框中输入欲放置网络标号的最小序号,如 D0,单击 OK 按钮,开始放置网络标号。

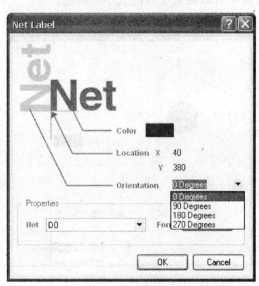

图 6-21 网络标号属性设置对话框

6.6 放置节点与设置节点属性

节点是具有电气特性的图件出现交叉时,指示其交叉点具有电气连接属性的标志符。系统默认设置时,T 形交叉自动放置节点,十字交叉不自动放置节点,如果需要,必须手工放置。

6.6.1 放置节点

1) 执行菜单命令 Place|Manual Junction。

2) 出现"十"字光标并带着节点,如图 6-22 所示。节点的电气连接点在节点中心。将节点移到两条导线的交叉处,单击,即可将节点放置在交叉处,此时两导线就具有电气连接属性。

3) 图 6-22 中 T 形交叉的节点由系统自动放置,"十"字交叉的节点需手工放置。其中导线与导线"十"字交叉的节点放置正确,导线与 R2 引脚"十"字交叉的

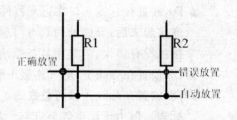

图 6-22 放置节点示意图

节点放置错误。因为只有在两个具有电气属性图件交叉时放置的节点才有效,而元器件引脚上的电气节点在外侧端点上,其他部位是没有电气连接属性的。

6.6.2 设置节点属性

1) 在系统参数设置的编译器参数设置对话框中,可设置自动放置节点属性。在 Auto-Junctions 分组框中,可以设置导线或总线上自动放置节点的大小、颜色。

2) 设置手工放置节点属性,在放置节点时按 Tab 键或双击已放置好的节点,弹出 Junction(节点)属性设置对话框,如图 6-23 所示。

在节点属性设置对话框中可以设置节点的大小和颜色。

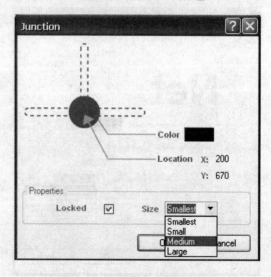

图 6-23 节点属性设置对话框

6.7 放置电源端子与设置电源端子属性

在 Protel DXP 2004 系统中,电源端子是一种特殊的符号。它具有电气属性,类似于网络标号,因此也可以把它看成一种特殊的网络标号。电源端子像元器件一样有符号,但它不是一个元器件实体,所以它不能构成一个完整的电源回路,必须和实际的电路配合使用。

6.7.1 电源端子简介

Protel DXP 2004 系统中电源端子有 8 种不同的形状可供用户选择,它们集中在辅助工具栏中,如图 6-24 所示。布线工具栏中也有 2 个电源端子: 和 。

这 8 个电源端子按放置时网络名称的变化规律可分为 2 组,前 5 个和后 2 个在放置时的默认网络标号是固定的,即前 5 个分别是 GND、VCC、+12、+5、-5,后 2 个都是 GND。其余 4 个网络标号是上一个电源端子名称的复制,即和上一个放置的电源端子网络标号相同。布线工具栏中的 2 个电源端子在放置时默认网络标号也是固定的。执行菜单命令 Place|Power Port,放置的电源端子是上一个放置的完全复制,即网络名称与上一个放置的电源端子完全相同。

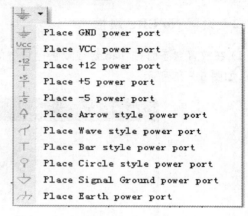

图 6-24 电源端子

6.7.2 放置电源端子

1) 连续放置。执行菜单命令 Place|Power Port,光标出现大"十"字并带有电源端子符号,电气节点在大"十"字中心。在需要放置节点电源端子位置单击左键,电源端子即放置在原理图中。此时仍处于放置电源端子状态,可以继续放置。

2) 单次放置。利用工具栏放置电源端子时,每次只能放置一个,要想放置下一个,必须再次单击工具栏中的相应按钮。如果需要重复放置的次数较多,可以利用菜单命令 Place|Power Port 的完全复制特性来放置。

3) 在放置状态时,按键盘空格键切换旋转角度。

6.8 放置指令与设置指令属性

菜单命令 Place|Directives 中共有 6 条指令,原理图绘制和 PCB 制板常用的有 2 条:忽略电气规则检查命令 No ERC 和规则指令 PCB Layout。

6.8.1 放置 No ERC 指令

忽略电气规则检查命令 No ERC 放置在原理图中以红"×"号标志显示,目的是系统在电气规则检查时忽略对被标志点的电气检查。系统默认元器件的输入型引脚不能空置,否则编译时就会出错。在实际应用中,一些元器件的输入型引脚不可以不用,因此需要在这些输入型引脚上放置 No ERC 指令(通常称为放置 No ERC 标志)。

1) 执行菜单命令 Place|Directives|No ERC 或单击布线工具栏中的 按钮。

2) 出现"十"字光标并带有一个红"×"号,将红"×"号放置在要标志图件的电气节点上(如元器件引脚的外端点)即可,此命令可连续放置,右击可取消放置状态。

3）注意：放置过程中该命令没有自动捕获电气节点的功能，可以在任何一个位置上放置（特别是图纸的捕获栅格设置较小时），但只有准确地放置在要忽略电气检查的电气节点上才有效。当放置了 No ERC 标志的图件移动时，No ERC 标志不会跟着移动，所以通常是最后放置 No ERC 标志。

6.8.2　设置 No ERC 属性

1）在放置状态时按 Tab 键或双击已放置的 No ERC 标志，弹出 No ERC 标志属性设置对话框，如图 6-25 所示。

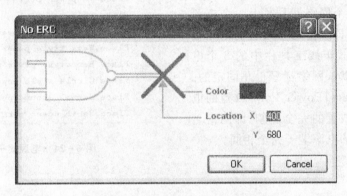

图 6-25　No ERC 标志属性设置对话框

2）双击颜色框可以设置 No ERC 标志的颜色，坐标一般不用设置。

3）在系统参数设置的原理图参数设置对话框中，Clipboard and Prints（剪贴板和打印）分组框参数的设置，决定 No ERC 标志能否被复制和打印。

6.8.3　放置 PCB 布线规则指令

放置 PCB 布线规则指令也称为放置 PCB 布线规则标记。PCB 布线规则标记是在原理图中设置指定网络的 PCB 布线规则。如果放置了 PCB 布线规则标记，在原理图创建 PCB 的过程中，系统会在 PCB 中自动引入这些规则，但必须用设计管理器传送参数，用 Protel 网络表时无效。PCB 布线规则标记的作用与 6.1 节中元器件的放置与编辑的添加规则基本相同，前者涉及与之相连的一个网络，后者涉及与元器件连接的所有网络。

1）执行菜单命令 Place|Directives|PCB Layout，或单击布线工具栏中的 按钮。

2）出现"十"字光标并带有 PCB 布线规则标记 ，"×"是其电气连接点，放置时它变红才能有效连接，否则无效。如果它与其他有电气属性的图件构成 T 形交叉或邮箱的"十"字交叉时，系统会自动放置节点（自动放置节点有效时）。

3）放置状态时按空格键切换旋转角度。

6.8.4　设置 PCB 布线规则指令属性

放置状态时按 Tab 键或双击已放置的 PCB 布线规则标记，弹出 PCB 布线规则标记属性设置对话框，如图 6-26 所示。它与图 6-5 中列表分组框的功能是一样的，有关 PCB 设计规则的设置详见第 9 章有关内容。

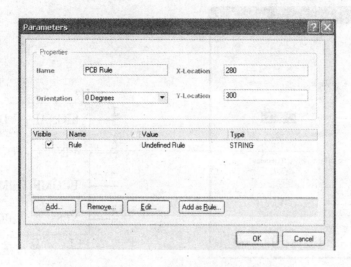

图 6-26　PCB 布线规则标记属性设置对话框

6.9　放置注释文字与设置注释文字属性

6.9.1　插入文字工具 A

插入文字工具 A 主要用于在绘制好的原理图旁边标注需要注意的事项或必要的说明,具体的使用方法如下:

1) 首先执行菜单命令 Place|Text String,或单击辅助工具栏中的 A 按钮。单击 A 按钮时光标变成"十"字形状并带有文字提示,如图 6-27 所示。

2) 将光标移动到待插入文字的位置单击,即可完成文字的插入,如图 6-28 所示。

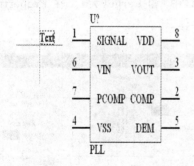
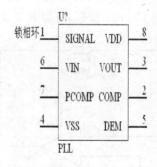

图 6-27　插入文本　　　　　　　　　　图 6-28　输入文本

3) 此时光标仍处于插入文字的状态,用户如果对文字的颜色、角度和字体等参数不满意,可以按键盘上的 Tab 键,在随后设置的文字属性设置对话框选择文字的颜色,设置文字的角度和字体,如图 6-29 所示。在 Color 列表中设置文字的颜色,单击 Change 按钮改变字体大小,结果如图 6-30 所示。

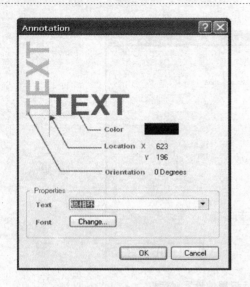

图 6-29　文本属性设置对话框

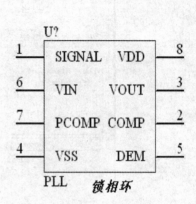

图 6-30　修改文本属性

6.9.2　插入文本框工具

插入文本框工具 主要用于插入对原理图的说明文字,具体的使用方法如下:

1) 首先单击插入文本框工具 按钮,此时光标变成"十"字形状,选择合适位置,单击,确定文本框的一个顶点,然后拖动光标就可以看到一个虚线的预拉框,拖至合适大小再单击,即可插入一个文本框,效果如图 6-31 所示。

2) 此时光标仍处于插入文本框的状态,用户如果对文本框的边框宽度或颜色等参数满意,可以按键盘上的 Tab 键,在弹出的 Text Frame(文本框)属性设置对话框中进行设置,如图 6-32 所示。在该对话框中可以设置文本框的填充颜色、边框颜色及边框宽度。边框宽度分为 4 类,分别是 Smallest(最小)、Small(小)、Medium(中)和 Large(大)。在 Properties(属性)栏单击 Change 按钮,可以改变文本框中的文字和字体。

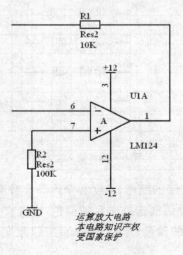

图 6-31　插入文本框

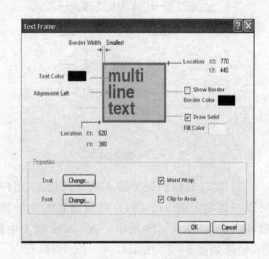

图 6-32　修改文本框属性

6.10 放置非电气图形的方法

用图形绘制类型工具绘制的图形没有电气属性,只起标注作用。库文件编辑器中也用到这些图形,元器件的实体部分就是用图形绘制类工具绘制的图形。Place|Drawing Tools 菜单中提供了 10 种图形绘制类工具,如图 6-33 所示。

6.10.1 放置直线与设置直线属性

(1) 放置直线

1) 执行菜单命令 Place|Drawing Tools|Line,或单击辅助工具栏中的 按钮,在打开的工具条中单击 按钮,出现大"十"字光标,进入放置直线状态。

2) 将光标移到要放置直线的起点,单击确定直线起点。

3) 移动光标,在直线起点和光标间出现一条直线,此时按空格键切换直线的放置模式(90°,45°和任意角度)。

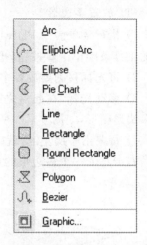

图 6-33 Drawing Tools 菜单

4) 放置直线时每单击一次左键,即确定了一个线段的终点,同时也确定了下一个线段的起点。

5) 单击一次右键,确定本次所放置的直线结束,等待确定下一次放置的起点。双击右键即取消放置直线状态。

一次放置的直线,不管中间是否有转折点,系统都认为是一条直线。

(2) 设置属性

1) 在放置直线状态时按 Tab 键或双击已放置的直线,弹出 PolyLine(直线)属性设置对话框,如图 6-34 所示。

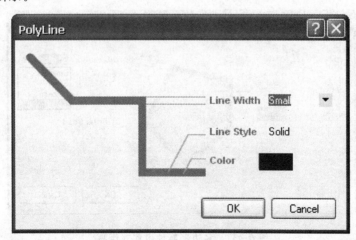

图 6-34 直线属性设置对话框

2) 从下拉列表中选择直线宽度。共有 4 种直线宽度可供选择。

3) 线型选择的下拉列表中共有 3 种选择。

4)设置完成后,单击OK按钮,确认设置并退出属性设置对话框。

6.10.2 放置多边形与设置多边形属性

(1)放置多边形

1)执行菜单命令Place|Drawing Tools|Polygon,或单击辅助工具栏中的 按钮,在打开的工具条中单击 按钮,出现"十"字光标,进入放置多变形状态。

2)将光标移到要放置多边形的起点,单击,确定多边形起点。

3)移动光标,在起点之间有一条线出现,单击,确定多边形第二顶点,再移动光标就会出现多边形图形,如图6-35所示。

4)每单击一次左键,就确定了多边形的一个顶点,起点和光标间的边线由系统自动给定。最后右击完成一个多边形的放置,如图6-36所示。

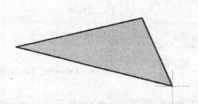
图6-35 放置多边形

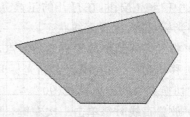
图6-36 放置好的多边形

5)右击,确定本次放置多边形结束,等待确定下一个多边形的起点,双击右键取消放置多边形状态。

(2)设置属性

1)在放置多边形状态下按Tab键或双击已放置的多边形,弹出如图6-37所示对话框,可为多边形内部填充颜色,否则不填充。

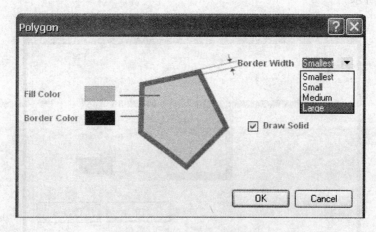
图6-37 多边形属性设置对话框

2)双击Fill Color(填充颜色)和Border Color(颜色边框)右侧的颜色框,可以选择适当的颜色。

3)设置完成后,单击OK按钮,确认设置并退出属性设置对话框。

6.10.3 放置椭圆弧与设置椭圆弧属性

(1) 放置椭圆弧

1) 执行菜单命令 Place|Drawing Tools|Elliptical,或单击辅助工具栏中的 ,在打开的工具条中单击 ![](按钮,出现如图 6-38 所示形状,进入放置椭圆状态。

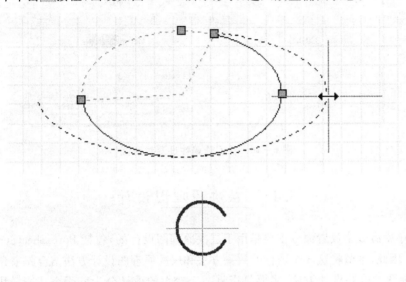

图 6-38 放置椭圆弧光标

2) 放置椭圆弧共需单击 5 次左键,第 1 次确定椭圆弧中心,第 2 次确定 X 轴半径,第 3 次确定 Y 轴半径,第 4 次确定椭圆弧起始角度(起点),第 5 次确定椭圆弧结束角度(终点)。

3) 单击 5 次完成本次放置椭圆弧操作,等待继续放置下一个椭圆弧,此时光标上黏附着上一次放置椭圆弧的形状,如图 6-39 所示。

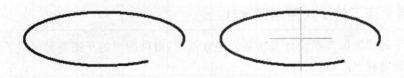

图 6-39 放置的椭圆弧

4) 双击右键取消放置状态。

(2) 设置属性

1) 在放置椭圆弧状态下按 Tab 键或双击已放置的椭圆弧,进入椭圆弧属性设置对话框,如图 6-40 所示。

2) 在椭圆弧属性设置对话框中,单击各个数字即可对其进行编辑。

3) 放置 Acr(圆弧)的方法与椭圆弧相似(当横轴长度等于纵轴长度时,椭圆就会变成一个圆)。

绘图工具栏中其他工具的使用方法与上述几种类似,此处不再一一叙述。

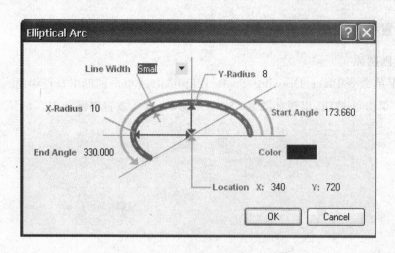

图 6-40 椭圆弧属性设置对话框

6.11 层次原理图设计

Place 菜单中有 3 个放置命令主要是用于层次原理图设计的,包括 Port、SheetSymbol 和 Add Sheet Entry。因此,本节将这 3 个图件的放置方法和层次原理图设计方法结合起来介绍。

层次原理图的电路设计方法,主要是指将一个较大的设计分为若干个功能模块,可由不同的设计人员来完成。层次原理图设计也可以称为模块化原理图设计。

层次原理图设计的结构类似树状结构,最顶层是母图,往下是各级子图。母图由子图符号及其连接关系构成。子图符号由图纸符号(Sheet Symbol)和图纸入口(Sheet Entry)构成。子图由实际的电路图和输入/输出端口(Port)构成。

层次原理图设计方法分为自上而下和自下而上两种设计方法及其相关图件的放置方法。在第 3 章绘制的声控变频电路中没有电源部分,现在用层次设计的方法为其增加电源部分。

6.11.1 自上而下的层次原理图设计

自上而下的层次原理图设计方法是先建立母图,由母图中的子图符号生成子图,然后再在子图中添加元器件、导线等图件。

1. 建立母图

1) 执行菜单命令 File|New|PCB Project,建立项目"声控变频电路层次设计.PRJPCB"。执行菜单命令 File|New|Schematic,为项目新添加一张原理图纸并保存为"母图.SchDoc"。

2) 在母图中绘制代表电源和声控变频电路的两个子图符号。首先放置 Sheet Symbol(图纸符号)。

➢ 执行菜单命令 Place|Sheet Symbol 或单击布线工具栏中的 ▫ 按钮。

➢ 出现"十"字光标并带有图纸符号,如图 6-41 所示,单击确定图纸符号方块的右下角(见图 6-41(b)),移动光标确定方块的大小,再单击确定图纸符号方块的右下角(见图 6-41(c)),一个方块形的图纸就放置好了。用同样的方法再放置一个。本例中共需 2 个图纸符号来构造子图符号。放置完毕后右击退出放置状态。

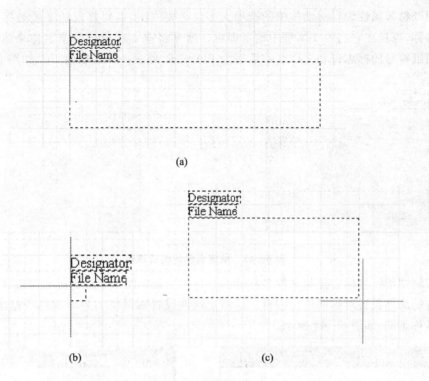

图 6-41 放置图纸符号

➢ 双击图中已放置的图纸符号,弹出其属性设置对话框(放置状态时按 Tab 键也可以),编辑图纸符号的属性,如图 6-42 所示。

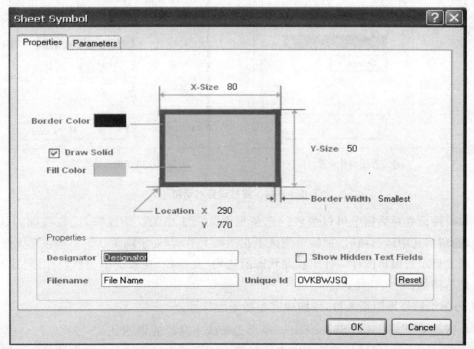

图 6-42 图纸符号属性设置对话框

➢ 图纸符号属性设置对话框中的选项大多没必要修改,需要修改的 2 项是标志符和文件名称,直接在它们的文本框中输入即可。通常将这 2 项用同一个名称来命名。将一个图纸符号的标志符和文件名称编辑为 POWER,将另一个编辑为 FC,如图 6 – 43 所示。

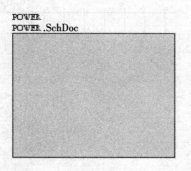 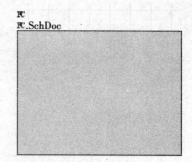

图 6 – 43 给定名称的图纸符号

➢ 编辑图纸符号标志符和文件名称的另一种方法是在图纸上双击标志符或文件名称对各自的属性设置对话框进行编辑。这两个属性设置对话框的界面和选项基本相同,只是名称不同,如图 6 – 44 所示。

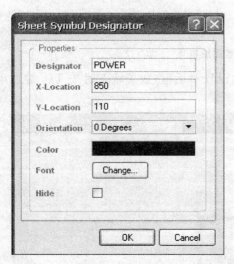 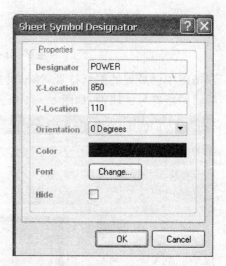

(a) 方框图编号设置　　　　　　　　　　(b) 子图名称设置

图 6 – 44 属性设置对话框

➢ 在属性设置对话框中可以编辑的选项见图 6 – 44 中的汉字注释,比较特殊的是 Hide（隐藏）,选中该选项时,被编辑图件不在图纸上显示,处于隐藏状态。当该项无效时,图纸上显示被编辑图件。处于隐藏状态的选项（或参数）在系统中仍然起作用,这和删除是不同的。

3) 为图纸符号添图纸入口,以构成完整的子图符号。

➢ 执行菜单 Place|Add Sheet Entry 或单击布线工具栏的 按钮。

➢ 出现"十"字形,系统处于放置图纸入口状态。图纸入口只能在电路图符号中放置,此时如果在图纸符号方块处单击,系统会发出错误警告声。将光标移到 POWER 方块中,单击,"十"字光标上将出现一个图纸入口的形状,它跟随光标移动在方块的边缘(系统规定图纸入口唯一的电气节点只能在图纸符号的边框上)。此时及时将光标移动到方块外,图纸入口仍然在方块的内部。单击左键放置,首次放置的入口名称默认为"0",以后放置的入口系统会递增名称。本例中每个图纸符号方块中需放置 2 个图纸入口,如图 6-45 所示。

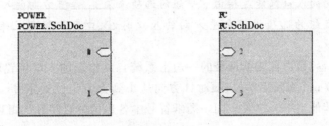

图 6-45　放置图纸入口的图纸符号

➢ 图纸入口放置好后,需要对其进行编辑,以满足设计要求。图纸符号和图纸入口构成了完整的子图符号,一个子图符号的图纸入口要想与另一个子图符号中的图纸入口实现电气连接,那么这两个图纸入口的名称必须相同。图纸入口名称的作用与网络标号的作用基本相同,它实际上也是一种特殊的网络标号。

双击已放置的图纸入口进入其属性设置对话框(放置状态时按 Tab 键也可以),设置图纸入口的属性,如图 6-46 所示。

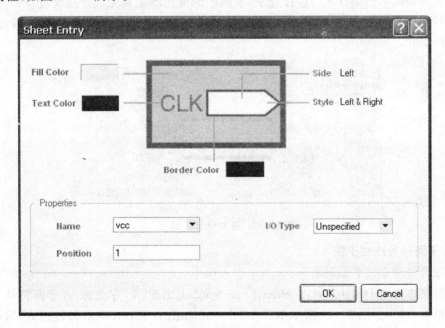

图 6-46　图纸入口属性设置对话框

如图 6-46 所示的图纸入口属性设置对话框中较特殊的参数设置如下。

➢ 放置 Side(位置)是指图纸入口与图纸符号边框链接点的位置,共有 4 种(从下拉列表中选择):左侧、右侧、顶部和底部。通常图纸中用鼠标移动更加方便。

- Style(形状)是指图纸入口的形状,共有 8 种选择,分为两组。前 4 个为水平组,后 4 个为垂直组。水平组的选项用来设置水平方向的入口(放置位置为左侧或右侧),垂直组的选项用来设置垂直方向的入口(放置位置为顶部或底部)。其中 None 是将入口设置为没有箭头的矩形,但其链接点仍在图纸符号的边框上,Left 是将入口设置为左侧有箭头的形状,箭头段为链接点并连接在图纸符号的边框上,其他各项的用法类似。

注意:水平方向的入口只能是指由水平组的选项来设置,垂直方向的入口只能由垂直组的选项来设置,用垂直组的选项设置水平方向的入口时,入口形状将变成矩形。反之,结果也一样。

- Position(位置)是指在图纸符号的一边上系统自动给定的入口位置顺序号。每条边除端点外以 10 mil 为间隔单位,顺时针方向从小到大给定位置序号,入口只能在位置序号上放置,其他点不能放置。同一图纸符号中各边的位置序号是相互独立的,即都是从 1 开始。
- Name(名称)是图纸入口的网络标号,两块或多块图纸符号的入口要实现电气连接必须同名。
- I/O Type(I/O 类型)是图纸入口的信号类型。本例中入口名称为 VCC 和 GND,I/O 类型根据电流流向确定为 Output 和 Input,形状如图 6 – 47 所示,即箭头向外为输出,箭头向内为输入。
- 按图 6 – 47 所示编辑图纸入口。至此,两个完整的子图符号就设计好了。
- 用导线将同名的图纸入口链接起来,本例中的母图即绘制完成。层次设计母图中子图符号连接导线可有可无,不影响进一步的设计,此处的导线只是为了看图方便而放置的。

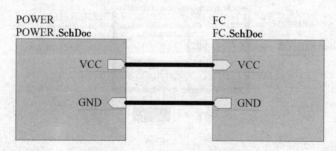

图 6 – 47 完成设计的母图

2. 由子图符号建立子图

由子图符号建立同名原理图。

- 执行菜单命令 Design|Create Sheet From Symbol,出现"十"字光标,在子图符号 POWER 上单击,弹出如图 6 – 48 所示 Reverse Input/Output Directions(转换输入/输出类型)的询问对话框。
- 单击对话框中的 Yes 按钮,将使建立的 POWER.SchDoc 原理图中自动生成的 I/O 端口类型与该子图符号中图纸入口类型相反,即输出变输入,输入变输出。单击 No 按钮,则保持不变(通常应保持原类型)。
- 单击 No 按钮,系统生成 POWER.SchDoc 原理图文件,并将 POWER 子图符号中的图纸入口转换为 I/O 端口添加到图纸中,如图 6-49 所示。

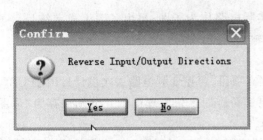

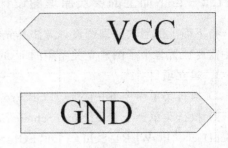

图 6-48 转换输入/输出类型的询问对话框　　图 6-49 由图纸符号生成 POWER.SchDoc 中的输入/输出端口

注意:由子图符号生成原理图时,所有的图纸入口都转换成输入/输出端。I/O 端口有 2 个电气节点,分别位于其两端的中心点。默认设置状态时,如果图纸入口的形状是单箭头,在建立的原理图中生成 I/O 端口的排列方式是输入型的箭头向右、输出型的箭头向左。如果在原理图参数设置(见图 3-22)时选中 Unconnected Left To Right(端口自左向右排列),则箭头都向右。

➤ 同样的方法将子图中放置符号 FC 生成原理图 FC.SchDoc。
➤ 分别在子图中放置元器件和导线,完成子图的绘制,如图 6-50、6-51 所示。
➤ 编译项目,保存项目,完成层次原理图的设计任务。

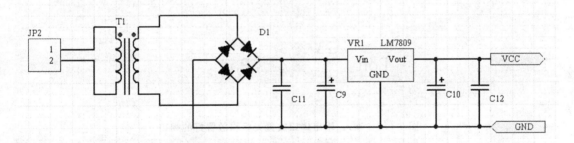

图 6-50 子图 POWER.SchDoc

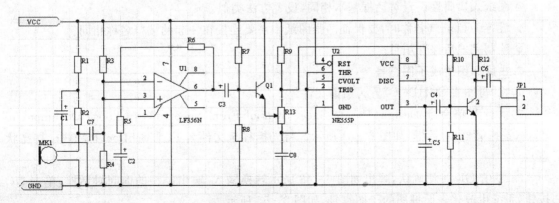

图 6-51 子图 FC.SchDoc

6.11.2 自下而上的层次原理图设计

指下而上的层次原理图设计方法是先绘制实际电路作为子图,再由子图生成字符号。子图中需要放置各个子图建立关系用的 I/O 端口(输入/输出端口)。

1. 建立项目

1) 执行菜单命令 File|New|PCB Project,建立项目"声控变频电路层次设计1.PRJPCB"。

2) 执行菜单命令 File|New|Schematic,为项目新添加 3 张原理图纸并分别保存为"母图1.SchDoc"、"POWER1.SchDoc"和"FC1.SchDoc"。

3) 参照图 6-50、图 6-51 完成两张原理图的绘制。图 6-50、图 6-51 中的输入/输出端口是由子图符号的图纸入口生成的,不需放置和编辑,单自下而上的层次原理图设计需要放置输入/输出端口。

输入/输出端口是实现两个原理图间电气连接的符号,主要用于层次原理图的设计中。它的作用相当于网络标号,因此也可以看作是一种特殊的网络标号。

原理图中元器件的放置和连接前面已讲解,现在只介绍输入/输出端口的放置和属性设置。

> 执行菜单命令 Place|Port 或单击布线工具栏的按钮。
> 出现"十"字光标,并带有一个默认名称 Port 的输入/输出端口,如图 6-52 所示。单击确定端口的起点,移动光标使端口的长度合适,再单击确定端口的终点,一个端口即放置完毕。系统仍处在放置状态,可以继续放置下一个,右击退出放置状态。

图 6-52 输入/输出端口放置光标和放置好的端口

> 放置时按 Tab 键或双击放置好的输入/输出端口,弹出 Port Properties(输入/输出端口属性设置)对话框,如图 6-53 所示。输入/输出端口属性设置对话框与图 6-46 所示图纸入口属性设置对话框基本相同,设置方法类似。
> 设置 I/O 端口名称时,要保证两张图纸中需要连接在一起的端口名称相同。
> 绘制完成后保存项目。

2. 由原理图生成子图符号

1) 将"母图1.SCHDOC"置为当前文件。

2) 执行菜单命令 Design|Create Sheet Symbol From Sheet,弹出 Choose Document to Place(选择文档)对话框,如图 6-54 所示。将光标移至文件名 FC1.SchDoc 上,单击(高亮状态)。

3) 单击 OK 按钮确认,弹出如图 6-48 所示转换输入/输出类型的询问对话框,单击 NO 按钮,系统生成代表原理图的子图符号,如图 6-55 所示。

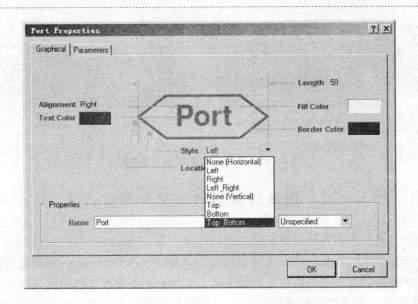

图 6-53 输入/输出端口属性设置对话框

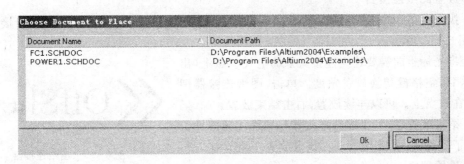

图 6-54 选择文件对话框

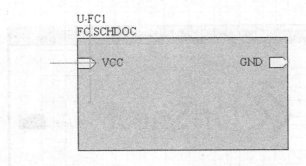

图 6-55 由 FC1.SCHDOC 生成的子图符号

4) 在图纸上单击,将其放置在图纸上。同样的方法将 POWER.SchDoc 生成的子图符号放置在图纸上,如图 6-56 所示。

5) 子图符号中图纸符号和图纸入口的编辑方法如前所述。需要注意的是生成图 6-55、图 6-56 子图符号时,原理图参数 Port Direction 设置为无效,因此图纸入口的箭头都向右,需要进行编辑。最后用导线将 2 个子图符号连接起来,存盘,完成自下而上的层次设计。

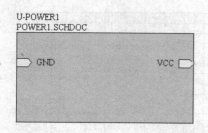 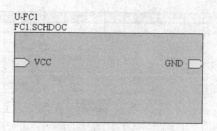

图 6-56　由原理图生成的子图符号

6.12　图纸连接器的放置和属性设置

层次设计是通过子图符号来建立图纸间的连接关系，Protel DXP 2004 还提供了另外一个特殊的网络来建立图纸间的电气连接关系，这就是 Off Sheet Connector（图纸连接器）。

图纸连接器可以为多张图纸建立电气连接。在每张图纸需要连接的电气节点放置图纸连接器，然后编辑这些图纸连接器的网络名称，相同网络名称的电气节点就建立了连接关系。

1. 放置图纸连接器

1) 执行菜单命令 Place|Off Sheet Connector，出现的"十"字光标上带有图纸连接器的符号，如图 6-57 所示。

2) 将光标指向需要建立连接关系的电气节点上（出现红"×"），空格键切换放置角度。单击，图纸连接器即被放置在该点上。可以连续放置，右击结束放置。

3) 结束放置后，如果图纸连接器与导线或元器件引脚构成了 T 形结构，系统自动在该点放置一个节点。

图 6-57　图纸连接器

2. 设置属性

1) 双击放置好的图纸连接器或在放置状态时按 Tab 键，弹出图纸连接器属性设置对话框，如图 6-58 所示。

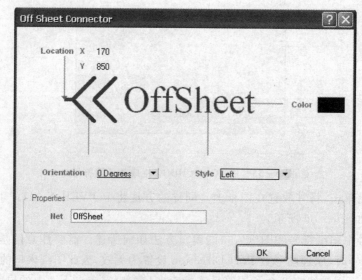

图 6-58　图纸连接器属性设置对话框

2) 在 Style 右侧的下拉菜单中选择双箭头的指向,使其符合实际的电流方向。
3) 在 Net 的文本框中输入网络名称,单击 OK 按钮退出。属性设置后的图纸连接器如图 6-59、图 6-60 所示。

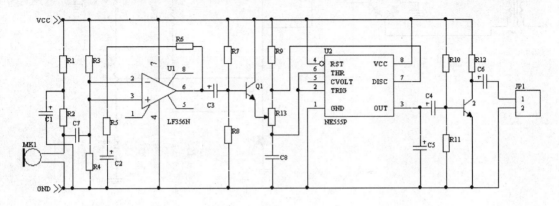

图 6-59　放置图纸连接器的声控变频电路

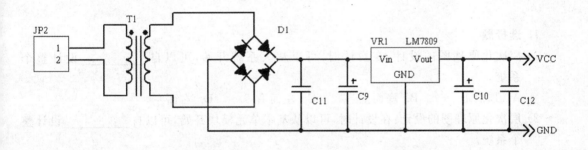

图 6-60　放置图纸连接器的电源电路

4) 设置其他图纸连接器,使需要连接在一起的网络名称相同。这样就为不同的图纸间建立了电气连接关系。

6.13　本章小结

本章主要介绍了图像的放置,包括元器件、导线、总线、网络标号和节点电源端子等的放置方法,以及属性的更改方法。在层次化设计中最常用的是自下而上的方法,这种方法一般能很有效地进行设计。

6.14　上机练习

绘制稳压电源电路,如图 6-61 所示,并将电路改画为层次电路,其中整流滤波为子图 1,稳压输出为子图 2。

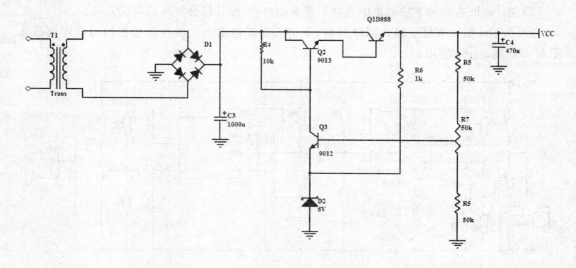

图 6-61 上机练习电路原理图

6.15 习 题

1. 选择题

1) 层次化原理图的设计：在设计时，可以从大系统开始，可以自＿＿＿＿＿＿设计整个系统。

   A. 顶而下   B. 底而上   C. 左而右   D. 右而左

2) 层次化原理图的设计：在设计时，可以从基本单元模块开始，可以自＿＿＿＿＿＿设计整个系统。

   A. 顶而下   B. 底而上   C. 左而右   D. 右而左

3) 图形绘制工具 Drawing 和布线工具 Wiring 的区别＿＿＿＿＿＿。

   A. 图形绘制工具 Drawing 中画出的导线有电气属性

   B. 布线工具 Wiring 中画出的导线没有电气属性

   C. 布线工具 Wiring 中画出的导线具有电气属性

2. 简答题

1) 大型系统为什么要采用层次化设计？

2) 层次原理图的设计主要有哪两种设计方法？

3) 如何在不同的层次原理图之间进行切换？

4) 如何由方块电路符号生成新原理图中的 I/O 端口符号？

5) 如何由原理图文件生成方块电路符号？

6) 简述元器件属性设置方法。

第 7 章　电路原理图的编辑

教学提示：虽然 Protel DXP 的元器件库文件已经是非常丰富了，但在设计过程中，仍然会发生在元器件库中找不到需要的元器件的情况。本章将介绍如何制作元器件与建立元器件集成库，以及一些元器件的快捷编辑和调整方法，来提高绘制原理图的速度。

教学目标：通过本章的学习，学生应该达到以下几点目标：
1) 掌握原理图元器件的全局编辑及字符的全局编辑。
2) 掌握元器件库编辑器、元器件绘图工具的使用。
3) 熟悉元器件库的管理与生成元器件报表。
4) 掌握建立元器件集成库。

7.1　元器件的通用编辑

7.1.1　元器件的复制、剪切和粘贴

复制、粘贴元器件主要包括剪切、复制、粘贴三种操作，下面通过软件演示这三种操作的使用方法。

1. 复制、粘贴元器件

（1）剪　切

选中需要剪切的元器件，执行 Edit|Cut 命令，此时光标变成"十"字形状，将光标移至所选元器件上方，单击，即可剪切掉所选元器件。

（2）复　制

选中需要复制的元器件，执行 Edit|Copy 命令，此时光标变成"十"字形状，将光标移至所选中元器件上方，单击，即可将所选元器件放入剪贴板中。

（3）粘　贴

元器件复制完成后，执行 Edit|Paste 命令，此时光标变成"十"字形状并粘贴有复制的成虚线形状的元器件，将光标移至所需粘贴的位置，单击，即可完成元器件的粘贴。

2. 阵列式元器件的粘贴

阵列式元器件粘贴方法有两种，一种是通过菜单命令进行操作，另一种是使用工具栏中的阵列式粘贴按钮来完成。

（1）通过菜单命令进行操作

首先复制需要阵列式粘贴的元器件，然后执行 Edit|Paste Array 命令，将弹出对话框。在该对话框中可以设置所要粘贴的元器件的个数（Item Count）和元器件序号的增量值（Text Increments），如将增量值设置为 1，则后面重复粘贴的元器件的序号依次为 R2、R3、R4 和 R5 等，还可以设置 Horizontal（水平间距）与 Vertical（竖直间距）。

（2）用工具栏中阵列式粘贴按钮

复制需要阵列式粘贴的元器件，然后单击工具栏中的粘贴按钮，弹出对话框，进行相应设

置后,光标变成"十"字形状,移到合适的位置单击,即可完成元器件的阵列式粘贴。

7.1.2 元器件的排列和对齐

1. 元器件的对齐

(1) 元器件左对齐

元器件左对齐的方法为:选中欲对齐的元器件后,执行菜单命令 Edit|Align|Align Left。执行命令后的结果如图 7-1 所示。

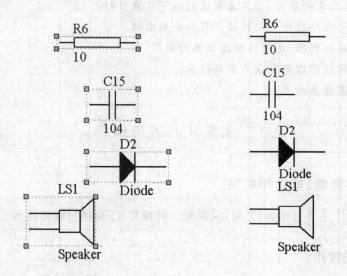

图 7-1 元器件左对齐

(2) 元器件右对齐

首先选中需要对齐的元器件,执行 Edit|Align 命令。在弹出的子菜单中选择 Align Right 选项,即可完成元器件的右对齐。

(3) 元器件按水平中心线对齐

首先选中需要对齐的元器件,执行 Edit|Align 命令。在弹出的子菜单中选择 Center Horizontal 选项,即可完成元器件的水平中心线对齐。

(4) 元器件的水平平铺

首先选中需要对齐的元器件,执行 Edit|Align 命令。在弹出的子菜单中选择 Distribute Horizontally 选项,即可完成元器件的水平平铺。

(5) 元器件的顶端对齐

首先选中需要对齐的元器件,执行 Edit|Align 命令。在弹出的子菜单中选择 Align Top 选项,即可完成元器件的顶端对齐。

(6) 元器件的底端对齐

首先选中需要对齐的元器件,执行 Edit|Align 命令。在弹出的子菜单中选择 Align Bottom 选项,即可完成元器件的底端对齐。

(7) 元器件按垂直中心线对齐

首先选中需要对齐的元器件,执行 Edit|Align 命令。在弹出的子菜单中选择 Center

Vertical 选项,执行该选项,元器件将按垂直中心线对齐。

（8）元器件垂直分布

首先选中需要对齐的元器件,执行 Edit|Align 命令。在弹出的子菜单中选择 Distribute Vertically 选项,执行该选项,元器件将垂直分布。

（9）综合布排和对齐

按照上述方法进行设置,每次只能进行一种操作,若同时进行两种或两种以上的操作,则需执行菜单命令 Edit|Align|Align,将弹出如图 7-2 所示的对话框。

对话框包含 Horizontal Alignment（水平排列栏）和 Vertical Alignment（垂直排列栏）。

图 7-2　元器件对齐设置对话框

2. 元器件的均匀排列

元器件横向均匀排列。选中欲横向均匀排列的元器件后,执行菜单命令 Edit|Align|Distribute Horizontally,结果如图 7-3 所示。

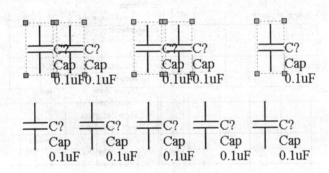

图 7-3　元器件均匀排列

7.2　实用工具栏的使用

Protel DXP 2004 的全局编辑功能可以对当前文件或所有打开文件（包括打开项目）中具有相同属性图件同时进行属性编辑。

7.2.1　原理图元器件的全局编辑

下面以更换图 7-4 所示电阻元器件符号为例,介绍利用检查器面板的全局编辑功能修改所有符合检索条件的参数。

单击 Inspector 标签,打开检查器面板,如图 7-5 所示。选择 Inspector 标签,按照图 7-6 和图 7-7 所示界面修改相应参数。

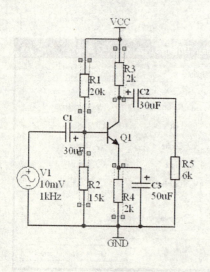

图 7-4 电路原理图

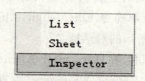

图 7-5 选择 Inspector 标签

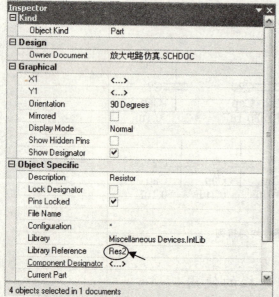

图 7-6 检查器面板 1　　　　　　　　图 7-7 检查器面板 2

修改完成后,按 Enter 键确定,图 7-4 所示原理图中选中的元器件将按修改后的参数值更改,如图 7-8 所示。检查器面板不会自动关闭,单击其右上角的关闭按钮,关闭检查器。

7.2.2　字符的全局编辑

相同类型的字符都可以进行全局编辑,如隐藏、改变字体等。下面介绍将元器件编号字体改为粗体的方法。

利用检查器面板的全局编辑功能修改图 7-9 中元器件标志符字体。单击 Inspector 标签,打开检查器面板,如图 7-10 所示。

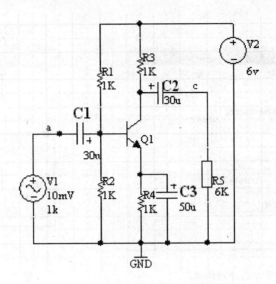

图 7-8 电路原理图(修改后)

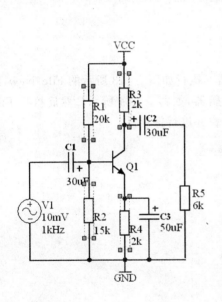

图 7-9 电路原理图

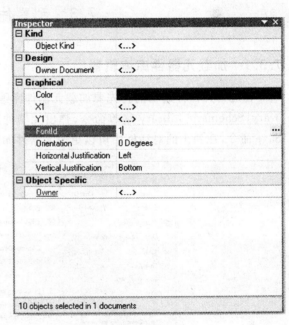

图 7-10 Inspector 面板

单击 FontId 栏后出现字体选择按钮。单击该按钮,弹出字体选择对话框,如图 7-11 所示。选中字形中的"粗体",大小选择 11 号,单击"确定"按钮,图 7-12 中所有元器件标志符均改为 11 号粗体。关闭检查器面板。

全局编辑不能隐藏元器件标志符,但可以隐藏元器件的注释文字和标称值,方法与改变字体的方法基本相似,只是在检查器面板中选中 Hide 项即可。隐藏字符不影响元器件的属性,而且使图面干净、整洁。

如果一定要全局编辑隐藏元器件标志符,可以把标志符的颜色设置成同图纸底色一样的颜色,也可以达到隐藏的效果。

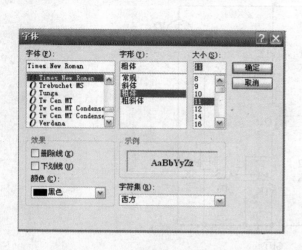

图 7-11 字体选择对话框　　　　图 7-12 电路原理图

7.3　元器件库编辑器

7.3.1　加载元器件库编辑器

在进行元器件编辑前首先要加载元器件库编辑器。执行如图 7-13 所示的 File|New|Library|Schematic Library 菜单命令,弹出元器件库编辑器,如图 7-14 所示。然后执行 File|Save 命令,在弹出的对话框中可以更改元器件库的名称并进行保存。

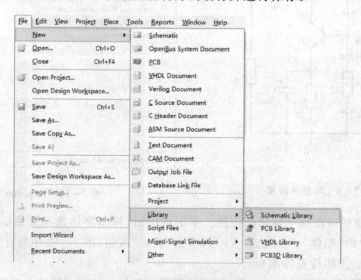

图 7-13　执行元器件库编辑器菜单命令

由图 7-14 可知,元器件库编辑器界面与原理图编辑器界面相似,主要有主工具栏、菜单栏、常用工具栏、工作区等,不同之处在于元器件库编辑器工作区有一个"十"字坐标轴,它将工作区划分为四个象限,通常可在第四象限进行元器件的编辑工作。除了主工具栏之外,元件库编辑器还提供了一个元器件管理器和两个重要的工具栏,分别为绘图工具栏和 IEEE 符号工具栏。

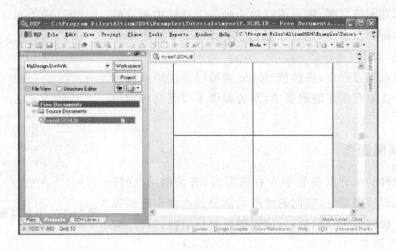

图 7-14 元器件库编辑器窗口界面

7.3.2 绘图工具栏简介

Protel DXP 2004 的原理图库编辑器提供了强大的实用工具栏(Utilities),该工具栏为绘制原理图符号提供了各种各样的绘图工具,包括画线、绘制矩形和放置元器件引脚,这些工具使原理图符号的绘制变得方便快捷。

单击原理图库编辑器中实用工具栏中的 ,便可弹出绘图工具栏,如图 7-15 所示。绘图工具栏中绘图工具的功能如图 7-16 所示。

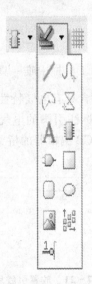

╱:绘制线段。
⌒:绘制贝塞尔曲线。
⌒:放置椭圆弧。
⊠:绘制多边形。
A:添加注释文字。
▯:创建元器件。
▷:创建子件。
▢:放置矩形。
▢:放置圆角矩形。
◯:放置椭圆。
▨:放置图片。
▦:设置阵列粘贴图件。
⊥:放置引脚。

图 7-15 绘图工具栏   图 7-16 绘图工具的功能

7.3.3 绘制线段

在绘制原理图符号时,用户可以单击画图工具栏中相应的工具按钮来执行画图命令,也可以通过执行 Place 下拉菜单中的命令来实现,如图 7-17 所示。

在绘制线段的过程中,连续按 Space 键可以依次切换线段的拐角模式。在原理图库编辑器中,系统提供了以下几种拐角模式,如图 7-18 所示。

7.3.4 绘制椭圆弧

许多元器件的原理图符号中含有椭圆弧,若是电感、变压器等元器件的原理图符号,它们的外形大部分是由多个椭圆弧连接起来的。椭圆弧也包括圆弧,放置圆弧时只需要进行相应的设置即可,如图 7-19 所示。

图 7-17 执行绘图的菜单命令

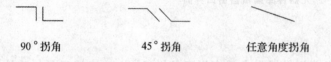

图 7-18 3 种不同的拐角模式　　图 7-19 新绘制的电感

7.3.5 放置矩形

集成元器件的外形大都用矩形图件表示,所以放置矩形图件是绘制集成元器件原理图符号的第一步。根据所需绘制矩形,如图 7-20 所示。

7.3.6 放置元器件引脚

元器件引脚代表着实际元器件的电气分布关系,是画图工具栏中唯一具有电气特性的图件。放置元器件引脚时,选择 工具。一个元器件引脚主要包含具有电气特性特点的示意图形、引脚名称和引脚序号 3 个部分。元器件引脚的名称通常用来标注引脚的电气功能,而元器件引脚序号与元器件的焊盘序号对应,它是联系原理图编辑器和 PCB 编辑器的桥梁,如图 7-21 所示。

图 7-20 新绘制的矩形　　图 7-21 放置引线后的效果

放置元器件引脚时应考虑以下几点:

正确设置元器件引脚的序号。需要强调的是,集成电路引脚的顺序为从左至右逆时针方向编号。在绘制原理图符号的时候,可以不按照元器件引脚的排列顺序来放置元器件的引脚,但是原理图符号的引脚序号与实际元器件的引脚的电气功能必须一一对应。

放置元器件的引脚时必须正确放置元器件引脚的电气热点。在放置元器件的引脚时,元器件引脚的电气热点必须放置在元器件外形示意图的远端。

元器件引脚的名称应当能够直观地体现该引脚的功能。元器件引脚的名称要求能够直观体现出元器件引脚的电气功能,目的是增强原理图符号的可读性。

7.3.7 放置 IEEE 符号

IEEE 符号经常用来表示元器件引脚的输入/输出属性。IEEE 符号的工具虽然不属于放置工具栏,但是它的功能与画图工具栏中各种画图工具的功能非常相似。

执行 Place|IEEE Symbols 菜单命令,即可弹出如图 7-22 所示的菜单。

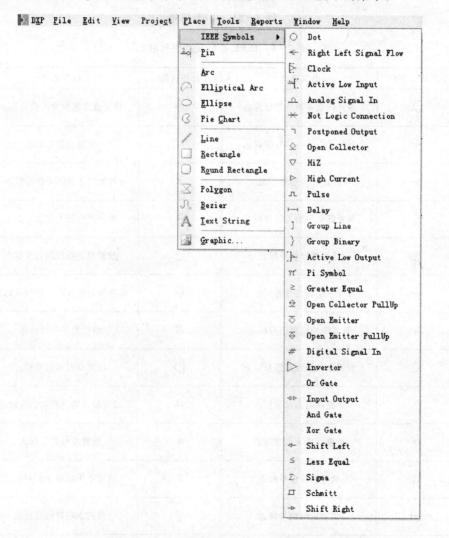

图 7-22 执行放置 IEEE 符号的菜单命令

在 Protel DXP 2004 中,系统不仅提供了设置 IEEE 符号的菜单命令,并且在实用工具栏中还设置了对应的放置 IEEE 符号的按钮,如图 7-23 所示。表 7-1 所列为 IEEE 符号及其电气意义。

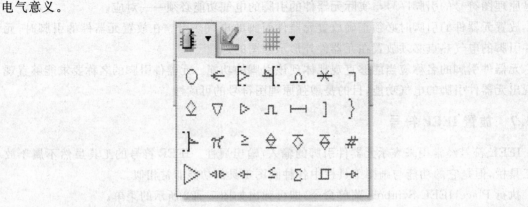

图 7-23 IEEE 符号

表 7-1 IEEE 符号及其电气意义

工具按钮图标	电气意义	工具按钮图标	电气意义
○	放置低电平触发信号标志	⊢	放置低态触发输出信号标志
←	放置从右至左信号流标志	π	放置π信号标志
▷	放置时钟信号标志	≥	放置大于或等于信号标志
⊣	放置低电平输入信号标志	⊖	放置集电极上拉信号标志
⊓	放置逻辑信号标志	⊖	放置发射极开路信号标志
✻	放置非逻辑信号连接标志	⊖	放置发射极开路下拉信号标志
⌐	放置缓冲输出信号标志	#	放置数字信号标志
◇	放置集电极开路信号标志	▷	放置反向器信号标志
▽	放置高阻态信号标志	◁▷	放置输入输出双向信号标志
▷	放置大电流信号标志	⇦	放置左移信号标志
⊓	放置脉冲信号标志	≤	放置小于或等于符号标志
⊢⊣	放置延时信号标志	Σ	放置求和符号标志
]	放置多条 I/O 组合信号标志	⊐	放置施密特触发信号标志
}	放置二进制组合信号标志	⇨	放置右移信号标志

7.3.8 元器件库的管理

原理图元器件库的管理主要通过元器件管理器实现。通过元器件管理器可以对元器件库中已有的元器件进行查找、删除、放置，还可以对新绘制的元器件进行编辑、添加等。

元器件管理器共包含 4 个区域，分别为：Components（元器件列表）区域、Aliases（元器件别名）区域、Pins（元器件引脚）区域和 Model（元器件模型）区域，如图 7-24 所示。

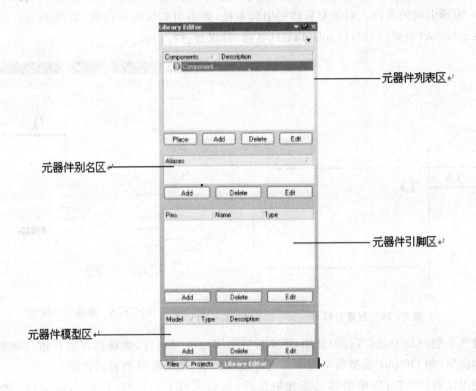

图 7-24 元器件管理器

利用元器件管理器对元器件进行管理，主要包括从原理图库文件更新原理图中的元器件、添加新元器件、编辑元器件等操作。

7.4 元器件库编辑器的使用

元器件库编辑器用于创建、调整和管理元器件库。它和原理图编辑器十分相似，并且和原理图编辑器共享同样的图形界面，只是另加了 Place Pin（添加引脚）工具。元器件库可以由多个元器件构成，这些元器件可以被单独选取，而且是和元器件 PCB 封装同步对应的，这些元器件 PCB 封装是保存在元器件 PCB 封装库中或元器件集成库中的。

下面绘制一个四位 7 段共阳极数码管，具体操作步骤如下：

1) 执行 File|New|Library|Schematic Library 菜单命令，弹出元器件库编辑器保存后，再执行菜单命令 Tools|New Component，在当前元器件库编辑器内创建一个新元件。利用如图 7-15 所示的绘图工具栏，进行元器件的绘制。先绘制一个矩形，矩形的大小可以根据需要

调整。

注意：绘制元器件时，一般元器件均放置在第四象限，而象限的交点（原点）为元件的基准点。

2）添加引脚。执行菜单命令 Place|Pins，或直接单击绘图工具栏（Sch Lib Drawing）上的放置引脚（PlacePins）工具，光标变为"×"字形并粘附一个引脚，该引脚靠近光标的一端为非电气端（对应引脚名），该端应放置在元件的边框上，如图7-25所示。

3）编辑引脚的属性。双击要修改的引脚系统，弹出引脚属性对话框，如图7-26所示，可对 Desig Nator（引脚标号），Displayname（名称）等属性进行修改。

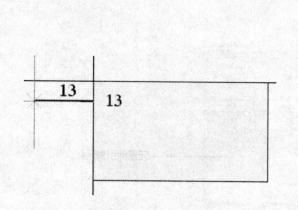
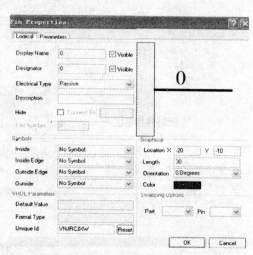

图7-25 放置引脚　　　　　　图7-26 编辑引脚属性

电气类型（Electrical Type）选项，用来设置引脚的电气属性，此属性在进行电气规则检查时将起作用（如 Output 类型的引脚不能直接接电源端，如果发现则提示错误）。

使用反斜杠"\"可以给引脚名添加取反号，如输入"P3.2/I\N\T\0\"，则引脚上将显示"P3.2/$\overline{INT0}$"；在放置引脚的过程中，可以按空格键改变引脚的放置方向。

通常在原理图中会把电源引脚隐含起来。所以绘制电源引脚时将其属性设置为 Hidden（隐含），电气特性设置为 Power。

4）通过画图增加一些原理标识可提高元件的可读性。对于某些图形，可通过执行菜单命令 Tool|Document Option 设置鼠标步进，可视网格等，使得画出来的图形位置更加恰当，如图7-27所示。

5）画出如图7-28所示的一个四位一体7段共阳极数码管。

6）设置元件属性参数。每个元件都有与其相关联的属性，如默认标识、PCB封装、仿真模块以及各种变量等。打开 Sch Library 面板，从元件列表内选择要编辑的元件。单击 Edit 按钮，显示元件属性对话框（Library Component Properties），如图7-29所示。在 Designator 输入栏内输入默认的元件标识；在 Models 区域为该元件添加 PCB 封装、元件的描述。

还可以通过 Add 为元件增加元器件库编辑器封装，本实例加入了后来制作的4SEG7封装。

7）保存绘制的元件。执行菜单命令 Tools|Rename Component，在出现的对话框中输入

新的元器件名称,再执行菜单命令 File|Save 保存。

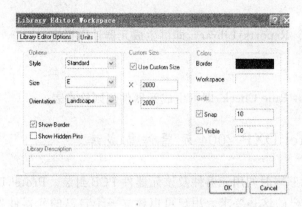

图 7-27 修改步进、网格

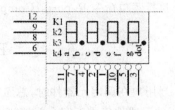

图 7-28 四位一体数码管

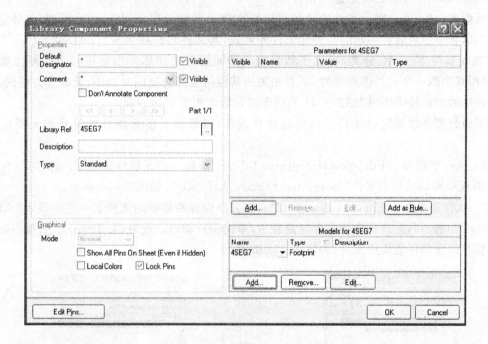

图 7-29 元件属性对话框

7.5 生成元器件报表

Protel DXP 2004 元件库编辑器提供了 3 种报表,分别为:Component Report(元器件报表)、Library Report(元器件库报表)与 Component Rule Check Report(元器件规则检查报表)。下面分别介绍这三种报表以及如何生成这三种报表。

7.5.1 元器件报表

在元器件库编辑器里执行菜单命令 Reports|Component,即可生成元器件报表。

7.5.2 元器件库报表

在元器件库编辑器里执行菜单命令 Reports|Library,即可生成元器件库报表。

7.5.3 元器件规则检查表

执行菜单命令 Reports|Component Rule Check,即可生成元器件规则检查表。

7.6 建立 Protel DXP 2004 元器件集成库

当用户在调用元器件时,总希望能够同时调用元器件及该元器件 PCB 封装。Protel DXP 2004 的元器件集成库完全能够满足用户的这一要求。用户可以建立一个自己的元器件集成库,将常用的元器件的各种信息放在该库中。

所谓集成库,就是将元器件的符号和相关的 PCB 管脚分布、SPICE 仿真模型、信号完整性模型等信息集中封装在一起的一种元器件库形式,其文件名扩展名为". IntLib"。Protel DXP 2004 按元器件生产厂商分类,提供了数量庞大的元器件集成库。当使用一个元器件集成库时,调用其中的一个元器件符号时,所有相关的其他信息都会被同时调用,是非常方便的,这种元器件库的形式是 Protel DXP 2004 不同于以往版本很重要的一面。

下面就来介绍如何创建自己的元器件集成库,以添加更多元器件的符号和元器件 PCB 封装。

1) 执行菜单命令 File|New|Integrated Library 新建一个元器件集成库,这时可以在 Projects 面板中看到新建的文件"Integrated Library. LIBPKG",如图 7-30 所示。

2) 执行菜单命令 File|Save Project As,在弹出保存对话框的文件名一栏中键入" My Integrated Library",并选择合适的保存路径后,单击保存即可。此时,在 Projects 面板中会出现刚才保存的元器件集成库文件,如图 7-31 所示。

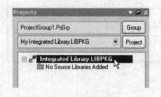

图 7-30　新建元器件集成库文件

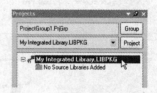

图 7-31　修改文件名后的元器件集成库文件

3) 在 Projects 面板中新建的集成元器件文件上右击,弹出一个快捷菜单项,选择其中的 Add Existing to Project 菜单项将打开"添加已有的元器件库文件"对话框,选中"MySchLib. SchLib"元器件库文件,单击【打开】按钮将其添加到新建的集成文件中,如图 7-32 所示。此时的工程面板如图 7-33 所示。

4) 按照同样的方法添加所需的元器件 PCB 封装库文件,如图 7-34 所示。

第 7 章　电路原理图的编辑

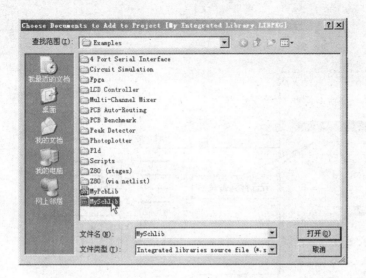

图 7-32　选择要添加的元器件库文件

 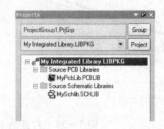

图 7-33　添加的元器件库文件后的工程面板　　图 7-34　添加的元器件 PCB 封装库文件后的工程面板

5）双击 MySchlib.SCHLIB 元器件库文件，打开元器件编辑器的同时选中面板标签中的 SCH Library 标签，如图 7-35 所示。

6）在 SCH Library 面板中单击最下角的 Add 按钮，将打开一个对话框，如图 7-36 所示。从中选择要添加的元件模型的类型（Footprint 封装）。选择完元件的模型类型后将弹出 PCB Model 对话框，如图 7-37 所示。

7）在 Name 栏中填写元器件封装的名称，也可以单击 Browse 按钮从弹出的对话框中选择要添加元件 PCB 封装，如图 7-38 所示，并单击 OK 按钮。在 Selected Footprint 一栏中可以看到对应的元件 PCB 封装。

8）单击 OK 按钮，在 SCH Library 面板最下面的一栏中即可看到刚才添加的封装。

9）单击 Project|Compile Interated Library My Integrated Library.LIBPKG 菜单项对该集成库进行编译。编译后激活 Libraries 面板，然后在面板最上面的列表框中选中"My Integrated Library.IntLib"即可在第 3 个框中看到该集成元件库中新建的元器件，如图 7-39 所示。

133

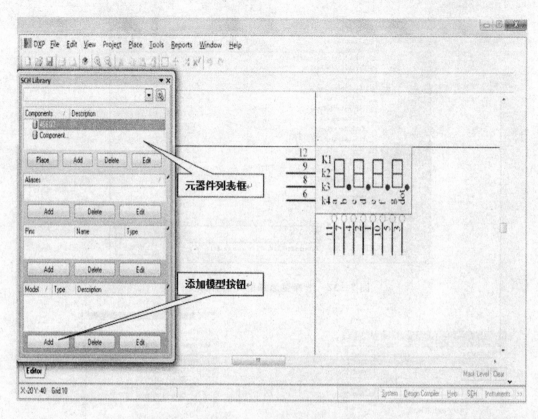

图 7-35 打开的 MySchlib.SCHLIB 元器件库编辑器

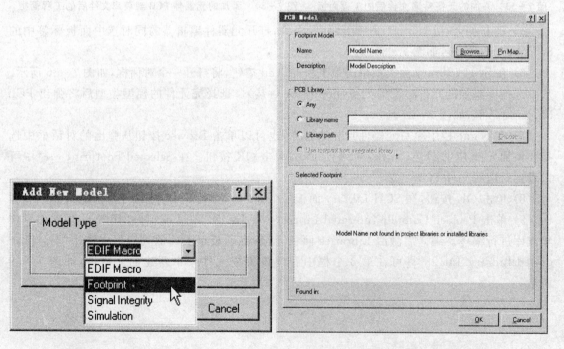

图 7-36 添加元件封装信息　　　图 7-37 元器件 PCB 封装选择的对话框

第 7 章　电路原理图的编辑

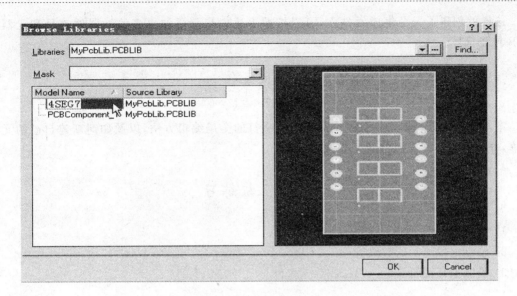

图 7-38　选择要添加元件 PCB 封装库的对话框

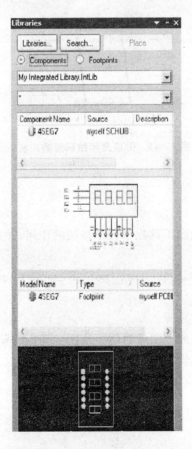

图 7-39　添加新建的元器件集成库后的库 Libraries 面板

这样就创建了一个集成元件库,可以按照上述的步骤添加更多的元器件符号和元器件 PCB 封装符号。

7.7 本章小结

本章介绍了原理图元器件的全局编辑及字符的全局编辑方法,以及如何新建自己的元器件库,并在其中新建自己的新元器件。

7.8 上机练习

1) 绘制 D 触发器。
2) 绘制七段显示的数码管
3) 绘制原理图符号——74LS373 元器件。

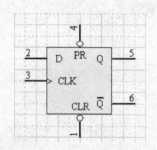 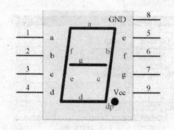 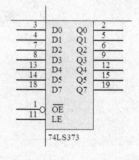

图 7-40　D 触发器的实例　　图 7-41　七段显示数码管的实例　　图 7-42　74LS373 的实例

7.9 习　题

1) 简述原理图元器件库绘图工具栏中各个按钮的作用,并指出与这些按钮相对应的菜单命令。
2) 菜单命令 Tools|New Component、Tools|Rename Component、Tools|Description 各自的功能是什么?
3) 简述绘制元器件的基本步骤。
4) 试比较元件库编辑器与原理图编辑器中绘图工具栏的异同。
5) 原理图元器件的全局编辑方法?
6) 字符的全局编辑方法?

第8章 PCB 设计实例

教学提示：本章主要介绍了 Protel DXP 进行 PCB 设计的流程。通过本章的学习，读者可以掌握 PCB 设计的基本概念和基本处理技巧。

教学目标：通过本章的学习，学生应掌握以下几点要求：
1) 掌握双面板设计的方法。
2) 掌握原理图和 PCB 实现双向同步的步骤。
3) 学会 PCB 的自动布局和自动布线规则设置。
4) 学会单面板和多层板的设置方法。

印制电路板的设计是所有设计步骤的最终环节。前面介绍的原理图设计等工作是从原理上给出了电气连接关系，其功能的最后实现依赖于 PCB 板的设计。制版时只向制版厂商提供 PCB 图，不需要原理图。本章先介绍印制电路板的设计流程，然后以双面印制电路板设计为例详细讲解设计过程，最后介绍单面印制电路板和多层印制电路板设计方法。

8.1 PCB 的设计流程

在进行印制电路板设计之前，有必要了解一下印制电路板的设计过程。通常，先设计好原理图，创建一个空白的 PCB 文件，再设置 PCB 的外形、尺寸；根据自己的习惯设置环境参数，接着向空白的 PCB 文件导入网络表及元器件的封装等数据；最后设置工作参数，通常包括板层的设定和布线、手工调整不合理的图件、对电源和接地线进行敷铜，以及进行设计校验。在印制电路板设计完成后，将与该设计有关文件导出、存盘。总的来说，设计印制电路板可分为十几个步骤，其中，准备原理图和规划印制电路板为印制电路板设计的前期工作，其他步骤才是设计印制电路板的工作，现将所有步骤具体内容介绍如下。

(1) 准备原理图

印制电路板设计的前期工作——绘制原理图。这方面内容前面已经介绍过。当然，在有些特殊情况下，如电路比较简单，可以不进行原理图设计而直接进入印刷。

电路板设计指手工布局、布线，或者利用网络管理器创建网络表后进行自动布线。虽然，不绘制原理图也能设计 PCB 图，但是无法自动整理文件，这会给以后的维护带来极大的麻烦，况且对于比较复杂的电路，这样做几乎是不可能的，因此建议在设计 PCB 图前，一定要设计其原理图。

(2) 规划印刷电路板

印刷电路板设计的前期工作——规划印刷电路板。这里包括根据电路的复杂程度、应用场合等要素，选择电路板是单面板、双面板还是多面板，选取电路板的尺寸，电路板与外界的接口形式，以及接插件的安装位置和电路板的安装方式等。

(3) 设置环境参数

这是印刷电路板设计中非常重要的步骤。主要内容有设定电路板的结构、尺寸和参数。

(4) 导入参数

主要是将由原理图形成的电路网络表、元器件封装等参数装入 PCB 空白文件中。Protel DXP 2004 提供一种不通过网络表而直接将原理图内容传输到 PCB 文件的方法。虽然,这种方法使得原理图内容传输看起来没有直接通过网络报表文件,但这些工作由 Protel DXP 2004 内部自动完成。

(5) 设定工作参数

设定电气栅格包括可视栅格的大小和形状、公制与英制单位的转换、工作层面的显示和颜色等。大多数参数可以用系统的默认值。

(6) 元器件布局

元器件布局分为自动布局和手工布局。一般情况下,自动布局很难满足要求。元器件布局当从机械结构、散热电磁干扰、将来布线的方便性等方面进行综合考虑。

(7) 设置布线规则

布线规则设置也是印刷电路板设计的关键之一。布线规则是设置布线时的各个规范。如安全间距、导线宽度等,这是自动布线的依据。

(8) 自动布线

Protel DXP 2004 系统自动布线的功能比较完善,也比较强大。如果参数设置合理,布局妥当,一般都会成功地完成自动布线。

(9) 手工调整

许多情况下,自动布线往往很难满足要求,如拐弯太多等问题,这时就需要进行手工调整,以满足设计要求。自动布线后往往会发现布线不尽合理,这时必须进行手工调整。

(10) 敷　铜

对各布线层中放置地线网络进行敷铜,以增强设计电路的抗干扰能力。另外,需要过大电流的地方采用敷铜的方法来加大过电流能力。

(11) DRC 检验

对布线完毕后的电路板做 DRC 检验,以确保印制电路板图符合设计规则,所有网络均正确连接。

(12) 输出文件

在印制电路板设计完毕后,还有必须完成的工作。比如保存设计的各种文件,并打印输出或文件输出,包括 PCB 文件等。

8.2　双面印制电路板设计

下面就以 4.2 节中设计项目"声控变频电路.PRJPCB"为例,介绍双面 PCB 设计方法。具体步骤如下。

8.2.1　文件链接与命名

1. 引入设计项目

在 Protel DXP 2004 系统中,执行菜单命令 File|Open Project,弹出 Choose Project to Open 对话框,在其引导下,打开第 4.2 节所建的"声控变频电路 PRJPCB"设计项目,其中"声

控变频电路.SchDoc"文件如图 8-1 所示。从项目管理面板上可以看到,"声控变频电路.PRJPCB"设计项目仅含原理图文件"声控变频电路.SchDoc"。

2. 建立空白 PCB 文件

执行菜单命令 File|New|PCB,即可完成空白 PCB 文件的建立。

如果在项目中创建 PCB 文件,当 PCB 文件创建完成后,该文件将会自动添加到项目中,并列表在 Projects 面板中紧靠项目名称的 PCB 下面。否则,创建或打开的文件将以自由文件的形式出现在项目管理面板上,建立一个 PCB 自由文件,如图 8-2 所示。

图 8-1 "声控变频电路.PRJPCB"设计项目

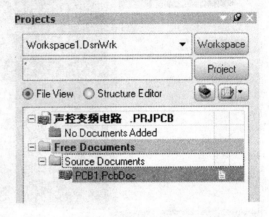

图 8-2 PCB 自由文件之一

用鼠标指在 Projects 面板的工作区中 PCB1.PcbDoc 文件名称上,按住鼠标左键,拖动鼠标,PCB1.PcbDoc 文件名称将随鼠标移动,拖至"声控变频电路.PRJPCB"项目名称上时,松开鼠标,图 8-2 转换为图 8-3,即完成了将 PCB1.PcbDoc 文件到"声控变频电路.PRJPCB"项目的链接。

3. 命名 PCB 文件

在 PCB 编辑环境中,执行菜单命令 File|Save As 将 PCB1 更名为"声控变频电路",则"声控变频电路.PCBDOC"文件就出现在项目名称的 PCB 列表中,如图 8-4 所示。

图 8-3 文件到项目的链接

图 8-4 "声控变频电路.PRJPCB"设计项目

至此,完成了将 PCB 文件的命名与设计项目链接。启动后的 PCB 编辑器如图 8-5 所示。

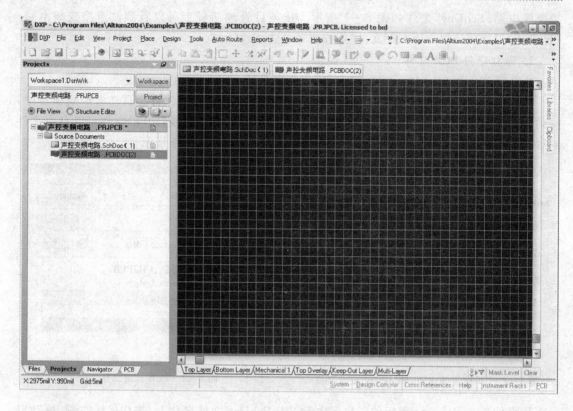

图 8-5 PCB 编辑器

4. 移出文件

如果将某个文件从项目中移出,在 PCB 面板的工作区中,用鼠标右击该文件名称,即可弹出一个菜单,选择并执行 Remove from Project 命令,可将该关联文件形式转换为自由文件的形式。

8.2.2 设置电路板禁止布线区

设置电路板禁止布线区就是确定电路板的电气边界。

电气边界用来限定布线和元器件放置的范围,它是通过在禁止布线层上绘制边界来实现的。禁止布线层 Keep-Out Layer 是 PCB 编辑中一个用来确定有效放置和布线区域的特殊工作层。在 PCB 自动编辑中,所有信号层的目标对象(如焊盘、过孔、元器件等)和走线都将被限制在电气边界内,即禁止布线区内才可以放置元器件和导线。在手工布局和布线时可以不画出禁止布线区,但是自动布局时必须有禁止布线区。所以,作为一种好习惯,编辑 PCB 时应先设置禁止布线区。设置禁止布线区的具体步骤如下:

1) 在 PCB 编辑器工作状态下,设定当前的工作层面为 Keep-Out Layer。单击工作窗口下方的 Keep-Out Layer 标签,即可将当前的工作界面切换到 Keep-Out Layer 界面。

2) 确定电路板的电气边界。执行菜单命令 Place|Line,光标变成"十"字状。

3) 将光标移到工作窗口中的适当位置,单击确定一边界的起点。然后拖动光标至某一点,再单击确定电气边界边界一边的终点。用同样的操作方式可确定电路板电气边界的其他三边,绘制好的电路板的电气边界如图 8-6 所示。

第 8 章 PCB 设计实例

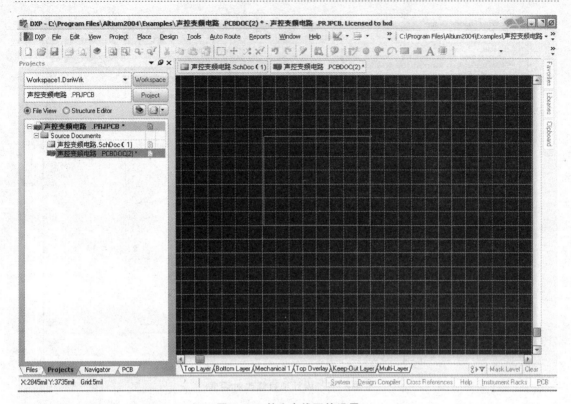

图 8-6 禁止布线区的设置

8.2.3 导入数据

所谓导入数据就是将原理图文件中的信息引入 PCB 文件中,以便于绘制印制电路板,即为布局和布线作准备。虽然 Protel DXP 2004 支持网络表文件作媒介,将原理图中元器件的连接关系信息传送给 PCB 文件,但是不推荐这种方法。因为 Protel DXP 2004 可以直接通过单击原理图编辑器内更新 PCB 文件按钮来实现网络与元器件封装的载入,也可以单击 PCB 编辑器从原理图导入变化按钮来实现网络与元器件封装的载入,具体步骤如下:

1)在原理图编辑器中,选择菜单命令 Design | Update PCB Document[声控变频电路.PCBDOC]或在 PCB 编辑器中选择菜单命令 Design | Import Changes From[声控变频电路.PRJPCB],弹出如图 8-7 所示设计项目修改对话框。

2)单击 Validate Changes 校验改变按钮,系统对所有元器件信息和网络信息进行检查,注意状态(Status)一栏中 Check 列的变化。如果所有的改变有效且 Check 状态列出现勾选说明网络表中没有错误,如图 8-8 所示。例子中的电路没有电气错误,否则在信息(Message)面板中给出原理图中的错误信息。

在此提醒用户注意,在导入数据前,应该检查所有的原理图中元器件封装是否全部导入,尤其是所有的原理图,不是在当前 Protel DXP 2004 系统中绘制的,或者说所用的原理图是调自其他系统的,填装元器件封装库的工作可能更为重要。这是因为,当前 Protel DXP 2004 系统在绘制原理图时,已经将元器件的封装库填装好了,否则也画不出原理图。而调入的原理图就另当别论了,其中可能有一些元器件的封装库没有装入当前的 Protel DXP 2004 系统,这样就会出现没有封装的错误。

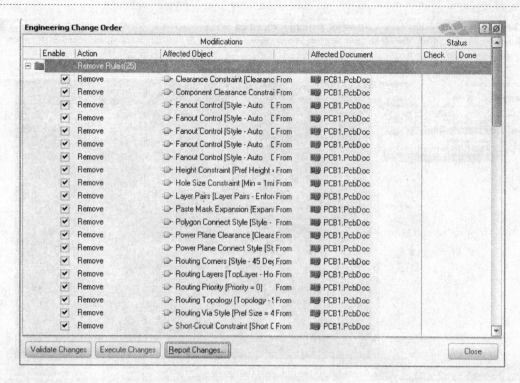

图 8-7　设计项目修改对话框

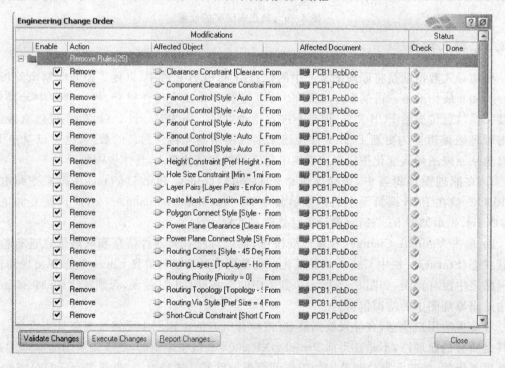

图 8-8　设计项目修改对话框检查报告

3）双击错误信息自动回到原理图中相应位置上，可以修改错误。直到没有错误信息，单击 Execute Changes 执行改变按钮命令，系统开始执行所有的元器件信息和网络信息的传送。

完成后如图8-9所示,若无错误则Done状态显示勾选。

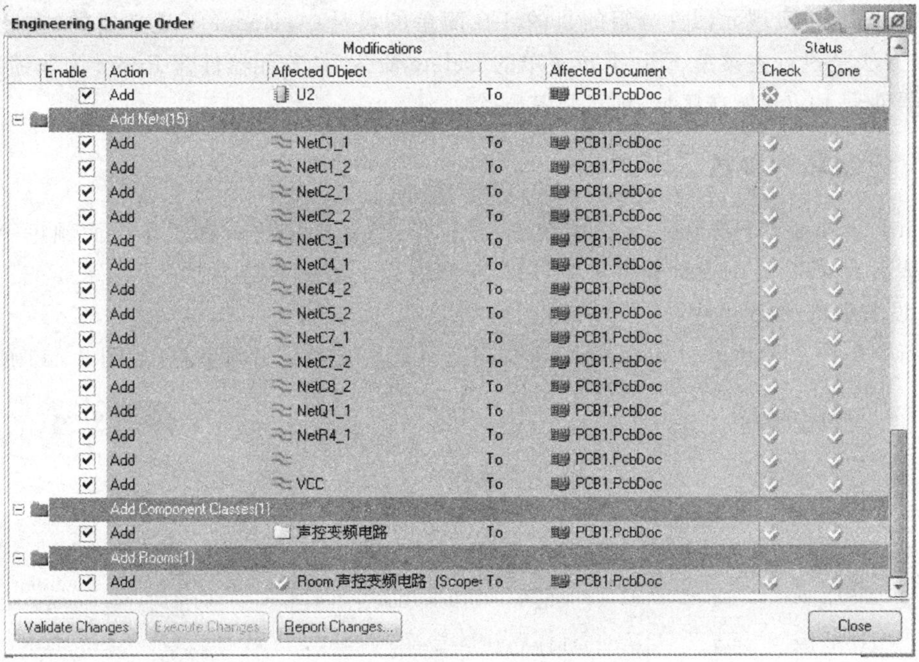

图8-9 设计项目修改对话框传送报告

4)单击Close按钮,关闭对话框。所有的元器件和飞线已经出现在PCB文件中所谓的元器件盒Room内,如图8-10所示。

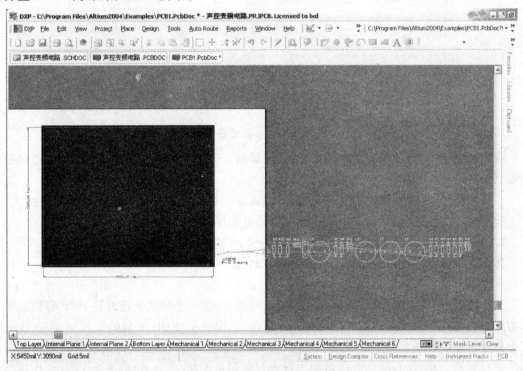

图8-10 拥有数据的PCB文件

元器件盒 Room 不是一个实际的物理器件,只是一个区域。可以将板上的元器件归到不同的 Room 中去,实现元器件分组的目的。在简单的设计中,Room 不是必要的,在此建议将其删除,方法是执行主菜单 Edit 下拉菜单的 Delete 命令后,若元器件盒 Room 为非锁定状态,单击元器件盒 Room 所在区域,即可将其删除。

8.2.4 设定环境参数

Board Options(环境参数)包括单位制、光标形式、光栅的样式和工作层面颜色等。适当设置这些参数对 PCB 的设计非常重要,用户应当引起足够的重视。

1. 设置参数

执行菜单命令 Design|Board Option 即可进入环境参数设置对话框,如图 8-11 所示。

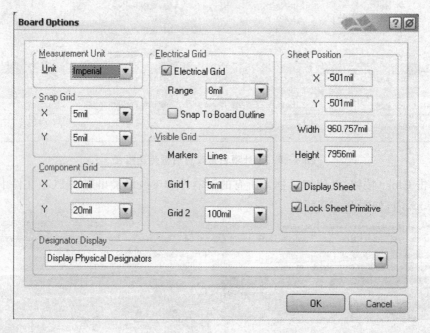

图 8-11 环境参数设置对话框

在该对话框中,可以对图纸单位、光标捕捉栅格、元器件栅格、电气栅格、可视栅格和图纸参数等进行设定。

一般情况下,将捕捉栅格、电气栅格设成相近值。如果捕捉栅格和电气栅格相差过大,在手工布线时,光标将会很难捕获到用户所需要的电气连接点。

2. 设置工作层面显示/颜色

执行菜单命令 Design|Board Layers&Colors,即可进入 Board Layers and Colors(工作层面显示/颜色)设置对话框,如图 8-12 所示。

在对话框中,可以进行工作层面显示/颜色的设置,在 6 个区域分别设置 PCB 编辑区要显示的层及颜色。在每个区域中有一个 Show 复选框,用鼠标选中(即勾选),该层在 PCB 编辑区中将显示该层标签页;单击 Color 下的颜色,弹出颜色对话框,在该对话框中对电路板层的颜色进行编辑。在 System Colors 区域中设置包含可见栅格、焊盘孔、导孔和 PCB 工作层面的颜色及其显示等。建议初学 Protel DXP 2004 的用户最好使用默认选项。

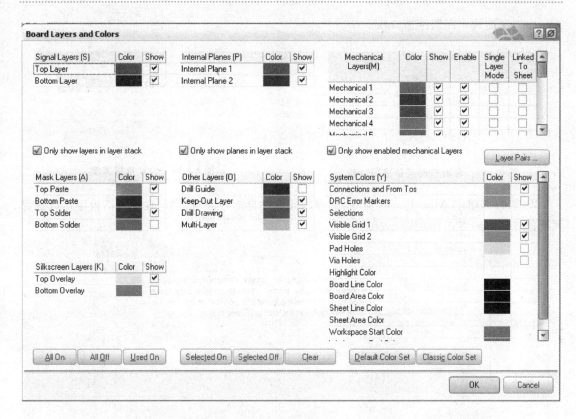

图 8-12　工作层面显示/颜色设置对话框

8.2.5　元器件的自动布局

元器件的布局有自动布局和手工布局两种方式,用户根据自己的习惯和设计需要可以选择自动布局,也可以选择手工布局。在一般情况下需要两者结合才能达到很好的效果。这是因为自动布局的效果往往不能令人满意,还需要进行调整。

在 Protel DXP 2004 中,用户对元器件进行手工布局时,可以先利用 Protel DXP 2004 的 PCB 编辑器所提供的自动布局功能自动布局。在自动布局完成后,再进行手工调整,这样可以更加快速、便捷地完成元器件的布局工作。下面介绍 Protel DXP 2004 提供的自动布局功能。其具体操作方法如下。

1) 在 PCB 编辑器中,执行菜单命令 Tools | Auto Placement,弹出自动布局菜单,如图 8-13 所示。

部分选项功能的含义说明如下。

> Shove:推挤元器件。执行该项命令,光标变成"十"字形状,单击进行推挤的基准元器件,如果基准元器件与周围元器件之间的距离小于允许距离,则以基准元器件为中心,向四周推挤其他元器件。但是当元器件之间的距离大于安全距离时,则不执行推挤过程。

> Set Shove Depth:设置推挤深度。执行此命令后,弹出如图 8-14 所示对话框。如果在对话框中设置参数为 x(x 为整数),在此例中,设定 x 的值为 6,则在执行推挤命令时,

将会连续向四周推挤 6 次。

图 8-13 自动布局菜单选项功能

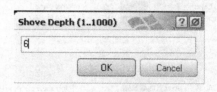

图 8-14 设置推挤深度

2) 执行菜单中 Auto Placer 命令，将弹出元器件自动布局对话框，在该对话框中可以选择元器件自动布局方式，如图 8-15 所示。

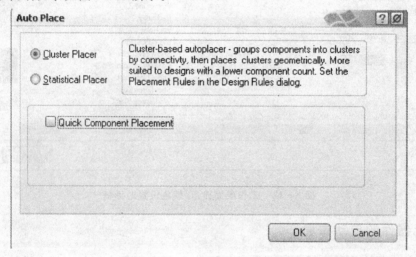

图 8-15 元器件自动布局对话框

各选项的含义如下。

- Cluster Placer：成组布局方式。这种基于"组"的元器件自动布局方式，将根据连接关系将元器件划分成组，然后按照几何关系放置元器件组。该方式比较适合元器件较少的电路。
- Statistical Placer：统计式放置元器件，以使元器件之间的连线长度最短。该方式比较适合元器件较多的电路。
- Quick Component Placement：快速元器件布局，用于快速设置元器件布局。该选项只有在选择成组布局方式时选中才有效。

3) 当选中推荐布局方式选项前的单选框，则对话框发生变化，如图 8-16 所示。

部分选项功能的含义说明如下。

- Group Components：组合元器件。该选项的功能是将当前 PCB 设计中网络连接密切的元器件归为一组。排列时该组的元器件将作为整体考虑，默认状态为选中。
- Rotate Components：旋转元器件。该选项的功能是根据当前网络连接与排列的需要使元器件或元器件组旋转。若没有选中改选项，则元器件将按原始位置放置，默认状态为选中。

第 8 章　PCB 设计实例

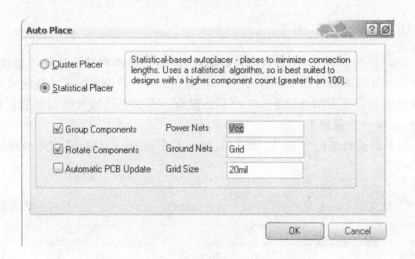

图 8-16　统计式元器件自动布局对话框

> Grid Size：栅格间距。设置元器件自动布局时格点的间距大小。如果格点的间距设置过大，则自动布局时有些元器件可能会被挤出电气边界。这里，将栅格距离设为 20 mil。

设置好元器件自动布局参数后，清除图 8-10 中的布局空间 Room，单击对话框中的 OK 按钮，元器件自动布局完成，效果如图 8-17 所示。即使是同一电路，每次执行元器件布局的结果都是不同的。用户可以根据 PCB 的设计要求，经过多次布局得到不同的结果，选出自己较为满意的布局。

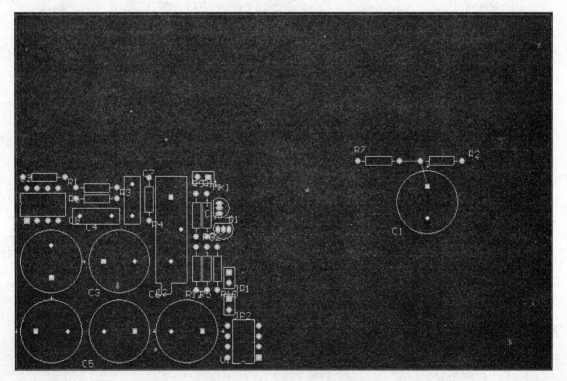

图 8-17　元器件自动布局效果图

8.2.6 调换元器件封装

在 Protel DXP 2004 系统中,进行电路板的设计时,元器件封装的选配或更换,无论是在原理图还是在 PCB 的编辑过程中,均可进行。但是,在 PCB 的编辑过程中选配或更换介绍元器件封装,比较方便。下面结合图 8-17 中三极管 Q1-2 和电位器 R13 封装的更换介绍元器件封装的调换。操作步骤如下。

1) 双击需要调换封装的元器件,如 R13,弹出 Component R13(元器件参数对话框),如图 8-18 所示。

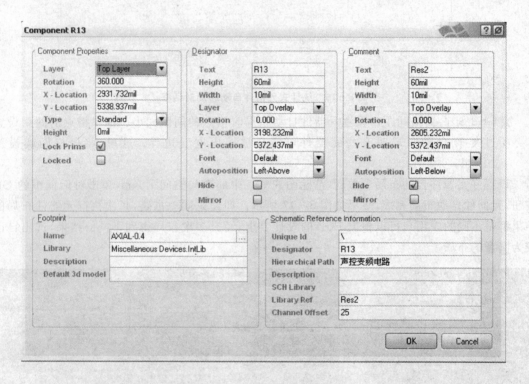

图 8-18 元器件参数对话框

2) 单击如图 8-19 所示元器件参数对话框封装栏中元器件名称后的浏览按钮,弹出如图 8-20 所示的 Browse Libraries(浏览库)对话框。

3) 单击相关元器件封装栏中封装名称,就可以浏览其相关的封装。此次选中 VR5,弹出如图 8-20 所示浏览库对话框。

4) 单击如图 8-20 所示元器件封装浏览库对话框中的 OK 按钮,回到如图 8-19 所示的元器件参数对话框,其中封装栏中的名称 VR2 变为 VR5。再单击该框中 OK 按钮,图 8-17 中 R13 的封装发生了改变,其效果如图 8-21 所示。

5) 用同样的操作方式,将三极管 Q1-2 的封装 BCY-W3 调换为 BCY-W3/H.8。调换后的效果如图 8-22 所示。

第 8 章　PCB 设计实例

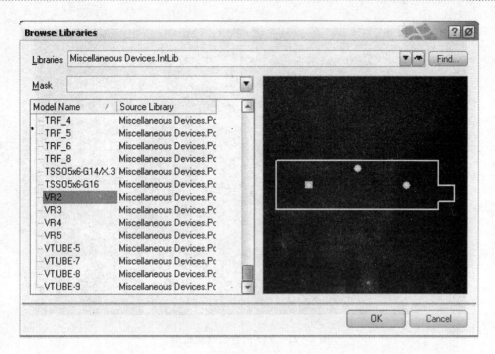

图 8－19　元器件封装浏览库对话框

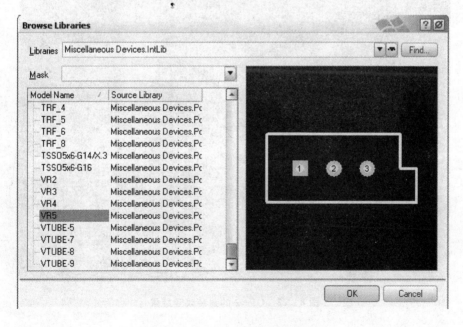

图 8－20　元器件封装浏览库对话框

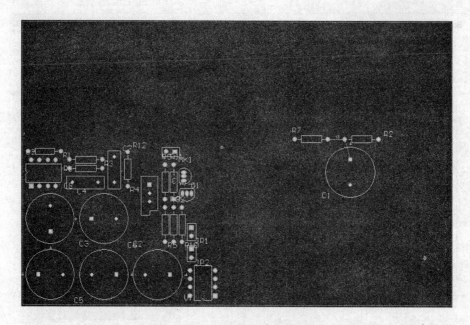

图 8-21 R13 的封装改变结果

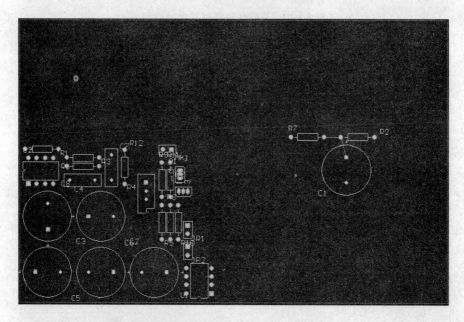

图 8-22 Q1-2 的封装改变结果

8.2.7 PCB 和原理图文件的双向更新

在项目设计过程中,用户有时要对原理图或电路板中的某些参数进行修改,如元器件的标号、封装等,并希望将修改状况同时反映到电路板或原理图中去。Protel DXP 2004 系统提供了这方面的功能,使用户很方便地由 PCB 文件更新原理图文件,或由原理图文件更新 PCB 文件。下面介绍相互更新的操作步骤。

1. 由 PCB 更新原理图

8.2.6 节在 PCB 编辑窗口中对某些元器件封装的调换,就是对声控变频电路 PCB 文件的局部修改。修改后有时要更新声控变频电路原理图文件。具体操作如下。

1) 在 PCB 编辑区内,修改后的 PCB 如图 8-22 所示,执行菜单命令 Design | Update Schematic in[声控变频电路.PRJPCB],启动 Confirm(更改确认)对话框,如图 8-23 所示。

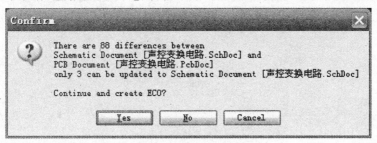

图 8-23 更改确认对话框

2) 单击 Yes 按钮确认,弹出 Engineering Changes Order(更改文件 ECO)对话框,如图 8-24 所示。在 ECO 对话框中列出了所有的更改内容。

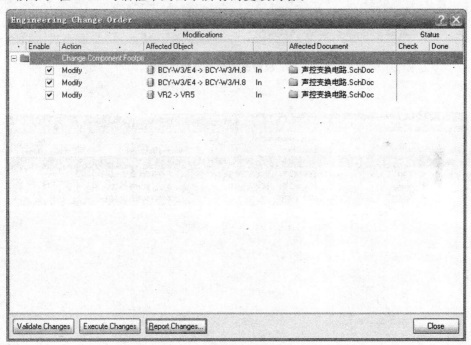

图 8-24 更改文件 ECO 对话框

3) 单击 Validate Changes 按钮校验改变是否有效。如果所有改变均有效,Status 栏中的 Check 列出现对号,如图 8-25 所示,否则出现错误信号。

4) 单击 Execute Changes(执行改变)按钮将有效的修改发送原理图。完成后,Done 列出现完成状态显示,如图 8-26 所示。

5) 单击 Report Changes 按钮,系统生成更改报告文件,如图 8-27 所示。

6) 完成以上操作后,单击 Close 按钮关闭 ECO 对话框,实现了由 PCB 到 SCH 的更新。

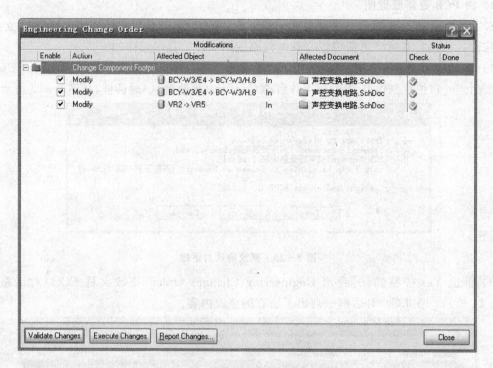

图 8-25 校验改变是否有效对话框

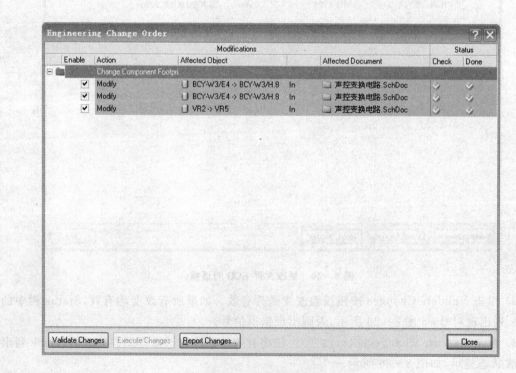

图 8-26 执行改变按钮

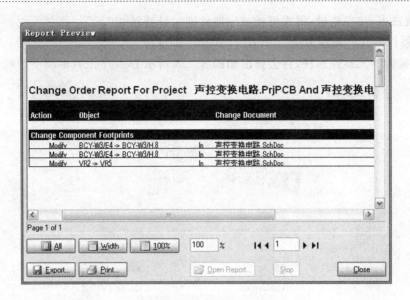

图 8-27 系统生成更改报告

2. 由原理图更新 PCB

由原理图文件更新 PCB 文件的操作方法同 8.2.3 节中的"导入数据"操作步骤。读者可以参考 8.2.3 节的内容,进行由原理图文件更新 PCB 文件的操作。

8.2.8 元器件布局的交互调整

所谓的交互调整就是手工调整布局与自动排列。用户先用手工方法大致调整一下布局,再利用 Protel DXP 2004 提供的元器件自动排列功能,按照需要对元器件的布局进行调整。在很多情况下,利用元器件的自动排列功能,还可以收到意想不到的功效。尤其是在元器件排列的整齐和美观方面,是非常快捷有效的。观察图 8-22,读者还会发现在完成元器件布局后,除了元器件放置比较乱外,元器件的分布也不均匀。尽管这并不影响电路电气连接的正确性,但会影响电路板的布线和美观,所以需要对元器件进行调整,也可以对元器件的标注进行调整。

下面在图 8-22 的基础之上,先手工调整,再自动调整。具体步骤如下。

1. 手工调整

手工调整布局的方法,与原理图编辑时调整元器件位置是相同的。这里只简单地介绍一下。

(1) 移动元器件的方法

执行主菜单 Edit|Move 命令后,单击要选中元器件,此时光标变为"十"字形状,拖动鼠标,则选中的元器件会被光标带着移动,先被移到适当的位置,右击即可将元器件放置在当前位置;或执行主菜单 Edit|Move 命令后,单击元器件选中它,同时按住鼠标左键不放,此时光标变为"十"字状,然后拖动鼠标,则所选中的元器件会被光标带着移动,先将光标移到适当的位置,松开鼠标左键即可将元器件放置在当前位置。

(2) 旋转元器件的方法

执行主菜单 Edit|Move 命令后,单击要选中元器件,此时光标变为"十"字形状,拖动鼠

标,元器件被选中,按空格键,每次可使该元器件逆时针旋转90°。

(3) 元器件标注的调整方法

双击待编辑的元器件标注,将会弹出如图8-28所示Designator(编辑文字标注)对话框。

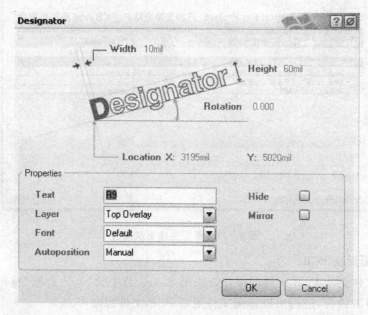

图8-28 编辑文字标注对话框

在该对话框中可以对文字标注的内容、字体的高度、字体的类型等参数进行设定。移动文字标注和移动元器件的操作相同。

图8-23经过手工调整后如图8-29所示。

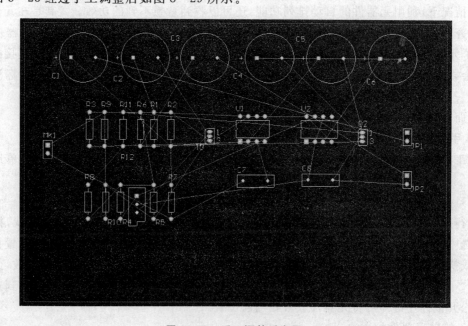

图8-29 手工调整后布局

2. 自动排列

自动排列的具体方法如下。

1）选择待排列的元器件。执行菜单命令 Edit|Select|Inside Area,或单击主工具栏中的 按钮。

执行菜单命令后,光标变为"十"字形状,移动光标到待选区域的适当位置,拖动光标拉开一个虚线框到对角,使待选元器件处于该虚线框内,最后单击确定即可。

2）执行菜单命令 Tools|Interactive Placement 出现下拉菜单,如图 8-30 所示。

根据实际需要选择元器件自动排列菜单中不同的元器件排列方式,调整元器件排列。用户可以根据元器件相对位置的不同,选择相应的排列功能。前面已经介绍过原理图的排列功能,PCB 的排列方法和步骤基本与其相似。所以操作方法在这里不再介绍,只列出排列命令的功能。

3）执行 Align 命令。按照不同的对齐方式排列选取元器件,其选择对话框如图 8-31 所示。

图 8-30 元器件自动排列菜单与功能

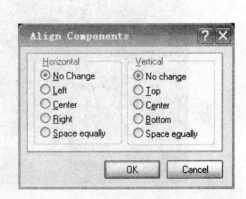

图 8-31 排列对话框

在排列对话框中,排列元器件的方式分为水平和垂直两种,即水平向上的对齐和垂直向上的对齐;两种方式可以单独使用,也可以复合使用,根据用户的需要任意配置。排列命令是排列元器件过程中相当重要的命令,使用的方法与原理图编辑中元器件的排列方法类似,用户需反复练习才能更好地掌握其使用方法。

4）执行菜单命令 Position Component Text,将弹出 Component Text Position(文本注释排列设置)对话框,如图 8-32 所示。

在该对话框中,可以按 9 种方式将文本注释(包括元器件的序号和注释)排列在元器件的上方、中间、下方、左方、右方、左上方、左下方、右上方、右下方。操作步骤和自动排列元器件一样。图 8-29 自动排列后如图 8-33 所示。

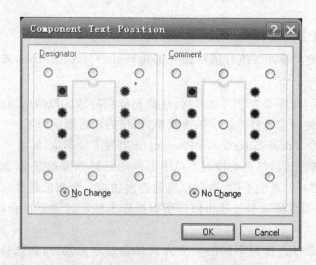

图8-32 文本注释排列设置对话框

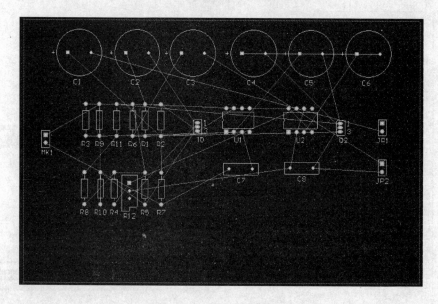

图8-33 自动排列后的布局

8.2.9 确定电路板的板形

确定电路板的板形就是确定电路板的大小、形状。从编辑 PCB 的角度说，就是规划电路板的物理边界。在 Protel DXP 2004 系统中，进行电路板的设计时，需利用专门的命令对电路板的板形进行编辑。具体操作如下。

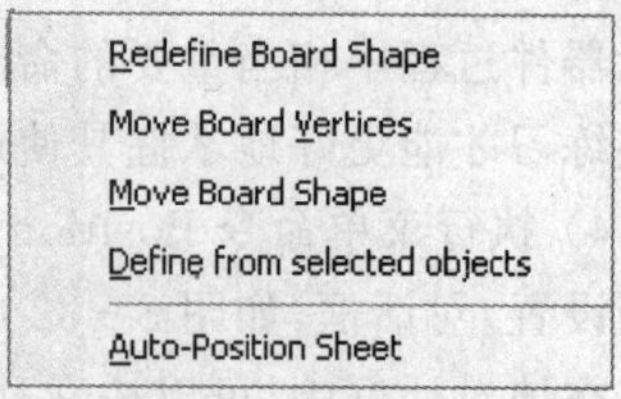

在 PCB 的编辑环境中单击主菜单 Design 中的 Board Shape，弹出对电路板的板形进行编辑的菜单，各项功能如图 8-34 所示。

图8-34 板形编辑菜单的功能

执行上述命令，就可以完成其相应的功能。定义电路板板形的操作简单，读者可自行练习。

8.2.10 电路板的 3D 效果图

用户可以通过 3D 效果图看到 PCB 的实际效果和全貌。

执行菜单命令 View|Board in3D,在编辑器内的工作窗口变为 3D 仿真图形,如图 8-35 所示。用户在 PCB 3D 操作面板上调整,看到制成后的 PCB 的全方位图。这样就可以在设计阶段把一些错误改正过来,从而降低成本和缩短设计周期。

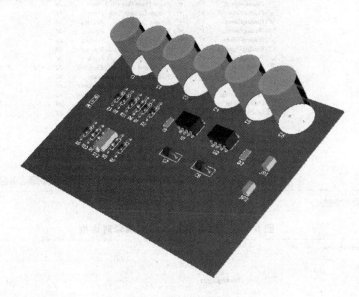

图 8-35 电路的 3D 效果图

8.2.11 布置布线规则

在 Protel DXP 2004 系统中,设计规则有 10 个类型覆盖了电气、布线、制造、放置、信号完整性要求等,但其中大部分都可以采用系统默认的设置,而真正需要用户设置的规则并不多。各个规则的含义在第 9 章中有详细介绍。

1. 设置双面板布线方式

如果要求设计一般的双面印制电路板,就没有必要去设置布线板层规则了,因为系统对于布线板层规则的默认值就是双面布线。但是作为实例下面还是要详细介绍一下其具体步骤。

在 PCB 编辑中执行菜单命令 Design|Rules,即可启动 PCB Rules and Constraints Editor (PCB 规则和约束编辑)对话框,如图 8-36 所示。所有的设计规则和约束都在这里设置。界面的左侧显示设计规则的类别,右侧显示对应规则的设置属性。

(1) 布线层的查看

在 PCB 规则和约束编辑对话框中单击左侧 Design Rules(设计规则)中的 Routing(布线)类,该类所包含的布线规则以树状结构展开,单击 Routing Layers(布线层)规则,界面如图 8-37 所示。

图 8-38 的右侧顶部区域显示所设置的规则使用范围,底部区域显示规则的约束特性。因为,双面板为默认的状态,所以在规则的约束特性区域中的有效栏上,给出了 Top Layer(顶

Protel DXP 电路设计与制板(第 2 版)

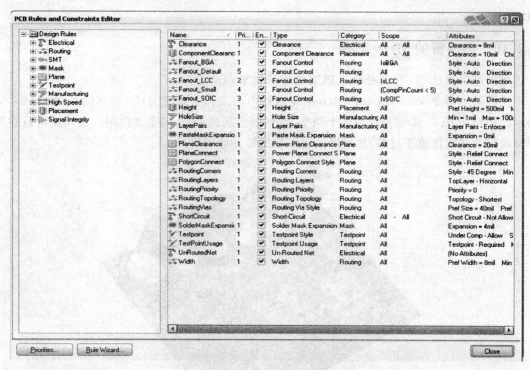

图 8-36　PCB 规则和约束编辑对话框

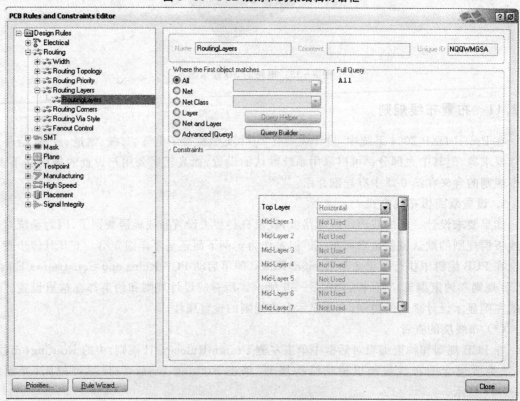

图 8-37　查看布线层

层)和 Bottom Layer(底层),在是否允许布线上已被勾选。

(2) 走线方式的设置

在 PCB 规则和约束编辑对话框中,单击左侧 Design Rules(设计规则)中的 Routing(布线)类,该类所包含的布线规则以树状结构展开,单击 Routing Topology(布线层)规则,界面如图 8-38 所示。约束特性区域中,单击右边的下拉按钮,对布线层和走线方式进行设置。在此将双层印制电路板顶层设置为 Horizontal(水平走线方式)。

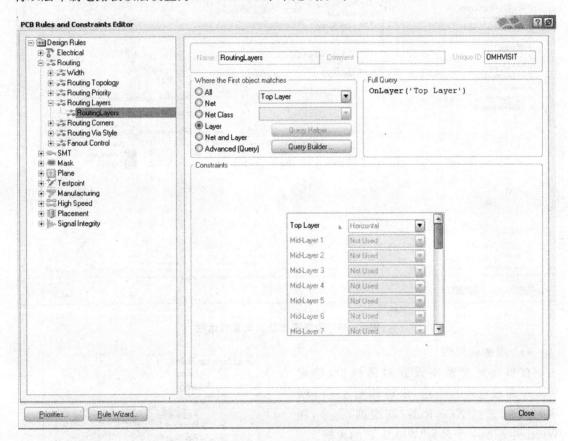

图 8-38 走线方式设置

用同样的方法将双层印制电路板底层设置为 Vertical(垂直)走线方式。

2. 设置一般导线宽度

所谓的一般导线指的是流过电流较小的信号线。在 PCB 规则和约束编辑对话框中,单击左侧 Design Rules(设计规则)中的布线 Width(宽度)类,显示了布线宽度约束特性和范围,如图 8-39 所示。这个规则应用于整个电路板。将一般导线的宽度设定为 10 mil,单击该项键入数据可修改宽度的约束。在修改最小尺寸之前,先设置最大尺寸宽度栏。

3. 设置电源线的宽度

所谓的电源线指的是电源线(VCC)和地线(GND)。Protel DXP 2004 系统设计规则的一个强大的功能是:可以定义同类型的多重规则,而每个目标对象不相同。这里设定电源线的宽度为 20 mil。具体步骤如下。

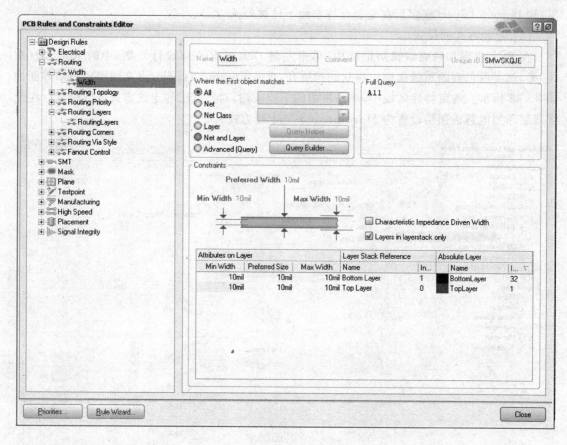

图8-39 布线宽度范围设置对话框

(1) 增加新规则

在布线宽度范围设置对话框中,选定 Width(布线宽度),右击,出现如图8-40所示的菜单,选择 New Rule(新规则)命令,在 Width 中添加一个名为"Width_1"的规则。

(2) 设置布线宽度

单击 Width_1,在布线宽度约束特性和范围设置对话框顶部的 Name(名称)栏里输入网络名称 Power,在底部的宽度约束特性中将宽度修改为 20 mil,如图8-41所示。

(3) 设置约束范围 VCC 项

在图8-41所示的对话框中,单击右侧 Where the First object matches 单元的 NET 选项,在 Full Query 单元里出现"InNet()"。单击 All 选项的下拉按钮,从显示的有效网络

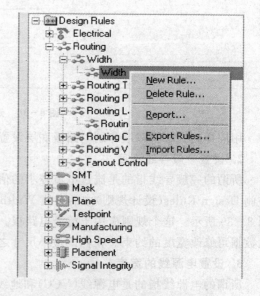

图8-40 设计规则编辑菜单

列表中选择 VCC,Full Query 单元里更新为(VCC)。此时表明布线宽度为 20 mil 的约束应用到了电源网络 VCC,如图8-42所示。

第 8 章 PCB 设计实例

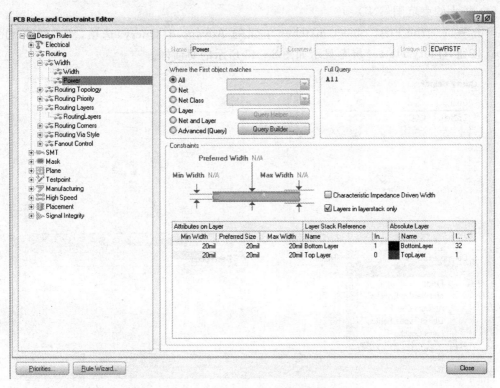

图 8-41 Power 布线宽度对话框

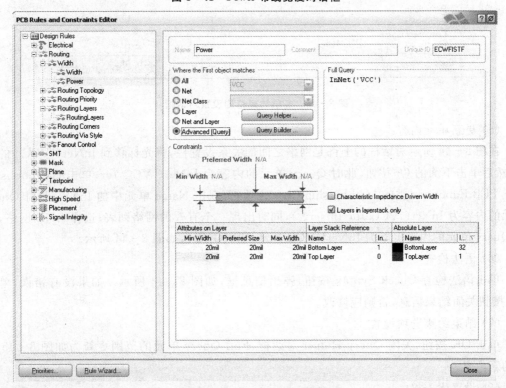

图 8-42 VCC 布线宽度设置

(4) 扩大约束范围 GND 项

单击 Where the First object matches 单元的 Advanced(Query)选项,然后单击 Query Helper 按钮,Query Helper 屏幕显示如图 8-43 所示的对话框。

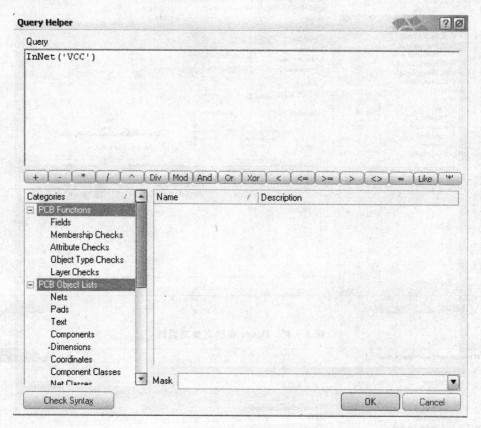

图 8-43　多项约束范围设置对话框

(5) 更新单元内容

在图 8-44 所示对话框的上部是网络之间的关系设置栏,将光标移到 InNet('VCC')的右边,然后单击下面的 Or 按钮,此时 Query 单元的内容为 InNet('VCC')or;单击 Categories 单元下 PCB Functions 类的 Membership Checks 项,再双击 Name 单元中的 InNet,此时 Query 单元的内容为 InNet('VCC')or InNet( ),同时出现一个有效的网络列表;选择 GND 网络,此时 Query 单元的内容更新为 InNet('VCC')orInNet(GND),如图 8-44 所示。

(6) 语法检查

单击语法检查 Check Syntax 按钮,弹出信息框,如图 8-44 所示。如果没有错误,单击 OK 按钮关闭结果信息,否则应修改。

(7) 结束约束选项设置

单击 OK 按钮,关闭 Query Helper 对话框,Full Query 单元的范围更新为如图 8-45 所示的新内容。

(8) 设置优先权

通过以上的规则设置,在对整个电路板进行布线时就有名称分别为 Power 和 Width 的两

第 8 章 PCB 设计实例

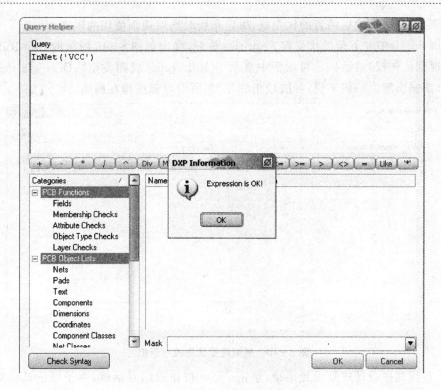

图 8-44 设置约束项通过信息框

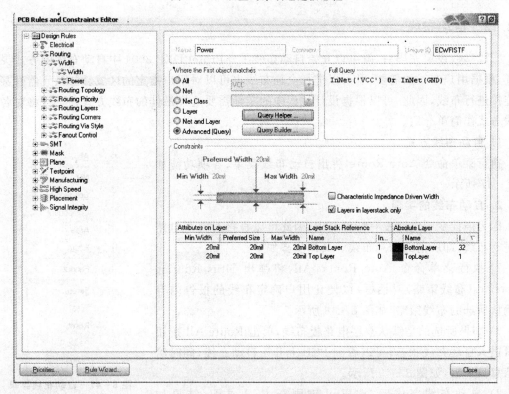

图 8-45 电源布线宽度设置对话框

个约束规则,因此必须设置两者的优先权,决定布线时约束规则使用的顺序。

单击图 8-45 中左下角的优先权 Priorities 按钮,弹出如图 8-46 所示的 Edit Rule Priorities(编辑规则优先权)对话框。对话框中显示了 Rule type(规则类型)、Decrease Priority(规则优先权)按钮实现。一般来说,导线较粗的先布,所以电源线排在前面。

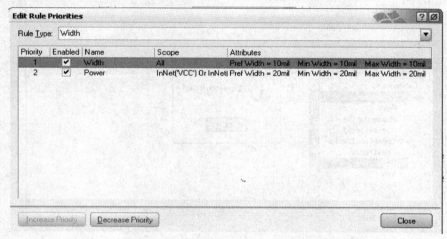

图 8-46 规则设置优先权对话框

至此,布线宽度设计规则设置结束,单击 Close 按钮关闭对话框,并予以确认。其他布线规则采用默认值。

8.2.12 自动布线

布线参数设定完毕后,就可以开始自动布线了。Protel DXP 2004 中自动布线的方式灵活多样,根据用户布线的需要,既可以进行全局布线也可以对用户指定的区域、网络、元器件甚至是连接进行布线,因此,可以根据设计过程中的实际需要选择最佳的布线方式。下面将对各种布线方式作简单介绍。

1. 自动布线方式

执行菜单命令 Auto Route,弹出自动布线菜单,各项功能如图 8-47 所示。

2. 自动布线的实现

因为声控变频电路没有特殊要求,因此可以直接对整个电路板进行布线,即所谓的全局布线。具体步骤如下。

1) 执行菜单命令 Auto Route|All,将弹出 Situs Routing Strategies(布线策略)对话框,以便让用户确定布线的报告内容和确认所选的布线策略,如图 8-48 所示。

2) 如果所选的是默认双层电路板布线,单击 Route All 按钮即可进入自动布线状态,可以看到 PCB 上开始自动布线,同时给出信息显示框,如图 8-49 所示。

3) 自动布线完成后,按 End 键刷新 PCB 画面,结果如图 8-50 所示。

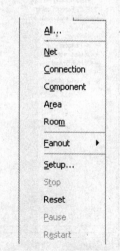

图 8-47 自动布线菜单
　　　　 选项与功能

第 8 章 PCB 设计实例

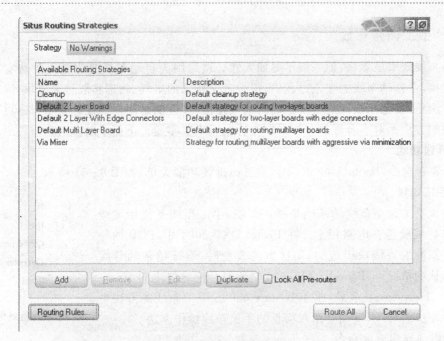

图 8-48 布线策略对话框

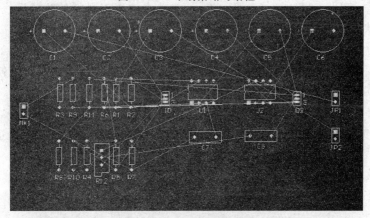

图 8-49 全局自动布线进程

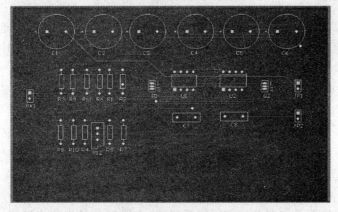

图 8-50 全局自动布线结果

8.2.13 手工调整布线

自动布线效率虽然高,但一般不尽如人意。这是因为自动布线的功能主要是实现电气网络间的连接,在自动布线的实施过程中,很少考虑特殊的电气、物理和散热等要求,因此必须通过手工来调整,使电路板既能实现正确的电气连接,又能满足用户的设计要求。通过手工调整的最简便的方法是对不合理的布线采取先拆线后手工布线。下面予以介绍。

1. 拆线功能

执行菜单命令 Tools|Un-Route,将弹出拆线功能菜单,如图 8-51 所示。

2. 手工布线

严格说手工调整布线的基础是手工布线,手工布线是使用飞线的引导将导线放置在电路板上。在 Protel DXP 2004 中,PCB 的导线是由一系列的直线段组成的,每次方向改变时,就开始新的导线段。在默认的情况下,Protel DXP 2004 初始时会使导线走向 Vertical(垂直)、Horizontal(水平)或 45°(Start 45°)。手工布线的方法类似于原理图放置导线,下面介绍双面板的手工布线操作方法。

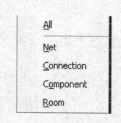

图 8-51 拆线选项功能

(1) 启动导线放置命令

执行菜单命令 Place|Interactive Routing,或单击放置工具栏的放置导线 按钮。光标变成"十"字形状,表示处于导线放置模式。

(2) 布线时换层的方法

双面板顶层和底层均为布线层,在布线时不退出导线放置模式仍然可以换层。方法是按小键盘上 * 键切换到布线层,同时自动放置过孔。

(3) 放置导线

接(1)移动光标到要画线位置,单击,确定导线的第一个点;移动光标到合适位置,再单击,固定第一段导线。按照同样的方法继续画其他段导线。

(4) 退出放置导线模式

右击或按 Esc 键取消导线放置模式。

8.2.14 加补泪滴

在导线与焊盘或导孔的连接处有一过渡段。使过渡段变成滴状,形象地称之为加补泪滴。加补泪滴的主要作用是在钻孔时,避免在导线与焊盘的接触点出现应力集中而使接触处断裂。

加补泪滴的操作步骤如下。

1) 执行菜单命令 Tools|Teardrops,弹出 Teardrop Options(加补泪滴)操作对话框,如图 8-52 所示。

2) 设置完成后,弹击 OK 按钮,即可进行加补泪滴操作。双面 PCB 声控变频电路图 8-38 加补泪滴后如图 8-53 所示。

8.2.15 放置敷铜

放置敷铜是将电路板空白的地方用铜膜铺满,主要目的是提高电路板的抗干扰能力。通常将铜膜与地相接,这样的电路板中空白的地方就铺满了接地的覆铜,电路板的抗干扰能力就

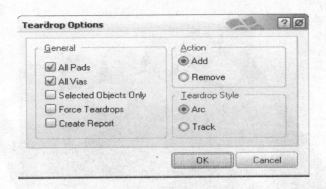

图 8-52 加补泪滴操作对话框

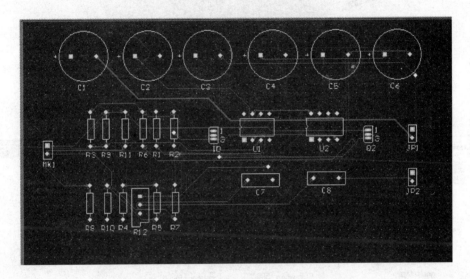

图 8-53 加补泪滴后声控变频电路双面 PCB

会大大提高。

8.2.16 网络的高亮检查

自动布线完成后,除了可以利用网络高亮检查方法外,还可通过 PCB 3D 面板对整个网络进行查验。操作的方法是在如图 8-53 所示的编辑环境下,执行菜单命令 View|Board in3D,PCB 编辑器内的工作窗口变成 3D 仿真图形;勾选 PCB 3D 面板图像选择框中的 Wire Frame(导线结构)选项,选定高亮网络,单击高亮显示按钮,相应的网络变色,如图 8-54 所示。

8.2.17 设计规则检查 DRC

对布线完毕后的电路板作 DRC(Design Rule Check),可以确保 PCB 完全符合设计者的要求,即所有的网络均可以正确连接。这一步对 Protel DXP 2004 的初学者来说,尤为重要。即使是有着丰富经验的设计人员,在 PCB 比较复杂时也是很容易出错的。建议用户在完成 PCB 的布线后,千万不要遗漏这一步。DRC 检查具体步骤如下。

1) 执行菜单命令 Tools|Design Rule Check,即可启动设计规则检查对话框,如图 8-55 所示。

图 8-54 网络的高亮显示

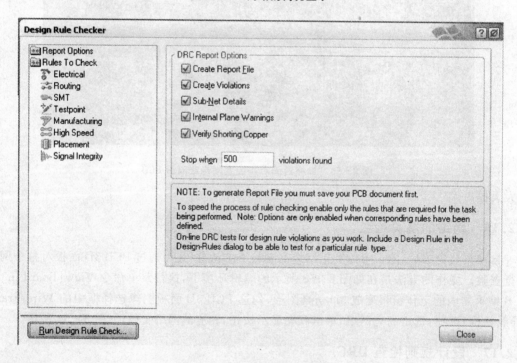

图 8-55 设计规则检查对话框

2) 单击 Electrical(电气设计规则)中选项,可以进行包括安全距离、短路允许等 4 个方面设置,如图 8-56 所示。

3) 图 8-56 中左边的框可以勾选是否在线进行设计规则的检查,或是在设计规则检查时一并检查。勾选左边框中的选项,单击 Run Design Rule Check... 按钮,系统开始进行 DRC,其结果显示在信息面板中。

第 8 章 PCB 设计实例

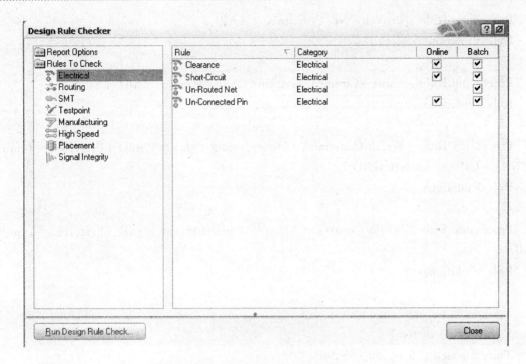

图 8-56 在线检查或一并检查对话框

在信息面板中显示了违反设计规则的类别、位置等信息（如果布线没有违背所设定的规则，信息板是空的），同时在设计的 PCB 中以绿色标记标出违反规则的位置。双击信息面板中的错误，信息系统会自动跳转到 PCB 中违反规则的位置，分析查看当前的设计规则并对其进行合理的修改，直到不违反设计规则位置，才能结束 PCB 的设计任务。

如果选中了生成报告文件，设计规则检查结束后，会产生一个有关短路检测、断路检测、安全间距检测、一般线宽检测、过孔内径检测、电源线宽检测等项目情况报表，具体内容如下。

Protel Design System Design Rule Check
PCB File：\DXPbookpcb\声控变频电路.PcbDoc
Date：2009-5-20
Time：上午 10:41:47

Processing Rule : Hole Size Constraint (Min=1mil) (Max=100mil) (All)
Rule Violations :0

Processing Rule : Height Constraint (Min = 0mil) (Max = 1000mil) (Preferred = 500mil) (All)
Rule Violations :0

Processing Rule : Clearance Constraint (Gap=10mil) (All),(All)
Rule Violations :0

Processing Rule：Broken-Net Constraint((All))
Rule Violations：0

Processing Rule：Short-Circuit Constraint(Allowed=No)(All),(All)
Rule Violations：0

Processing Rule：Width Constraint(Min=10mil)(Max=20mil)(Preferred=10mil)(InNet('VCC') or InNet('GND'))
Rule Violations：0

Processing Rule：Width Constraint(Min=10mil)(Max=10mil)(Preferred=10mil)(All)
Rule Violations：0

Violations Detected：0
Time Elapsed：00：00：00

8.2.18 文件的打印输出

在 Protel DXP 2004 中,采用典型的 Windows 界面和标准的 Windows 输出,其 PCB 的输出与原理图的输出基本相同。

至于 PCB 文件的输出,由于在 Protel DXP 2004 中采用项目文件的管理方式,PCB 文件与项目文件是分离的,用户只需将"*.Protel PCB Document"文件复制出来即可,如图 8-57 所示。

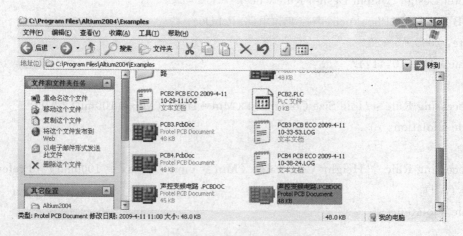

图 8-57 PCB 文件导出

8.3 单面板电路板的设计

单面电路板工作层面包括元器件面、焊接面和丝印面。元器件面上无铜膜线，一般为顶层；焊接面有铜膜线，一般为底层。单面板也是电子设备中常用的一种板型。前面已完整地介绍了双面电路板设计的过程，在此基础上，本节简单介绍单面电路板的设计。在单面PCB设计举例时，采用的是声控变频电路中音频放大部分。主要原因是同一电路在相同面积的电路板上布线，单面板布线率就有可能达不到100%。这就是目前普遍使用双面板的一个原因。音频放大部分电路如图8-58所示。

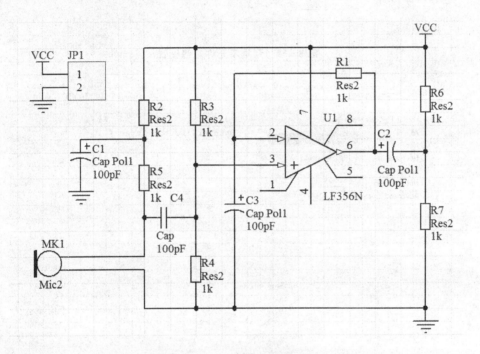

图8-58 音频放大部分电路

单面电路板的设计过程与双面电路板的设计过程基本上一样，所不同的是布线规则的设置有所区别。单面电路板布线规则设置的具体方法如下。

(1) 撤销顶层布线允许

执行菜单命令 Design|Rules，即可启动布线规则编辑对话框；单击布线层，在约束特性栏里，去掉 Top Layer(顶层)允许布线的勾选，如图8-59所示。

(2) 底层布线方式的设置

在布线规则编辑对话框，单击 Routing Topology(布线方式)，在约束特性栏里，将 Bottom Layer(底层)中的走线模式设置为 Shortest(最短)，如图8-60所示。

(3) 设置完成

关闭对话框，其他设为默认值，余下的操作与双面板布线步骤相同。对音频放大部分电路进行单面布线后，效果如图8-61所示。

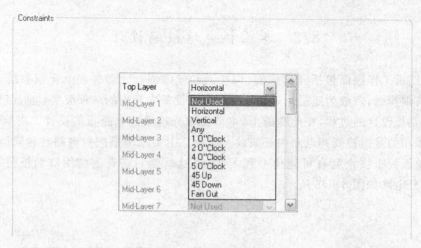

图 8-59 顶层不允许布线设置

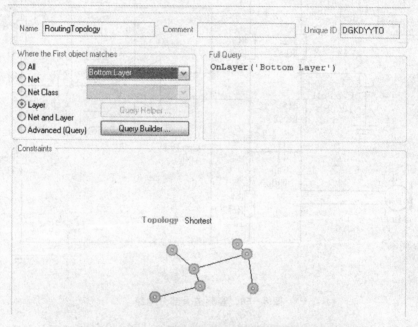

图 8-60 底层布线方式的设置

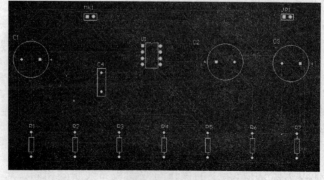

图 8-61 单面 PCB 的声控变频电路

同一电路在相同面积的电路板上布线,单面板布线率有可能达不到100%。这就是目前普遍使用双面板的一个原因。适当地排布元器件,单面板上布通率会高一些,读者不妨上机试一试。

8.4 多层电路板设计

Protel DXP 2004 除了顶层和底层还提供了 30 个信号布线层、16 个电源地线层,所以满足了多层电路板设计的需要。但随着电路板层的增加,制作工艺更复杂,废品率也越来越高,因此在一些高级设备中,以使用四层板、六层板为多。本节以四层电路板设计为例介绍多层电路板的设计。

四层电路板是在双面板的基础上,增加电源层和地线层。其中电源层和地线层用一个敷铜层面连通,而不是用铜膜线。由于增加了两个层面,所以布线更加容易。

1) 在声控变频电路 PCB 编辑过程中,在图 8-50 基础上,执行菜单命令 Design|Layer Stack Manager,即可启动 Layer Stack Manager(板层管理器),如图 8-62 所示。

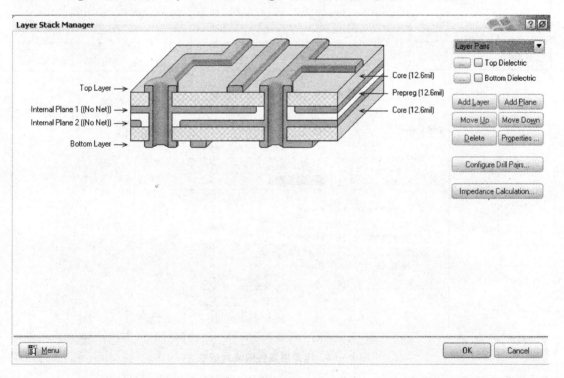

图 8-62 板层管理器对话框

2) 用鼠标左键选取 Top Layer 后,连续两次单击 Add Plane 按钮,增加两个电源层 Internal Plane1(No Net),如图 8-63 所示。

3) 双击 Internal Plane1(No Net),系统弹出电源层 Edit Layer(属性编辑)对话框,如图 8-64 所示。

4) 单击对话框 Net name 栏右边的下拉菜单,在弹出的有效网络列表中选择 VCC,即电源层1(Internal Plane 1)定义为电源 VCC。设置结束后,单击 OK 按钮,关闭对话框。按照同

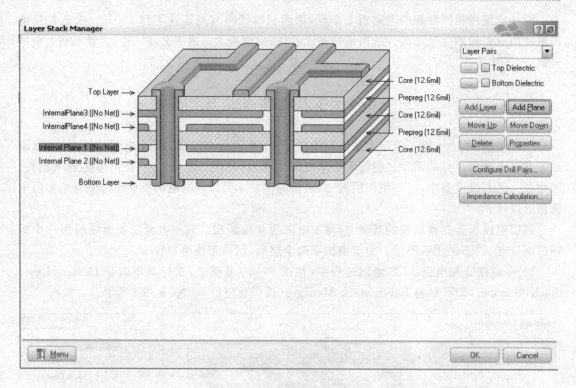

图 8-63 添加电源层对话框

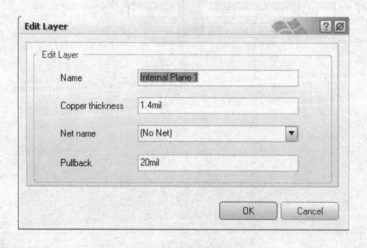

图 8-64 电源层属性编辑对话框

样的操作方法将电源层2(Internal Plane 2)定义为GND,如图8-65所示。

5) 设置结束后,单击OK按钮,关闭板层管理器对话框。

6) 将如图8-50所示的双层PCB的所有布线利用菜单命令Tools|Un-Route|All删除,恢复PCB的飞线状态。

7) 执行菜单命令Auto Route|All,对其进行重新自动布线。

自动布线完成后,执行菜单命令Design|Board Layer&Colors,在弹出的工作层面设定对话框中,勾选内层显示。这时其四层PCB结果如图8-66所示。

第 8 章　PCB 设计实例

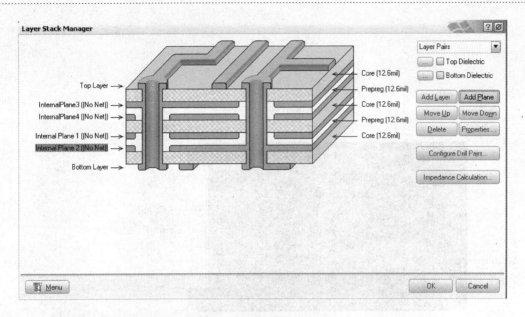

图 8-65　设置内层网络

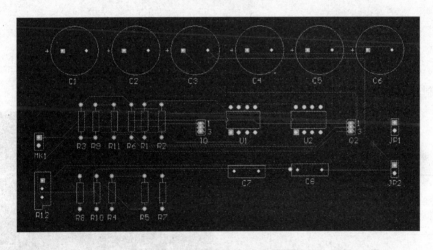

图 8-66　声控变频电路四层 PCB

将图 8-66 与图 8-54 比较，读者会发现图 8-57 中减少两条较粗的电源网络线，取而代之的是在电压网络的每个焊盘上，出现了"十"字状标记，表明该焊盘与内层电源相连接。

8.5　本章小结

本章主要介绍了使用 Protel DXP 进行 PCB 设计的流程。主要以双面板的设计为例，介绍了电路板规划、自动布局、自动布线、手工调整、电路板 3D 显示等的基本操作和处理技巧。

8.6　上机练习

1) 使用 PCB 向导创建的 PCMCIA 板。

图 8-67 由 PCB 向导生成的 PCMCIA 板

2）绘制运算放大器的 PCB。

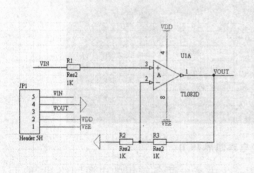

图 8-68 运算放大器原理图

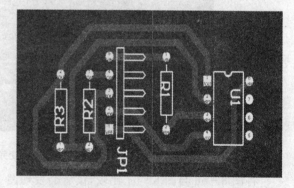

图 8-69 运算放大器的 PCB

8.7 习　题

1. 叙述设计 PCB 的流程。
2. 练习文件链接的方法。
3. 上机练习设计双面印制电路板全过程。
4. 简述多层印制电路板的设计过程。
5. 叙述单面板与双面板的异同。

第 9 章 元器件 PCB 封装的创建

教学提示：Protel DXP 2004 为用户提供了丰富的元器件封装形式，但随着电子工业的迅速发展，新型元器件封装形式层出不穷，学会创建自己的元器件库就显得尤为重要。本章通过一个实例，学习利用 Protel DXP 2004 创建元器件 PCB 封装。

教学目标：通过本章的学习，学生应熟练利用 PCB 元器件封装生成向导、设定各种规则，最后生成元器件封装。

9.1 PCBLib 编辑器启动及操作界面

9.1.1 PCBLib 编辑器的启动

在创建新的元器件封装前，应首先新建一个元器件封装库，以便绘制和储存新建元器件封装。Protel DXP 元器件封装库编辑器的启动步骤如下：

1) 执行 File|New|PCB Library 命令。
2) 系统将自动生成一个默认名为 PcbLib.PcbLib 的元器件库编辑器，如图 9-1 所示。

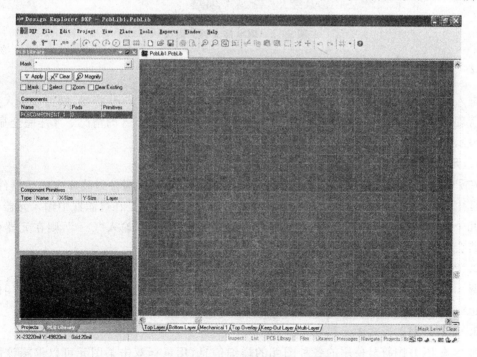

图 9-1 新创建的元器件库编辑器窗口

3) 单击 PCB Library(PCB 库文件)面板标签，即可打开 PCB 库文件 PCB Library 面板，如图 9-2 所示。

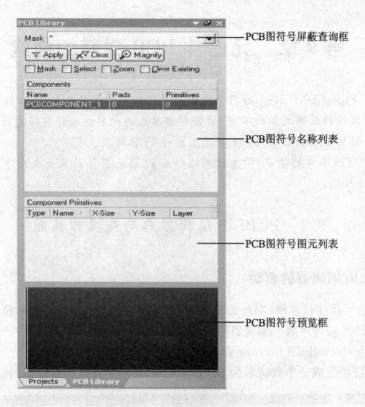

图 9-2 PCB 库文件的面板

9.1.2 PCBLib 编辑器的组成

进入元器件封装编辑窗口，单击项目管理器下面的 PCB Library 标签，则可以进入元器件封装管理器（见图 9-2）。此窗口只在显示分辨率高于 1 024×768 的情况下才能完全显示，最佳的显示分辨率为 1 280×1 024。

1. 元器件过滤框（Mask ＊）

在 PCB 浏览管理器中，元器件过滤框用于过滤当前 PCB 元器件封装库中的元器件，满足过滤框中条件的所有元器件将会显示在元器件列表框中。方法是在过滤框中输入元器件封装的前几个字母，并在其后加上"＊"符号即可。例如，在过滤框中输入"C＊"，则在元器件列表框中将会显示所有以 C 开头的元器件封装。

2. PCB 图符号名称列表

显示各元器件的 PCB 图符号，也即封装形式的名称，同时还显示该封装形式所用的焊盘数 Pads 和图元数 Primitives。

3. 元器件封装形式图元列表

显示该 PCB 图符号使用的各种图元的详细信息，用鼠标双击某图元可以编辑该图元的属性。

4. 元器件封装形式的预览窗口

在该窗口中有一个双虚线框，用鼠标拖动这个双虚线框就可以在工作区浏览该元器件封装形式的具体细节。

另外，用户也可以选择 Tools|Next Component，Tools|Prev Component，Tools|First Component 和 Tools|Last Component 菜单命令来选择元器件列表框中的元器件。

9.1.3 工作参数及图纸参数设置

1. 工作参数设置

执行 Tools|Library Options 命令，弹出 Document Options（文档选项）窗口，分别单击 Layers 和 Options 标签，即可打开、关闭相应的工作层，选择可视栅格形状、大小，光标形状、大小等，可参阅有关 PCB 窗口工作参数设置的内容。

2. 设置工作层、焊盘、过孔等显示颜色

执行 Tools|Preferences 命令，在弹出的 Preferences（特性选项）窗口，分别单击 Color 和 Options 标签，即可重新选择工作层、焊盘、过孔等的显示颜色，以及光标形状、屏幕自动更新方式等，与 PCB 图相同。

9.2 制作元器件封装图举例

当 Protel DXP 系统文件没有用户所需要的元器件封装时，可先测量元器件尺寸，而后在 PCBLib 编辑器中绘制元器件封装图。通常，添加新的元器件封装的方法有手工添加和利用向导添加两种。使用封装向导创建封装，不需要特别指定参数，封装向导会自动设置封装参数，减少了很大的工作量。下面利用向导添加的方式，以制作 LED 发光二极管（见图 9-3）为例，介绍元器件封装图设计过程。

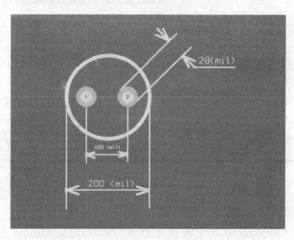

图 9-3 LED 发光二极管外形及安装尺寸

1) 执行 Tools|New Component 命令，如图 9-4 所示。
2) 单击 Next 按钮，进入下一步，如图 9-5 所示。

PCBLib 编辑器提供了 12 种元器件封装外形供用户选择，包括电容、电阻、二极管等分立元器件的封装形式，以及 DIP、PAG、LCC 等常见集成电路芯片的封装形式。

由于目前创建的 LED 发光二极管封装图为圆形，在图 9-5 所示的窗口内选择 Capacitors（电容）封装形式，并选择 Imperial(mil)（英制）单位，然后单击 Next 按钮。

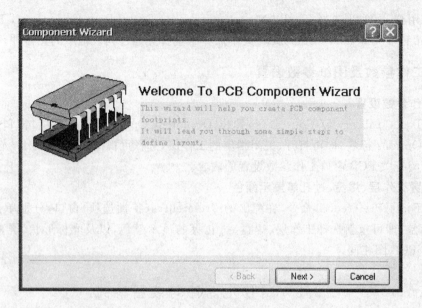

图 9-4 元器件封装向导

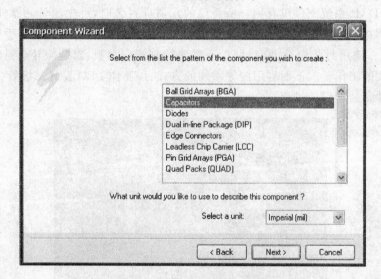

图 9-5 设定封装类型

3) 单击 Next 按钮继续,如图 9-6 所示。

在图 9-6 中,Through Hole 表示通孔元器件,而 Surface Mount 为表面贴装元器件。在此,选择 Through Hole 安装方式。

4) 单击 Next 按钮继续,如图 9-7 所示。

选择元器件引脚焊盘外径及焊盘孔的尺寸,默认时引脚焊盘外径为 50 mil,焊盘孔径为 28 mil。

修改引脚焊盘外径、焊盘孔尺寸的操作很简单,将鼠标移到相应尺寸数据上单击,即可输入新数据。引脚孔径尺寸应等于或略大于引脚直径。

5) 单击 Next 按钮继续,如图 9-8 所示。

第 9 章　元器件 PCB 封装的创建

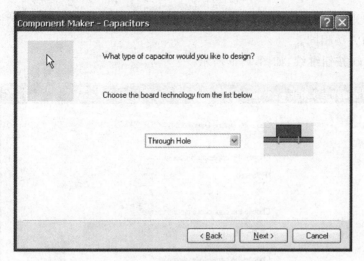

图 9-6　元器件类型选择

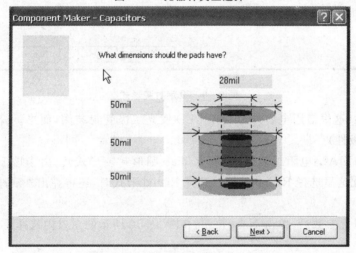

图 9-7　焊盘大小设置

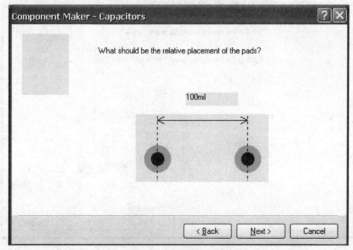

图 9-8　设置焊盘间距

设置引脚水平间距(指引脚焊盘中心距)为 100 mil,修改引脚水平间距的操作方法与修改引脚焊盘尺寸的方法相同。

6) 单击 Next 按钮继续,如图 9-9 所示。

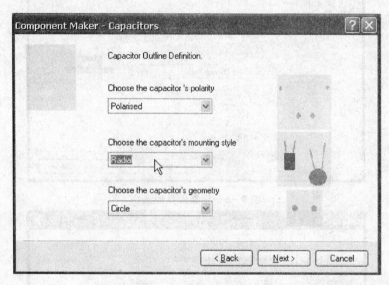

图 9-9　设定封装形式

电容的极性(这里借用电容外形制作 LED 发光二极管封装图,而二极管引脚有正负极)选择 Polarised(极性)。

封装形式:AXIAL(电阻封装形式)和 Radial(圆形封装形式)。由于该 LED 发光二极管外观为圆形,因此这里选择 Radial 外形。选择 Radial 形式时,还将弹出外观选择框,这里选择 Circle(圆形)。

7) 选择了以上参数后,单击 Next 按钮,在图 9-10 所示的窗口内选择元器件外轮廓线宽

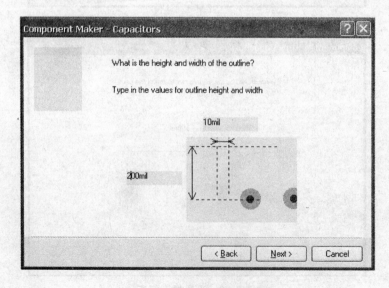

图 9-10　设定新元器件的线宽

度及外轮廓线与引脚焊盘之间的距离。设置外轮廓线宽度的操作方法与设置元器件引脚焊盘尺寸的方法相同。

8) 单击图 9-10 中的 Next 按钮,在图 9-11 所示的文本框内输入元器件名,然后单击 Next 按钮。

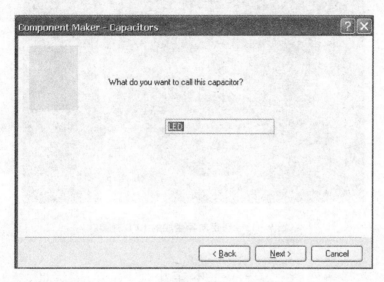

图 9-11 输入元器件封装名称

9) 确认元器件外形、引脚焊盘孔径、间距、焊盘大小等尺寸无误后,单击图 9-12 中的 Finish 按钮,结束绘制过程,即可观察到如图 9-13 所示的 LED 封装图。

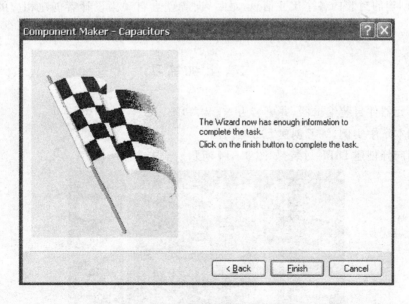

图 9-12 元器件封装完成对话框

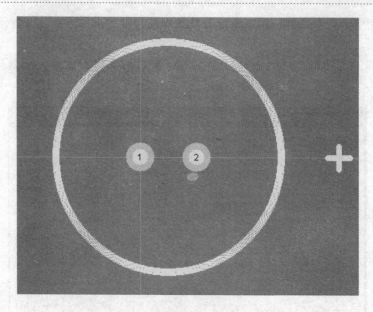

图 9-13　利用向导生成的 LED 封装

9.3　本章小结

本章以一个具体的元器件封装设计实例详细讲解了利用 Protel DXP 向导创建新的元器件封装。设计者只要掌握了所要设计的封装形式的各个尺寸信息，即可跟着向导一步一步地来设置所要创建的封装的各个尺寸信息，最后，向导就会自动为设计者创建相应的 PCB 元器件封装。

9.4　上机练习

1) 启动元器件封装编辑器，并更名为 NEW.PCBLIB。
2) 绘制本章中实例，练习创建 LED 封装。
3) 利用向导创建 DIP8 封装，如图 9-14 所示。

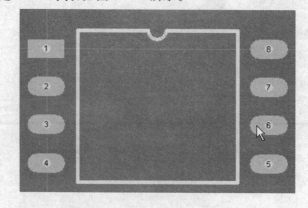

图 9-14　DIP8 封装

9.5 习题

1) 如何启动元器件封装编辑器？简述元器件封装编辑器各组成部分以及功能。
2) 请列举有哪些常用的元器件封装，并利用向导创建几种主要的封装形式。
3) 利用向导创建二极管封装，如图 9-15 所示。

图 9-15　二极管封装

第 10 章　DXP 仿真功能

教学提示：本章主要介绍 Protel DXP 仿真特点、常用仿真元器件、仿真器设置、常见电路仿真实例及仿真图形分析与处理。其中，仿真图形分析和后期处理是本章的重点，包括波形的添加、删除、编辑、格式化、测量、比较、大小调整、波形图、图表以及相关文件选项设置等。通过本章的学习，读者可以掌握基本的仿真方法和技巧，以及仿真波形后期分析处理方法，为今后的 PCB 设计打下坚实的基础。

教学目标：通过本章的学习，学生应掌握
1) Protel DXP 仿真特点；
2) 仿真元器件简介；
3) 仿真器设置；
4) 绘制仿真原理图；
5) 常见电路仿真实例；
6) 仿真图形分析与处理。

在以往的电子产品设计中，通常先在面板上根据设计好的原理图搭接相关电路，然后使用电源、信号发生器、示波器和万用表等电子仪器对电路的各项参数指标进行检验仿真。由于各种电子元器件可根据需要随意插入或拔出，免去了焊接，节省了电路组装时间，而且元器件可以重复使用，非常适合中小型电子电路的组装与调试。随着电子技术的飞速发展，电子电路越来越规模化、集成化和复杂化，如果那么多大规模而又复杂的集成电路也用面板来调试验证，结果是难以想象的。Protel DXP 为用户提供了一个功能强大的数/模混合电路仿真器，利用它可以提供模拟信号、数字信号和数/模混合信号的仿真。Protel DXP 中的仿真功能主要有以下几个特点：

1) 提供了一个规模庞大的仿真元器件库，其中包含数十种仿真激励源和近 6 000 种元器件。

2) 支持多种仿真功能，如交流小信号分析、瞬态特性分析、噪声分析、蒙特卡罗分析、参数扫描分析、温度扫描分析和傅里叶分析等十多种分析方式。用户可以根据所设计电路的具体要求选择合适的分析方式。

3) 提供了功能强大的结果分析工具，可以记录各种需要的仿真数据，显示各种仿真波形，如模拟信号波形、数字信号波形和波特图等，可以进行波形的缩放、波形的比较和波形的测量等。

正确合理使用 Protel DXP 的仿真功能可节省大量时间及相关的元器件费用。当仿真结果与设计之初结论一致或相近，则表示该电路在原理上问题不大，可以考虑将其作为成品；如果两者相反，则应仔细分析相关电路原理，反复调试，暂时不要购置相关元器件，以免造成损失。

10.1　常用仿真元器件简介

Protel DXP 与 Protel 99SE 不同，后者只是提供了仿真激励源，没有提供专门的仿真元器件库。Protel DXP 提供的原理图元器件库中 Simulation 文件夹下的元器件均可作为仿真元

器件使用。下面对仿真激励源和常用的仿真元器件进行介绍。

10.1.1 仿真激励源

仿真激励源位于 Simulation Sources.IntLib 库文件中,包括:

(1) 直流源

直流源包含直流电压源(VSRC)和直流电流源(ISRC)两种,如图 10-1 所示。双击直流电压源图标将弹出如图 10-2 所示的属性设置对话框。

在该对话框中双击右下方窗口中的 Simulation 选项或单击右下方的 Edit 按钮(图中黑线所示),将弹出如图 10-3 所示对话框,单击 Parameters 标签可设置直流电压源幅值。该对话框中各个参数的意义如下。

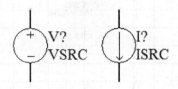

图 10-1 直流源

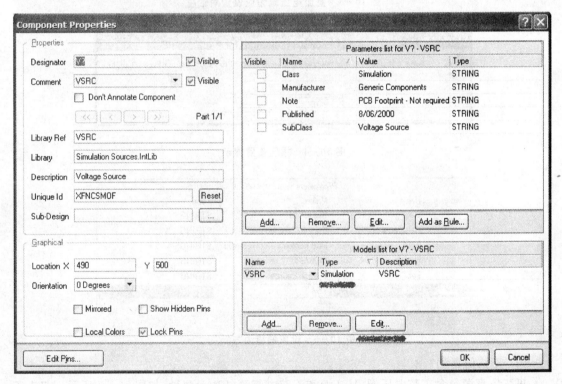

图 10-2 直流电压源属性设置对话框

1) Value:设置直流电压源幅值。
2) AC Magnitude:若用户想在此电源上进行交流小信号分析,可设置此项,默认值为 1。
3) AC Phase:交流小信号分析初始相位。

勾选图 10-3 中 Value 一栏右侧的 Component parameter 复选框,单击右下角 OK 按钮,将出现图 10-4 所示幅值设置提示,告知用户该操作将移除或修改某些参数,单击图 10-4 中的 OK 按钮确认添加电压源幅值参数。添加参数后,用户可在图 10-5 所示新添加的电压幅值参数的数值栏填入所需幅值(如 15V),设置完毕后的图形效果如图 10-6 所示。

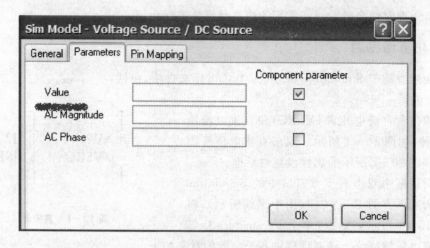

图 10-3　直流电压源幅值设置对话框

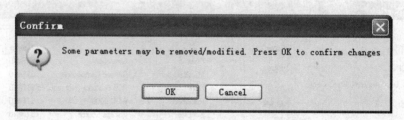

图 10-4　幅值设置提示

Visible	Name	Value	Type
□	Class	Simulation	STRING
□	Manufacturer	Generic Components	STRING
□	Note	PCB Footprint - Not required	STRING
□	Published	8/06/2000	STRING
□	SubClass	Voltage Source	STRING
☑	Value	15V	STRING

图 10-5　设置幅值为"15V"

（2）正弦仿真源

正弦仿真源包含正弦电压源（VSIN）和正弦电流源（ISIN）两种，如图 10-7 所示。双击正弦电压源图标将弹出如图 10-8 所示的正弦电压源的幅值设置对话框。

图 10-6　图纸中显示效果

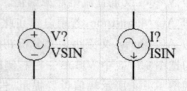

图 10-7　正弦仿真源

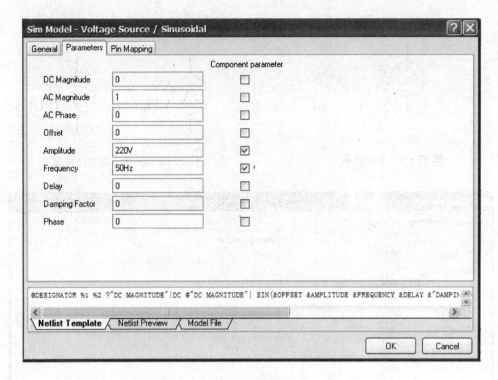

图 10-8 正弦仿真源参数设置对话框

该对话框中各参数的意义如下。

1) DC Magnitude：直流参数，通常该项设置为 0。

2) AC Magnitude：若用户想在此仿真源上进行交流小信号分析，可设置此项，默认值为 1。

3) AC Phase：交流小信号分析初始相位。

4) Offset：正弦电压源的直流偏移量。

5) Amplitude：正弦交流电源的幅值，以 V 为单位。

6) Frequency：正弦交流电源的频率，以 Hz 为单位。

7) Delay：电源起始延时，以 s 为单位。

8) Damping Factor：每秒正弦波幅值上的减少量，设置为正值将使正弦波以指数的形式减少；设置为负值将使幅值增加；设置为 0，将使正弦波幅值不变。

9) Phase：时间为 0 时的正弦波相移。

若想添加该对话框中的相关参数，则应将相应的 Component Parameter 复选框选中，如图 10-8 中所示的"幅值"和"频率"两个参数。如图 10-9 所示为图纸中元器件显示效果。

（3）周期脉冲源

周期脉冲源包含电压脉冲源（VPULSE）和电流脉冲源（IPULSE）两种，如图 10-10 所示。双击电压脉冲源图标将弹出如图 10-11 所示的电压脉冲源的参数设置对话框。

该对话框中各个参数的意义如下。

1) DC Magnitude：直流参数，通常该项设置为 0。

2) AC Magnitude：若用户想在此周期脉冲源上进行交流小信号分析，可设置此项，默认值为1。

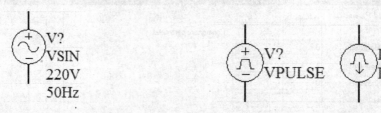

图10-9 显示效果　　　　　　图10-10 周期脉冲源

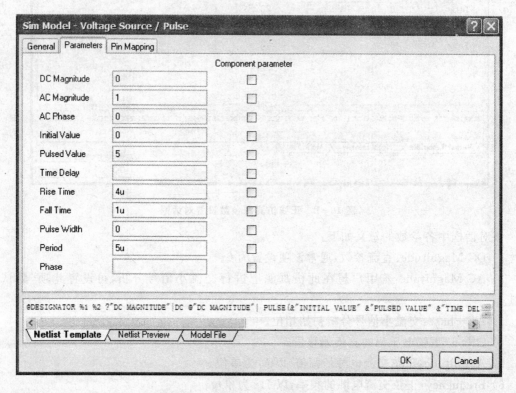

图10-11 电压脉冲源参数设置对话框

3）AC Phase：交流小信号分析初始相位。

4）Initial Value：起始脉冲电压源的幅值，以 V 为单位。

5）Pulsed Value：脉冲的幅值，以 V 为单位。

6）Time Delay：脉冲源从初始状态到激发状态作用的时间。

7）Rise Time：从起始幅值到脉冲幅值的上升时间。

8）Fall Time：从脉冲幅值到起始幅值的下降时间。

9）Pluse Width：脉冲宽度，即激发状态的时间，以 s 为单位。

10）Period：脉冲周期，以 s 为单位。

11）Phase：时间为 0 时的正弦波相移。

常见的仿真激励源还有分段线性源（见图10-12）、指数激励源（见图10-13）、单频调频源（见图10-14）、线性受控源（见图10-15）、非线性受控源（见图10-16）等，相关参数添加和设置方法可参考直流源、正弦仿真源、周期脉冲源操作。

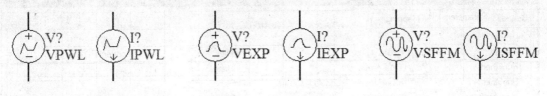

图 10-12 分段线性源   图 10-13 指数激励源   图 10-14 单频调频源

为了给用户提供更方便的仿真操作，Protel DXP 还专门提供了一个仿真信号源工具栏，如图 10-17 所示。

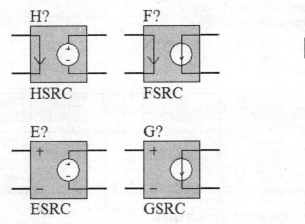

图 10-15 线性受控源

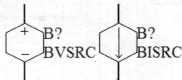

图 10-16 非线性受控源

图 10-17 仿真信号源工具栏

该工具栏提供了±5 V 和±12 V 的电压源，以及多样频率的正弦波和方波信号源。

10.1.2 仿真元器件

仿真元器件位于 Miscellaneous Devices.IntLib 元器件库中。

下面对常用的仿真元器件进行简要的介绍。

（1）电　阻

如图 10-18 所示，第一行从左到右分别为两个定值电阻、半导体电阻和可变值电阻，第二行为热敏电阻和变阻器。双击半导体电阻图标将弹出如图 10-19 所示的半导体电阻的参数设置对话框。

该对话框中各个参数的意义如下。

1）Value：电阻阻值。
2）Length：电阻长度。
3）Width：电阻宽度。

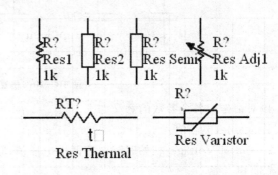

图 10-18 仿真电阻

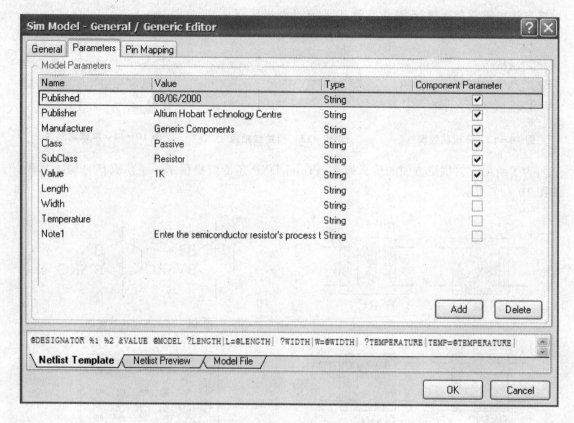

图 10-19　半导体电阻参数设置对话框

4) Temperature：电阻温度系数。

其他电阻的参数设置与此类似，这里就不再赘述。

（2）电　容

如图 10-20 所示，从左到右分别为定值电容、半导体电容、极性电容和可变电容，其中定值电容的参数设置对话框如图 10-21 所示。

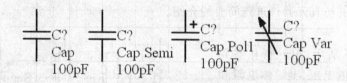

图 10-20　仿真电容

该对话框中各个参数的意义如下。

1) Value：电容值。

2) Initial Voltage：初始时刻电容两端电压值，默认值为 0。

（3）电　感

如图 10-22 所示，从左到右分别为定值电感、可变电感和带铁芯电感。

双击定值电感图标，将弹出如图 10-23 所示定值电感的参数设置对话框，对话框中各个参数的意义如下。

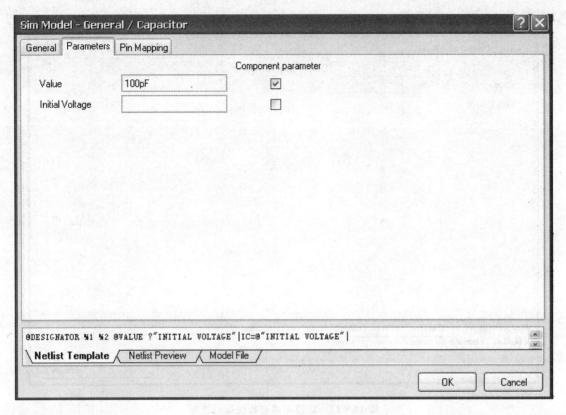

图 10-21　定值电容参数设置对话框

1) Value：电感值。

2) Initial Voltage：初始时刻流过电感两端的电流值，默认值为 0。

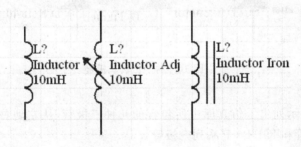

图 10-22　仿真电感

(4) 二极管

如图 10-24 所示列出了仿真库中所包含的几种二极管，从左到右分别是齐纳二极管、变容二极管、隧道二极管、肖特基二极管和发光二极管。

双击二极管，弹出二极管的参数设置对话框，对话框中各参数的意义如下。

1) Area Factor：面积因素。

2) Start Condition：初始参数。

3) Initial Voltage：初始电压，默认值为零。

4) Temperature：元器件工作温度。

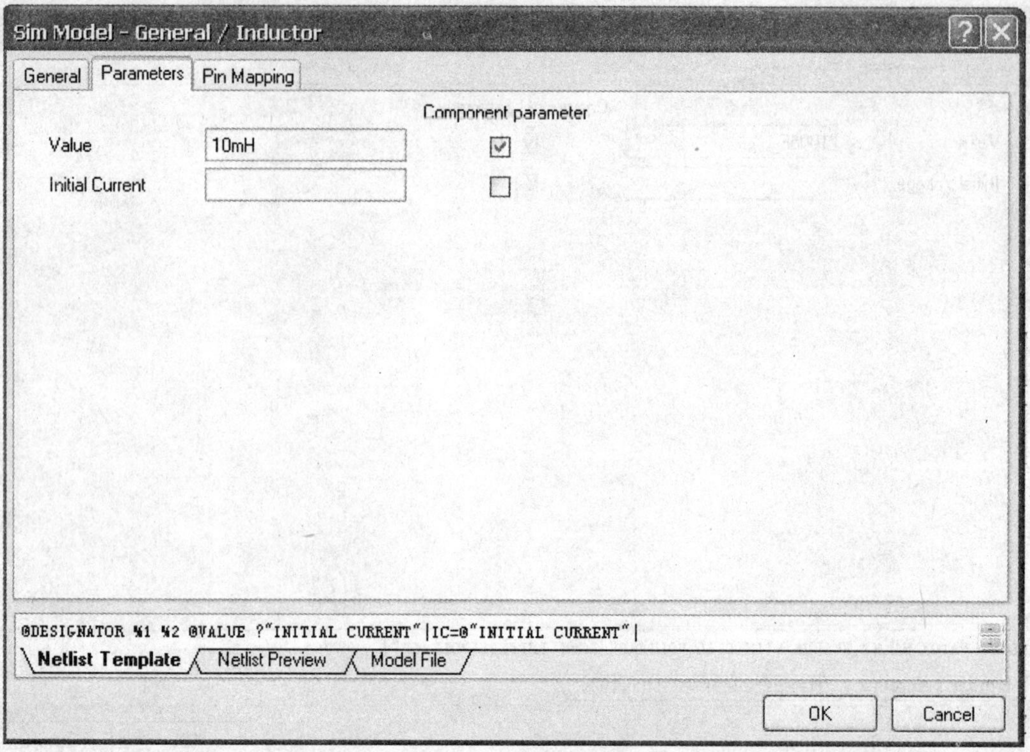

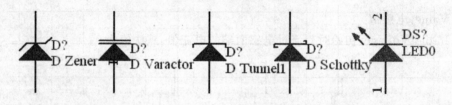

图 10-23　定值电感参数设置对话框

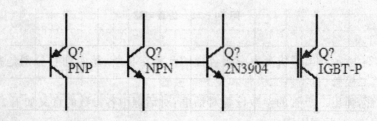

图 10-24　仿真二极管

(5) 三极管

如图 10-25 所示列出了仿真库中所包含的几种三极管,从左到右分别是 PNP 管、NPN 管、2N3904 型三极管和 IGBT-P 系列三极管。

图 10-25　仿真三极管

双击三极管图标,弹出三极管的参数设置对话框,对话框中各参数的意义如下。

1) Area Factor:面积因数。

2) Start Condition:初始参数。

3) Initial B－EVoltage:基极与发射极之间的初始电压。

4) Initial C－EVoltage:基电极与发射极之间的初始电压。

5) Temperature:元器件工作温度。

(6) JFET 结构场效应管

如图 10-26 所示列出了仿真库中所包含的两种 JFET 结型场效应管。

双击结型场效应管图标,弹出结型场效应管的参数设置对话框,对话框中各参数的意义如下。

1) Area Factor:面积因数。

2) Start Condition:初始参数。

3) Initial D－S Voltage:漏极与源极之间的初始电压。

4) Initial G－S Voltage:栅极与源极之间的初始电压。

5) Temperature:元器件工作温度。

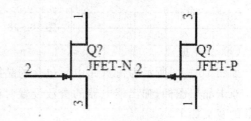

图 10-26　结型场效应管

(7) 继电器

如图 10-27 所示列出了仿真库中所包含的几种继电器。

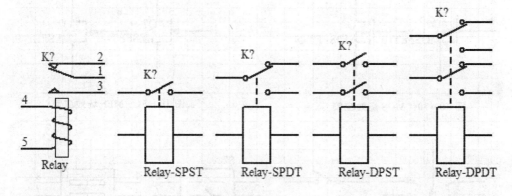

图 10-27　仿真继电器

双击继电器图标,弹出继电器的参数设置对话框,对话框中各参数的意义如下。

1) Pullin:触点引入电压。

2) Dropoff:触点偏离电压。

3) Contar:触点阻抗。

4) Resistance:线圈阻抗。

5) Inductor:线圈电感。

(8) 变压器

如图 10-28 所示列出了仿真库中所包含的几种变压器。

双击变压器图标,弹出晶振的参数设置对话框,对话框中 Ratio 指二次线圈/一次线圈匝数比。

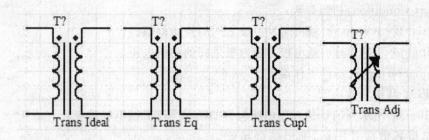

图 10-28 仿真变压器

（9）晶 振

如图 10-29 所示为仿真库中所包含的晶振。

双击晶振图标,弹出继电器的参数设置对话框,对话框中各个参数的意义如下。

1) Freq:晶振频率,默认值为 2.5 MHz。
2) RS:串联阻抗,单位为 Ω。
3) C:等效电容,单位为 F。
4) Q:等效电路的品质因数。

除此以外,常用的仿真元器件如图 10-30～图 10-32 所示。

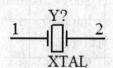

图 10-29 晶 振

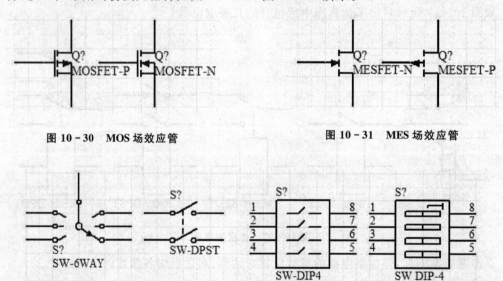

图 10-30 MOS 场效应管　　　　图 10-31 MES 场效应管

图 10-32 开 关

10.1.3 仿真专用函数元器件

仿真专用函数元器件在 Simulation Special Function.IntLib 库。Simulation Special Function.IntLib 仿真函数元器件库专门为信号仿真提供必要的运算函数,如加、减、乘、除、增益和压控振荡等专用元器件。

10.1.4 仿真数学函数元器件

仿真数学函数元器件在 Simulation Math Function.IntLib 库。Simulation Math Function.IntLib 仿真数学函数元器件库中主要是一些仿真数学元器件及二端口数学转换函数,其中并不包括真实的元器件,但包括便于仿真计算的特殊元器件,如正弦函数、余弦函数、反正弦函数、反余弦函数、绝对值、开方、加、减、乘、除及指数、对数函数等。

10.2 仿真器的设置

10.2.1 仿真器设置对话框

在进行仿真之前,用户应知道对电路进行何种分析,要收集哪些数据以及仿真完成后自动显示哪个变量的波形等。因此,应对仿真器进行相应设置。执行 Design|Simulate|Mixed Sim 命令,将弹出如图 10-33 所示的对话框。

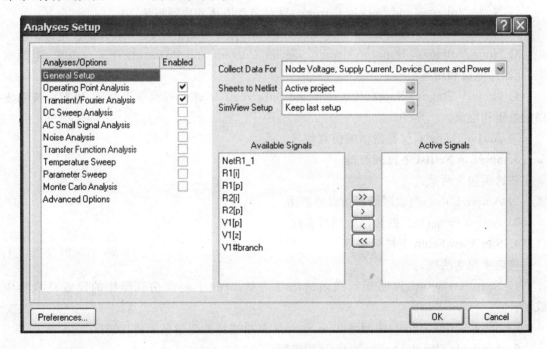

图 10-33 仿真器设置对话框

该对话框主要包含以下几部分。

1. Analyses/Options 栏

1) General Setup:勾选该项可以用来设置对话框右侧各种仿真方式的公共参数。
2) Operating Point Analysis:工作分析点方式。
3) Transient/Fourier Analysis:暂态特性/傅里叶分析方式。
4) DC Sweep Analysis:直流扫描分析方式。
5) AC Small Signal:交流小信号分析方式。

6) Noise Analysis：噪声分析方式。

7) Transfer Function Analysis：传输函数分析方式。

8) Temperature Sweep：温度扫描分析方式。

9) Parameter Sweep：参数扫描分析方式。

10) Monte Carlo Analysis：蒙特卡洛分析方式。

2. Collect Data For 下拉列表框

其下拉菜单如图 10-34 所示。

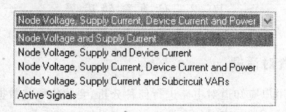

图 10-34 节点数据选择界面

1) Node Voltages and Supply Current：保存节点电压和电源电流。

2) Node Voltages，Supply and Device Current：保存节点电压、电源和元器件电流。

3) Node Voltages，Supply Current，Device Current and Power：保存节点电压、电源电流、元器件电流和功率。

4) Node Voltages，Supply Current and Subcircuit VARs：保存节点电压、电源电流和支路的电压和电流。

5) Active Signals：保存激活的仿真信号。

3. Sheet to Netlist 下拉列表框

该选项包含两项。

1) Active Sheet：当前激活的仿真原理图。

2) Active Project：当前激活的项目文件。

4. Sim View Setup 下拉列表框

该选项包含两项。

1) Keep last setup：忽略当前激活的信号菜单，只按上一次仿真操作的设置显示相应波形。

2) Show active signal：按照 Active Signals 菜单选择的变量显示仿真结果。

5. Available Signals|Active Signals 列表框

Available Signals 列表框中列出了所有可以仿真输出的变量，Active Signals 列表框中列出了当前需要显示的仿真变量。单击 >> 按钮和 << 按钮，可移入、移出所有变量；单击 > 按钮和 < 按钮，可移入、移出所选变量，如图 10-35 所示。

6. Advanced Option 选项

若单击界面左侧最后一个选项 Advanced Option，该选项将弹出如图 10-36 所示的对话框。

图 10-36 所示对话框主要用来设置各种默认设置值，包括各种元器件的默认参数及仿真方式设置中的参数。其中，VCC 为默认的 TTL 集成电路芯片的电源，默认大小为 5V；VDD

为默认的 COMOS 集成电路芯片的电源,默认大小为 15 V。该区域中参数通常取默认值即可。

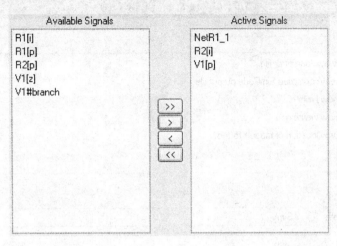

图 10-35　信号选择列表

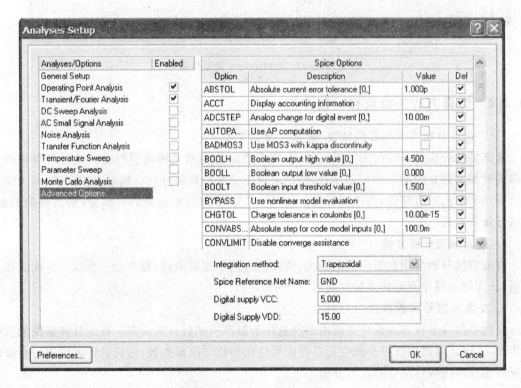

图 10-36　高级选项设置界面

7. Preferences 选项

若单击图 10-36 左下角的 Preferences 按钮,将弹出如图 10-37 所示对话框。

该对话框提供给用户自由选择是否总是加载错误文件、是否创建编译好的仿真输出文件、是否显示提示框、是否显示警告框及是否显示仿真元器件在图纸中的具体坐标位置。该界面的下方还显示了相关路径及目录。建议用户勾选带有自动查错及相关提示作用的选项,提高仿真操作效率。

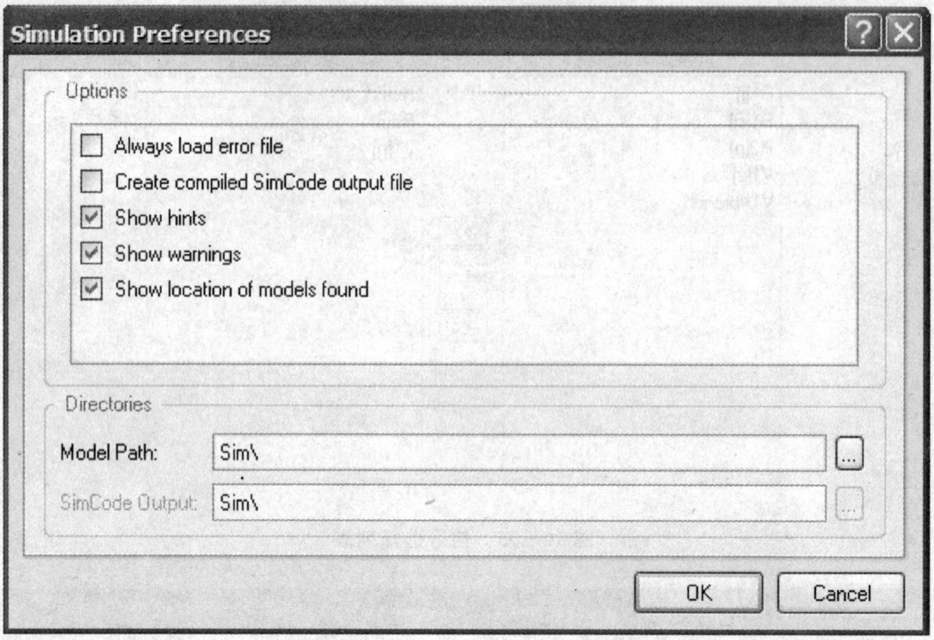

图 10 - 37 Preferences 设置界面

10.2.2 仿真方式的特点和设置方法

1. 工作点分析方式与暂态特性/傅里叶分析方式

暂态特性分析是从时间为 0 时开始,在用户规定的时间范围内进行的。设计者可以规定输出的初始与终止时间和分析的步长,初始值可由直流分析部分自动确定,所有与时间无关的激励源均取它们的直流值;傅里叶分析方式只计算了暂态分析结果的一部分,从而得到基频、直流分量和谐波。

2. 直流扫描分析方式

直流扫描分析是指在指定的范围内,改变输入信号源的电压,每变化一次执行一次工作点分析,从而得到输出直流传输特性曲线。

3. 交流小信号分析方式

交流小信号分析方式是将交流输出变量作为频率的函数计算出来。首先计算电路的直流工作点,来决定电路中所有非线性元器件的线性化小信号模型参数,然后设计者可以在指定的频率范围内对该线性化电路进行分析。

4. 噪声分析方式的设置

由于电路中电阻与半导体元器件之间杂散电容和寄生电容的存在,就会产生信号噪声。每个元器件的噪声源在交流小信号分析的每个频率计算出相应的噪声,并传送到一个输出节点,所有该节点的噪声进行均方根相加,就是指定输出端的等效输出噪声。

5. 温度扫描分析方式设置

温度扫描分析是和交流小信号分析、直流扫描分析及暂态特性分析中的一种或几种相关

第 10 章　DXP仿真功能

联的。该设置规定了在什么温度下进行模拟。

6. 参数扫描分析设置

参数扫描分析允许设计者自定义增幅以扫描元器件的值,通过该项设置可以改变基本的元器件和模式,但不改变电路的数据。

7. 蒙特卡罗分析方式设置

蒙特卡罗分析方式使用随机数发生器按元器件值的概率分布来选择元器件,然后对电路进行仿真分析。它可以在元器件模型参数赋予的容差范围内进行各种复杂的分析,包括直流扫描分析、交流小信号分析及暂态特性分析。这些分析结果可以用来预测电路产生时的成品率和成本等。

8. 传递函数分析方式设置

传递函数分析主要用于计算直流输入阻抗、输出阻抗及直流增益。

仿真用原理图必须包含所有仿真所必须的信息。通常为使仿真可靠运行,应遵守如下规则。

1) 原理图所用的元器件必须具有 Simulation 属性。
2) 必须有适当的信号源,以驱动需要仿真的电路。
3) 在需要观测的节点上必须添加网络符号。
4) 应根据具体的电路要求设置相应的仿真方式。例如,观测仿真电路中某个节点的电压波形及其相位,应选择瞬态特性分析方式。
5) 有时还需要设置电路的初始状态。

10.3　仿真实例

10.3.1　并联电路

1. 绘制原理图

利用前面所学绘图知识,绘出如图 10-38 所示简单并联电路图。

提示: 直流电源在 Simulation Sources.IntLib 库文件中,电阻在 Miscellaneous Devices.IntLib 元器件库中。

2. 仿真设置

单击 Design | Simulation | Mixed 命令,弹出如图 10-39 所示对话框,选择 Operating Point Analysis(工作点分析方式)和 Transient/Fourier Analysis(暂态/傅里叶分析方式);选择 R1[i]和 R2[i]两电流参数为仿真参数。

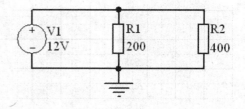

图 10-38　简单并联电路图

提示: 仿真中可充分利用系统提供的相关仿真变量,不用每次都使用网络标号 对相关元器件或节点进行仿真标识。

3. 仿真结果

仿真波形如图 10-40 所示,工作点分析结果如图 10-41 所示。

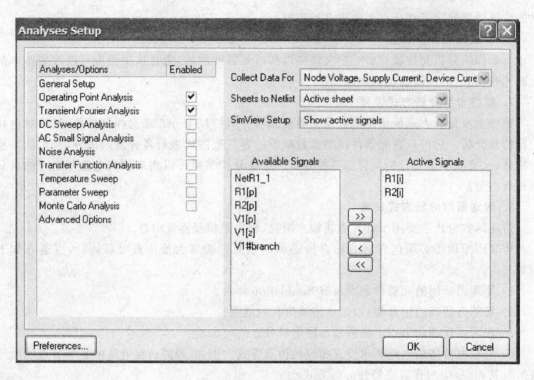

图 10-39 设置对话框

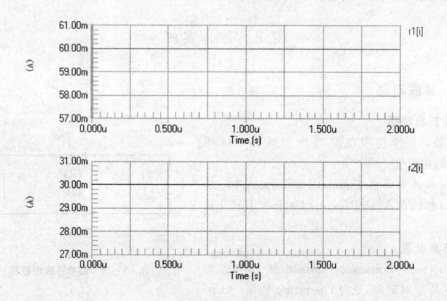

图 10-40 仿真波形

注意：Protel DXP 的仿真电路必须进行接地，即在合适位置绘出 ⏚ 符号。如果仿真电路没有接地符号，则会在执行 Design|Simulation|Mixed 时弹出如图 10-42 所示的出错报告，报

r1[i]　　　　　　60.00mA
r2[i]　　　　　　30.00mA

图 10-41 工作点分析结果

告指出"GND 接地不在原理图中"。

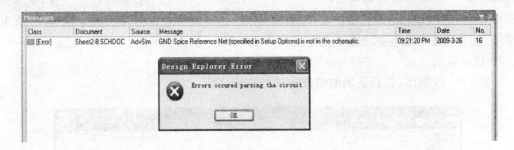

图 10-42　接地提示

10.3.2　二极管与门电路

在数字电子电路中常利用二极管的开关特性构成各种逻辑运算电路。图 10-43 所示为二极管与门电路,其功能是当 V1、V2 端均为高电压输入时,输出端 OUT 才有高电压,否则输出为低电压。

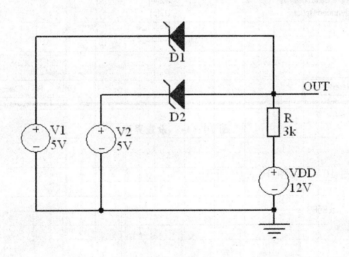

图 10-43　二极管与门电路

理论分析过程：

如果 V1＝V2＝0 V,则二极管 D1、D2 均为正向偏置而导通,所以输出电压 OUT≈V1＝V2＝0 V,为低电压输出。

如果 V1＝0 V,V2＝5 V,虽然刚接通 V1、V2 时,D1、D2 均为正向偏置而有可能导通,但由于 D1 导通后,将使 OUT 点电位下降为 0 V,迫使 D2 反偏而截止。所以这时 D1 导通、D2 截止,输出电压 OUT＝0 V。

当 V1＝5 V,V2＝0 V 时,D1 截止,D2 导通,输出电压 OUT＝0 V。

当 V1＝V2＝5 V 时,D1、D2 均为正偏而导通,输出高电压,即 OUT＝5 V。

现利用 Protel DXP 的仿真功能对该图进行验证。

1. 绘制原理图

关于图 10-43 的绘制有以下两点说明：① 因元器件库中没有提供理想二极管，故本原理图中用 Zener（齐纳二极管）代替。② 因系统提供的仿真变量中没有相关的电压选项，故本例中使用 Net 命令在电阻 R 的上端添加了仿真参数 OUT。

2. 仿真设置

如图 10-44 所示，选择正确的仿真方式与输出信号。

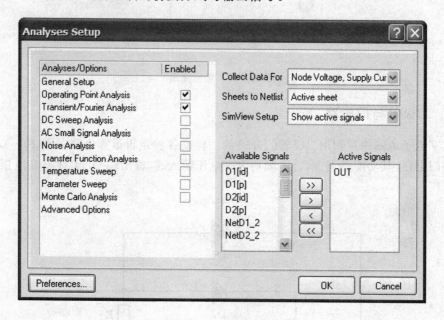

图 10-44　设置界面

3. 仿真结果

仿真结果如图 10-45、图 10-46 所示。

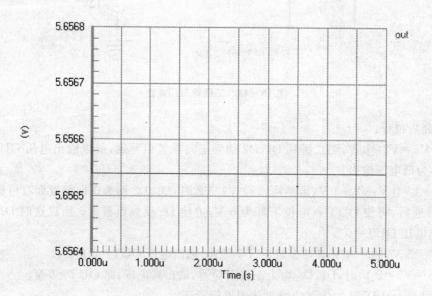

图 10-45　暂态仿真结果（高电平）

现将 V1 的电压值改为 0V,如图 10-47 所示。再次仿真,结果如图 10-48 和图 10-49 所示。

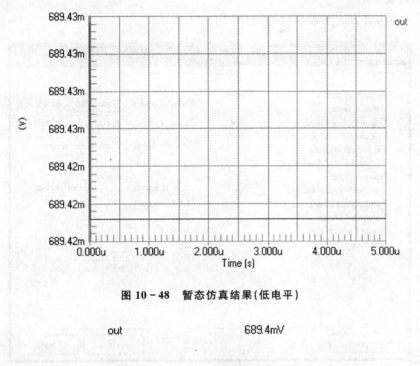

图 10-46　工作点仿真结果(高电平)　　　　　图 10-47　改变 V1 电压

图 10-48　暂态仿真结果(低电平)

图 10-49　工作点仿真结果(低电平)

说明: 若图 10-43 中采用理想二极管,高电平结果应该为 5 V(与 V1、V2 相等);低电平结果应为 0 V(理想开关型二极管认为是零压降)。而图 10-43 中采用齐纳二极管是具有一定压降的,所以高电平值为 5.657 V,低电平值为 689.4 mV。

10.3.3　稳压二极管

稳压二极管是一种特殊的二极管,它的正向特性曲线与普通二极管相似,而反向击穿特性曲线很陡。正常情况下稳压二极管工作在击穿区,由于曲线很陡,反向电流在很大范围内变化时,端电压变化很小,因而具有稳压作用。现利用齐纳二极管作为稳压二极管组成一个简单的稳压电路进行仿真验证。

1. 绘制原理图

设置直流电压值为 10.2 V,并用 Net 命令标识出仿真参数 Uo。

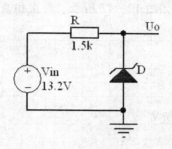

图 10-50 稳压二极管仿真原理图

2. 仿真设置

选择正确的仿真方式与输出信号,如图 10-51 所示。

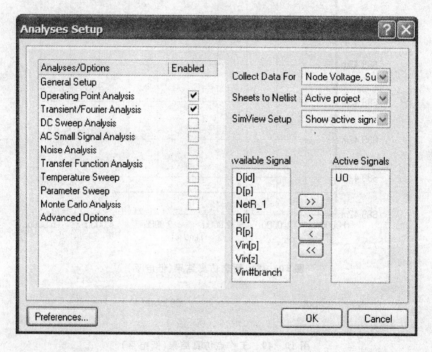

图 10-51 设置界面

3. 仿真结果

仿真结果如图 10-52 所示。

当将输入电源电压改为 15 V 和 18 V 时,仿真得到的 U_o 工作点电压如图 10-53 所示。

图 10-52 仿真结果   图 10-53 工作点电压

由仿真结果可知,由于稳压二极管的稳压作用,当电源电压由 10.2 V 增加到 18 V 的过程中,输出端 Uo 电压保持稳定,增幅仅为 0.02 V。

10.3.4 晶体管输出特性

1. 绘制原理图

绘制原理图,如图 10-54 所示。

电路中元器件的设置如图 10-55 所示,Ib 为直流电流源,初始值为 0 V,Vce 为直流电压源,最大值为 5 V。

2. 仿真参数设置

如图 10-56 所示,在基本设置 General Setup 中选择系统提供的仿真参数 Q1[ic] 为仿真对象;在图 10-57 所示的直流扫描分析方式 DC Sweep Analysis 中选择 Vce 为主电源,初始电压为 0 V,终止电压为

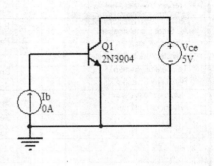

图 10-54 晶体管仿真原理图

3 V,扫描步长为 1 mV;选择 Ib 为辅助电源选项,初始值为 0 A,终止值为 1 mA,步长为 200 μA。

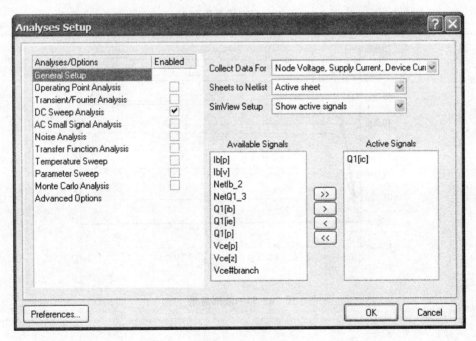

图 10-55 设置界面 1

3. 仿真结果

仿真结果如图 10-57 所示。

从该输出波形可以看出,各条特性曲线的形状基本一致,在 Vce 超过某一数值后,曲线变得比较平坦。

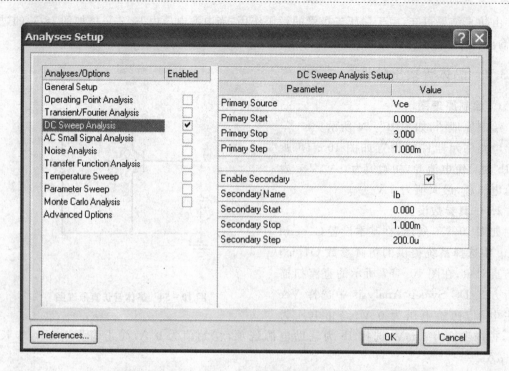

图 10-56 设置界面 2

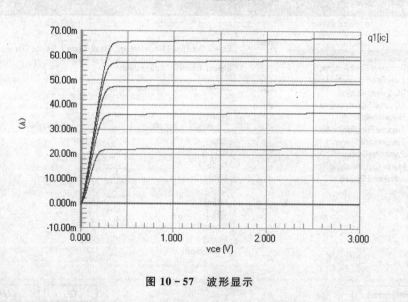

图 10-57 波形显示

10.4 绘制仿真原理图

1. 绘制原理图

绘制原理图,如图 10-58 所示。

图 10-58 添加出了三个网络标号 A、B 和 OUT。A、B 用来检测桥路与电源相连的两个端口电压波形;OUT 用来监测输出端的电压波形。

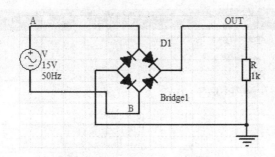

图 10-58　整流电桥仿真原理图

2. 仿真设置

选择正确的仿真方式与输出信号,如图 10-59 所示。

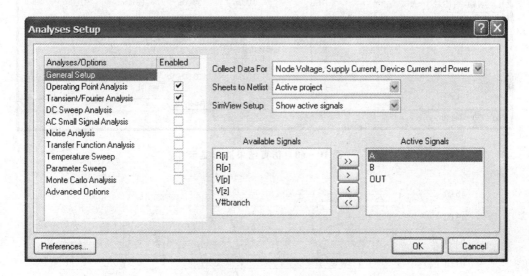

图 10-59　设置界面

3. 输出波形

输出的波形如图 10-60 所示。通过仿真波形可以看出,电桥与电源正极相连的 A 端,波形为间隔的半周期正弦波(前半周期),而与电源负极相连的 B 端,波形也为间隔的半周期正弦波(后半周期)。将两端点波形放到同一幅波形图中进行比较很容易发现,两端点波形的组合与 OUT 输出端波形一致。组合后波形的效果如图 10-61 所示。

图 10-61 中,a 点电压波形用红色显示,b 点电压波形用紫色显示。将两观测点波形放到同一幅图中比较的操作步骤为:

1) 左键单击图中的 a 点电压波形,波形左侧会出现如图 10-62 所示的箭头提示符号,表示此时 a 点电压波形为当前激活波形。

2) 双击图左侧仿真信号列表中的 b,b 点电压波形就会显示在 a 点电压波形图中,如图 10-61 所示。

由本例可以看出,Protel DXP 的仿真波形可以很方便地实现多个波形的比较。

Protel DXP 电路设计与制板(第 2 版)

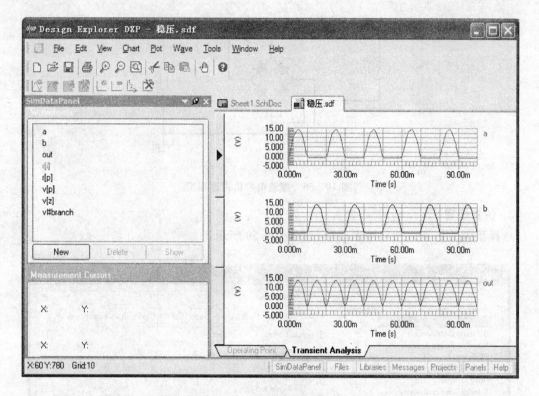

图 10-60　仿真结果波形显示

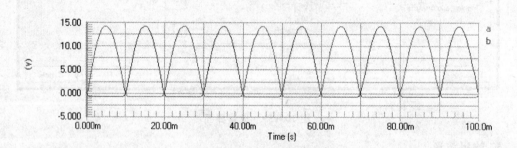

图 10-61　组合波形图

图 10-62　箭头提示

10.5 仿真图形分析与处理

Protel DXP 提供了功能丰富的仿真图形后期分析与处理命令。现以图 10-60 为例进行讲解。

10.5.1 增加波形图

1. 增加波形图的操作

在波形显示区域右击,选择命令 Add Plot,如图 10-63 所示。

将会出现如图 10-64 所示的 Plot Wizard(波形设置向导)。

图 10-63 选择界面

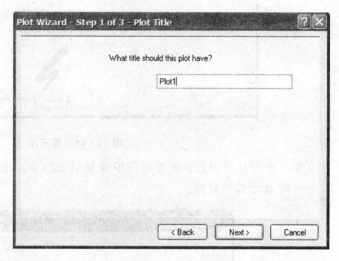

图 10-64 第一步

1) 第一步,在图 10-64 中输入波形图名称(如 Plot1),然后单击 Next 按钮,进入第二步,如图 10-65 所示。

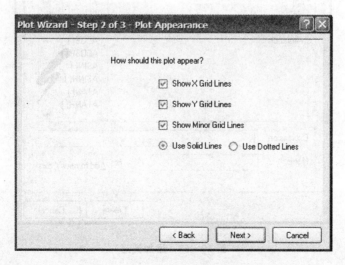

图 10-65 第二步

2) 第二步是提供给用户选择是否在新波形图中显示 X 轴分格线、Y 轴分格线、坐标轴细分线以及相关线型为实线还是点线。选择好后，单击 Next 进入第三步，如图 10-66 所示。

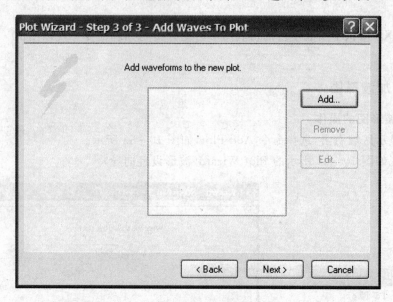

图 10-66　第三步

3) 第三步是让用户选择新波形图中需要添加的 waveforms(波形)，单击 Add 按钮，出现如图 10-67 所示选择界面。

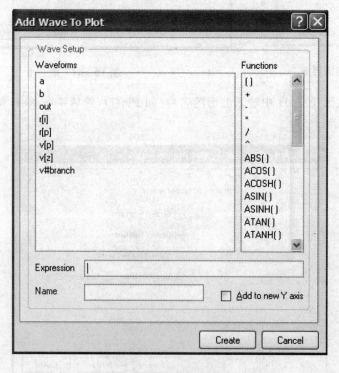

图 10-67　添加波形

在该选择界面的左侧列出了该仿真图所有的可显示波形,如 a,b,OUT,r[i]等。右侧列出了相关的波形处理函数,如加(+),减(-),乘(*),除(/),幂(^),绝对值(ABS( )),正弦(sin( )),余弦(COS( )),反余弦(ACOS( )),整型(INT( )),布尔型(BOOL( ))等。界面下方的 Expression 显示栏将跟踪显示用户所选波形及所选函数。Name 栏可以输入用户自定义的波形名称(区别于波形图名称,并可以在右侧的复选框中选择是否将自定义名称添加到 Y 轴上。

现以一实例演示相关操作过程。

1) 在图 10-67 中按顺序分别单击 a、函数区中的 "+"、b,则 Expression 栏的显示结果如图 10-68 所示。

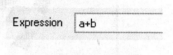

图 10-68 波形函数

2) 在图 10-69 所示的 Name 栏中输入 Two 作为叠加波形的自定义名称,并将右侧的复选框选中。

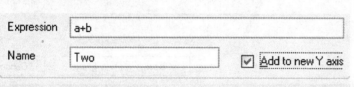

图 10-69 波形名称

3) 单击 Create 按钮,出现如图 10-70 所示界面。

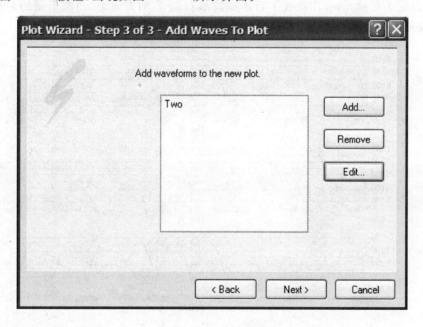

图 10-70 创建波形

① 在图 10-70 中,可以看到刚添加的波形 Two。单击 Next 按钮,出现如图 10-71 所示的完成界面。

图 10-71 所示界面告诉用户添加波形图向导已经有了足够信息完成新波形图的创建,并提示用户单击 Finish 按钮结束向导。

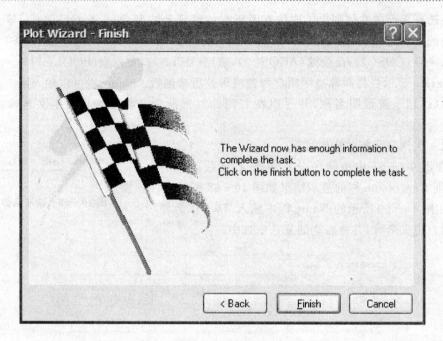

图 10-71 创建成功

② 新添加的波形图将和已有波形图一起出现在波形图区域,如图 10-72 所示。从图中可以看出,自定义名称 Two 出现在了新添加波形右侧 Y 轴方向上,而波形图的名称 Plot1 出现在了新波形图的正上方。

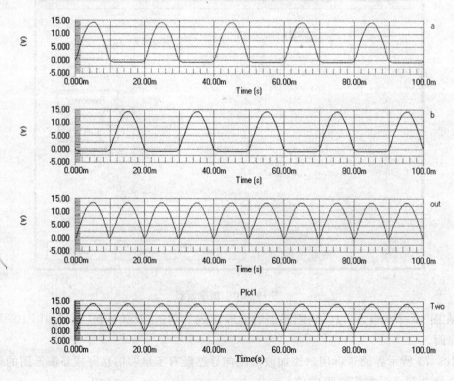

图 10-72 波形显示

2. 在波形图中添加新波形

现以在 a 点电压波形图中添加 b 点电压波形为例,介绍相关的添加波形操作。

1) 单击 a 点电压波形图(波形图左侧会出现黑色三角形提示),在波形显示区域右击,选择命令 Add Wave To Plot(见图 10-73),将会出现如图 10-74 所示波形添加界面。

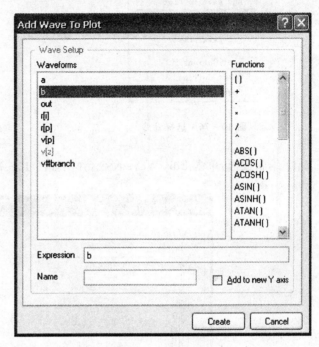

图 10-73 选择命令　　　　　　图 10-74 选择波形

2) 单击选中 b 点波形,单击 Create 按钮。添加后 a 点电压波形图将显示图 10-75 所示波形。

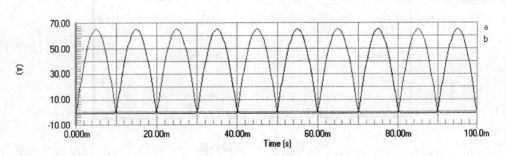

图 10-75 波形显示

可以看出,新添加的 b 点波形名称也出现在了波形图右侧 Y 轴方向上。通过对图 10-75 与图 10-61 进行比较可以看出,添加波形和两波形叠加并不是等效操作,应加以区别。

10.5.2　操作波形图

以图 10-72 为例。单击选中该图(左侧出现黑色三角型提示),在该图波形区右击,选择 Delete Plot 命令(见图 10-76),则可将该波形图删除。

以波形图 10-72 中的 b 点波形为例,右击波形图右侧 Y 轴上的电压 b(B 点电压波形名称),出现如图 10-77 所示界面。

图 10-76　选择命令

图 10-77　右键命令

1) 编辑波形:单击 Edit Wave 命令,弹出如图 10-78 所示编辑界面。

图 10-78　编辑界面

用户可在该对话框中进行更换波形、函数处理及自定义波形名称等操作。将 b 点电压波形更换为 r[p](电阻功率)波形后的新波形图如图 10-79 所示。

2) 移除波形:如果选择右键命令中的 Remove Wave,则可将该波形从波形图中移除。

3) 格式化波形:如果选择右键命令中的 Format Wave,则会弹出图 10-80 所示波形格式化对话框。

该对话框可以修改波形名称、单位及波形颜色。将 Color 改为绿色后的波形显示效果如图 10-81 所示。

第10章 DXP仿真功能

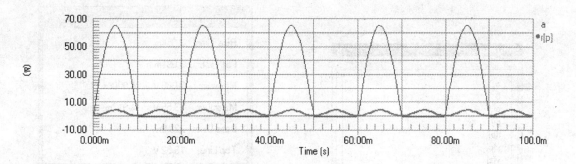

图10-79 波形显示

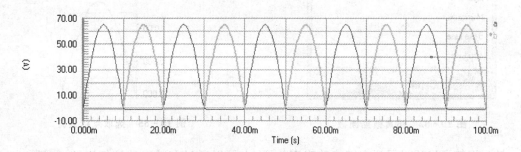

图10-80 格式化

图10-81 波形显示效果

4) 测量波形：单击图形区右下角标签 SimDataPanel，出现如图10-82所示仿真数据面板。

该面板由三个区组成，从上而下分别是 waveforms（仿真波形选择区）、Measurement Cursors（波形选取点比较区）和 Waveform Measurements（波形测量区）。右击输出端 OUT 电压波形名称 out，则波形测量区会出现如图10-83所示相关波形测量数据。

测量数据包含：波形上升时间、下降时间、最小值坐标、最大值坐标、Y轴基线和顶线。

5) 波形选取点比较。首先选择将要进行比较的两个选取点。右击 A 点电压波形名称 a，选择"Cursor A"，如图10-84所示。

此时，在 A 点电压波形的最左侧会出现如图10-85所示的选取点标识符。

217

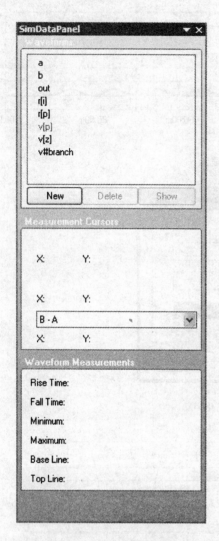

图 10-82 仿真数据面板

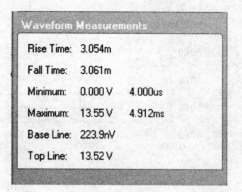

图 10-83 波形测量数据

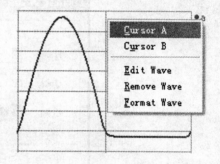

图 10-84 命令选择

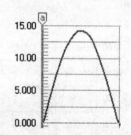

图 10-85 选取点标识符

该标识符可以通过鼠标左键拖动改变位置,也可以通过右键取消该标识符,如图 10-86 所示。

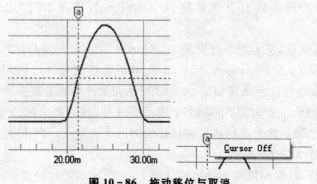

图 10-86 拖动移位与取消

在移动标识符的过程中,面板 SimDataPanel 的波形选取点比较区第一个选取点坐标跟踪显示选取点标识符的当前位置,如图 10-87 所示。

同理,选取 out 波形中某一点作为第二选取点,如图 10-88 所示。

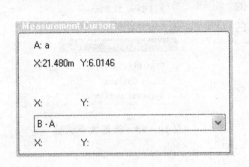

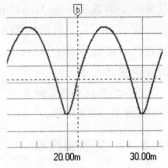

图 10-87　标识符坐标　　　　　　　　　　图 10-88　第二选取点

选择两选取点的比较方式为 B-A,比较结果如图 10-89 所示。

图 10-89 中清楚列出:第一选取点 A 来自波形 a,第二选取点 B 来自波形 out,比较方式为 B-A,比较结果为两选取点时间相差 29.28 μs,电压相差 577.8 mV。注意:选取点的比较方式共有 7 种,包括相减,两选取点间最大值、最小值、平均值,交流有效值,有效值以及频率值。第一种相减方式中两选取点可以在同一个波形也可在不同波形;后六种比较方式要求两选取点在同一波形中,相关内容如图 10-90、图 10-91、图 10-92 所示。

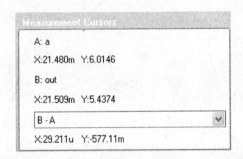
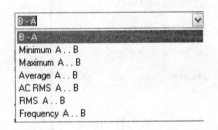

图 10-89　两点比较　　　　　　　　　　　图 10-90　比较方式

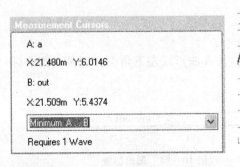
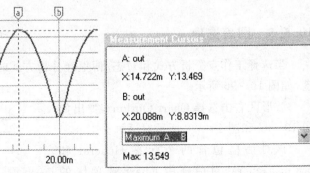

图 10-91　要求选取点在一个波形中　　　　图 10-92　实例显示

10.5.3 波形大小调整

与原理图图纸大小缩放操作类似,仿真波形也可以通过小键盘中 PageUp、PageDown 以及工具栏中的 🔍🔍 命令或 View 菜单的缩放命令来实现对波形图的缩放。右键命令 Fit Waveforms 可以将波形图还原到初始位置和大小。

注:工具栏和 View 菜单中也有 Fit Waveforms 命令,如图 10-93 所示。

图 10-93 波形大小调整

10.5.4 波形图选项

选中某波形图,右击选择 Plot Options 命令,会弹出如图 10-94 所示对话框。

用户可以在该对话框中输入波形图名称,选择是否显示 X 轴分格线、Y 轴分格线、坐标轴细分线,以及线型为实线还是点线。选择波形 a 所在波形图,在图 10-94 所示对话框中输入名称 IN,取消 X、Y 坐标轴分格显示,显示效果如图 10-95 所示。

图 10-94 波形图选项

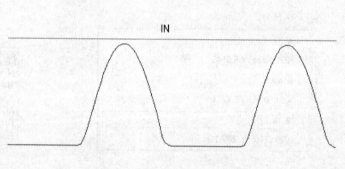

图 10-95 波形图名称显示

10.5.5 图表选项

当选择工作点分析方式和暂态/傅里叶分析方式时,仿真波形区左下角会出现两个图表标签,如图 10-96 所示。

波形区右击选择 Chart Options,弹出如图 10-97 和图 10-98 所示对话框。

该对话框包含两个标签 General 和 Scale。General 对话框中 Chart 选项区的

图 10-96 图表标签

Name 栏是图表标签名称栏,默认值为 Transient Analysis(暂态分析)。Title 栏是整个仿真波形图表的名称栏,如果在此栏输入名称,它将显示在整个波形区最顶端的中部。X Axis 选项

区显示了 X 轴的名称及单位。

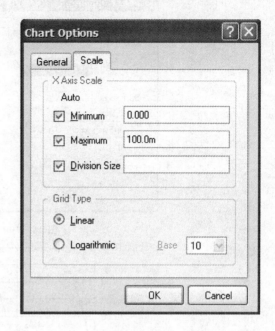

图 10-97　图表一般选项　　　　图 10-98　图表区域选项

Scale 对话框的 X Axis Scale 选项区显示了 X 轴的坐标最小值、最大值以及分格大小。Grid Type 选项区则显示了波形为线性(Linear)还是对数型(Logarithmic),对数型还可选择底数为 2 或是 10。将波形改为底数为 2 的对数型后效果如图 10-99 所示。

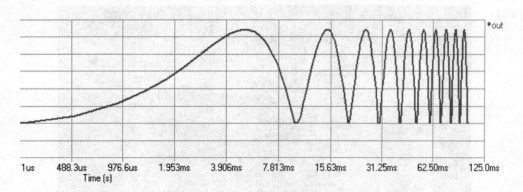

图 10-99　底数为 2 对数型显示

10.5.6　文件选项

波形区右击选择最后一个命令 Document Options,弹出如图 10-100 所示对话框。
用户可在该界面中完成下列操作:
1) 可在该对话框中选择波形图网格颜色(Grid),如图 10-101 所示。
2) 单击 Swap Foreground/Background 按钮交换波形图前景与背景颜色,如图 10-102 所示。

221

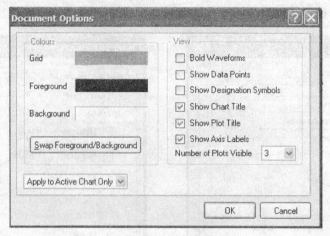

图 10-100 文件选项

图 10-101 蓝色网格

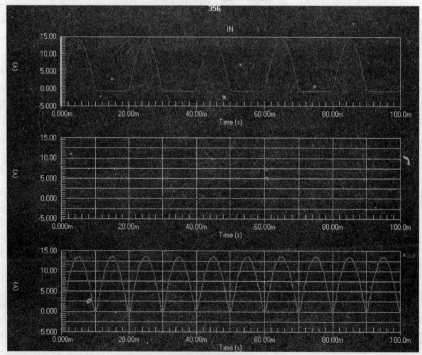

图 10-102 背景颜色换为黑色

3) 选择图 10-103 中相关设置的应用范围：当前图表，全部文件或者将其保存为默认形式。

4) 可以选择是否粗体显示波形，是否显示数据采集点，是否显示指定符号，是否显示图表标题，是否显示波形标题，是否显示坐标轴名称以及本张图表内可以显示多少个波形，如图 10-104 所示。

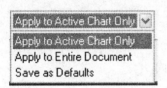

图 10-103　应用范围

图 10-104　显示数据采集点

10.6　本章小结

本章主要介绍了 Protel DXP 仿真特点、常用仿真元器件简介、仿真器设置、常见电路仿真实例及仿真图形分析与处理。其中，详细介绍了波形的添加、删除、编辑、格式化、测量、比较、大小调整，波形图、图表以及相关文件选项设置等。通过本章的学习，读者可以利用 Protel DXP 的仿真功能对自己所设计的电路图进行相关仿真分析，如交流小信号仿真、瞬态特性分析、蒙特卡罗分析、参数扫描分析等，并且可以利用相关的仿真图形处理工具得到自己满意的仿真图形。

10.7　上机练习

1) 选择自己学过或熟悉的电路图，按照本章所讲述的仿真流程进行仿真练习，特别是仿真参数设置、波形显示以及波形后期处理。

2) 结合自己所学电路知识设计一款能产生正弦波、方波以及三角波的函数发生器，利用 Protel DXP 画出电路图并进行相关波形仿真。

10.8　习　题

1) Protel DXP 仿真有何特点？
2) 仿真电路中，网络标号有何作用？
3) 仿真器设置流程？
4) 常用的仿真图形处理方法？

第 11 章 利用 DXP 进行信号完整性分析

教学提示：本章主要介绍了 Protel DXP 进行信号完整性分析的方法和步骤。通过本章的学习，读者可以掌握信号完整性分析的基本概念和基本处理技巧，为高速 PCB 设计打下坚实的基础。

教学目标：通过本章的学习，学生应达到以下要求：
1) 了解信号完整性分析的概念；
2) 了解信号完整性分析的常见解决方法；
3) 掌握利用 DXP 进行信号完整性分析的方法。

11.1 信号完整性简介

信号完整性（signal integrity，简称 SI）是指在信号线上传输的信号质量。差的信号完整性不是由某一单一因素导致的，而是由板级设计中多种因素共同引起的。主要的信号完整性问题包括反射、振铃、地弹和串扰等。

源端与负载端阻抗不匹配会引起线上反射，负载将一部分电压反射回源端。如果负载阻抗小于源阻抗，反射电压为负，反之，如果负载阻抗大于源阻抗，反射电压为正。布线的几何形状、不正确的线端接、经过连接器的传输及电源平面的不连续等因素的变化均会导致此类反射。

信号的振铃（ringing）和环绕振荡（rounding）由线上过度的电感和电容引起，振铃属于欠阻尼状态而环绕振荡属于过阻尼状态。信号完整性问题通常发生在周期信号中，如时钟等，振铃和环绕振荡同反射一样也是由多种因素引起的，振铃可以通过适当的端接予以减小，但是不可能完全消除。

在电路中有大的电流涌动时会引起地弹，如大量芯片的输出同时开启时，将有一个较大的瞬态电流在芯片与板的电源平面流过，芯片封装与电源平面的电感和电阻会引发电源噪声，这样会在真正的地平面（0 V）上产生电压的波动和变化，这个噪声会影响其他元器件的动作。负载电容的增大、负载电阻的减小、地电感的增大、同时开关器件数目的增加均会导致地弹的增大。

振铃和地弹都属于信号完整性问题中单信号线的现象（伴有地平面回路）。串扰则是由同一 PCB 上的两条信号线与地平面引起的，故也称为三线系统。串扰是两条信号线之间的耦合，信号线之间的互感和互容引起线上的噪声。容性耦合引发耦合电流，而感性耦合引发耦合电压。PCB 板层的参数、信号线间距、驱动端和接收端的电气特性及线端接方式对串扰都有一定的影响。表 11.1 列出了高速电路中常见的信号完整性问题与可能引起该信号完整性的原因，并给出了相应的解决方案。

在一个已有的 PCB 上分析和发现信号完整性问题是一件非常困难的事情，即使找到了问题，在一个已成形的板上实施有效的解决办法也会花费大量时间和费用。因此期望能够在物理设计完成之前查找、发现并在电路设计过程中消除或减小信号完整性问题，这就是 EDA 工具需要完成的任务。先进的 EDA 信号完整性工具可以仿真实际物理设计中的各种参数，对电路中的信号完整性问题进行深入细致的分析。

表 11.1 常见信号完整性(SI)问题及解决方法

问　　题	可能原因	解决方法	变更的解决方法
过大的上冲	终端阻抗不匹配	终端端接	使用上升时间缓慢的驱动源
直流电压电平不好	线上负载过大	以交流负载替换直流负载	使用能提供更大驱动电流的驱动源
过大的串扰	线间耦合过大	使用上升时间缓慢的主动驱动源	在被动接收端端接，重新布线或检查地平面
传播时间过长	传输线距离太长，没有开关动作	替换或重新布线，检查串行端接	使用阻抗匹配的验动源，变更布线策略

新一代的 EDA 信号完整性工具主要包括布线前/布线后 SI 分析工具和系统级 SI 工具等。使用布线前 SI 分析工具可以根据设计对信号完整性与时序的要求在布线前帮助设计者选择元器件、调整元器件布局、规划系统时钟网络和确定关键线网的端接策略。

11.2 Protel DXP 2004 所提供的信号完整性分析

在 DXP 设计环境下，既可以在原理图又可以在 PCB 编辑器内实现信号完整性分析，并且能以波形的方式在图形界面下给出反射和串扰的分析结果。

Protel 具有布局前和布局后信号完整性分析功能，采用成熟的传输线计算方法，以及 I/O 缓冲宏模型进行仿真。基于快速反射和串扰模型，信号完整性分析器能够产生准确的仿真结果。

布局前的信号完整性分析允许用户在原理图环境下，对电路潜在的信号完整性问题进行分析，如阻抗不匹配等因素。但对于串扰，在原理图环境下不能进行分析，因为布局路由尚未建立。

更全面的信号完整性分析是在 PCB 环境下完成的，它不仅能对反射和串扰以图形的方式进行分析，而且还能利用规则检查发现信号完整性问题，Protel 能提供一些有效的终端选项，以选择最好的解决方案。

11.3 使用 Protel 进行信号完整性分析

下面介绍如何使用 Protel DXP 2004 进行信号完整性分析。

不论是在 PCB 或是在原理图环境下，进行信号完整性分析，设计文件必须在工程项目当中，如果设计文件是作为 Free Document 出现的，则不能运行信号完整性分析。

在 PCB 编辑环境下进行信号完整性分析时，为了得到精确的结果，在运行信号完整性分析之前需要完成以下步骤：

1) 电路中需要至少一块集成电路,因为集成电路的管脚可以作为激励源输出到被分析的网络上。像电阻、电容、电感等被动元器件,如果没有源的驱动,是无法给出仿真结果的。

2) 针对每个元器件的信号完整性模型必须正确。

3) 在规则中必须设定电源网络和地网络。

4) 设定激励源。

5) 用于 PCB 的层堆栈必须设置正确,电源平面必须连续,分割电源平面将无法得到正确分析结果,另外,要正确设置所有层的厚度。

11.4 实 例

1) 在 Protel DXP 2004 设计环境下,选择 File|Open Project,选择安装目录 Altium 2004\Examples\Reference Designs\4 Port Serial Interface\4 Port Serial Interface.PcbDoc,进入 PCB 编辑环境,如图 11-1 所示。

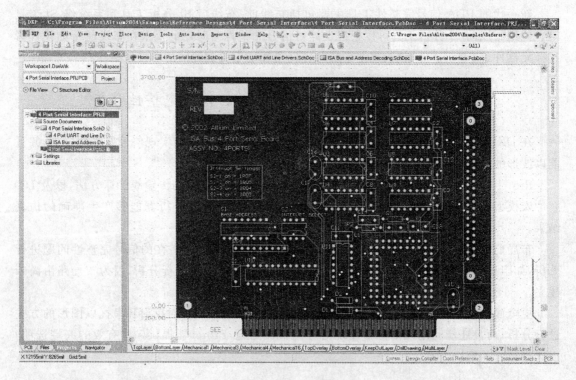

图 11-1 PCB 编辑环境

2) 选择 Design|Layer Stack Manager,配置好相应的层后,选择 Impedance Calculation,配置板材的相应参数如图 11-2 所示,本例中为默认值。

3) 选择 Design|Rules 选项,在 Signal Integrity 一栏设置相应的参数,如图 11-3 所示。首先设置 Signal Stimulus(信号激励),右击 Signal Stimulus,选择 New rule,在新出现的 Signal Stimulus 界面下设置相应的参数,本例为默认值。

4) 设置电源和接地网络,如图 11-4 所示,右击 Supply Net,选择 New Rule,在新出现的

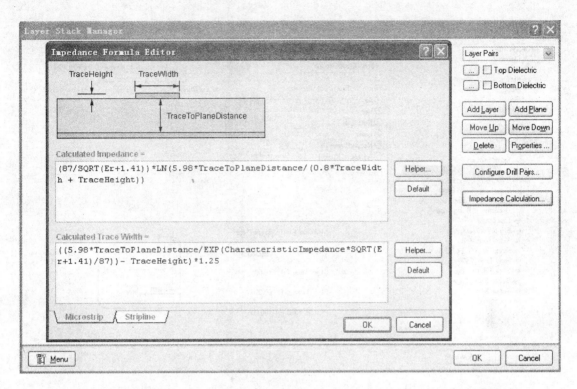

图 11-2 配置参数对话框

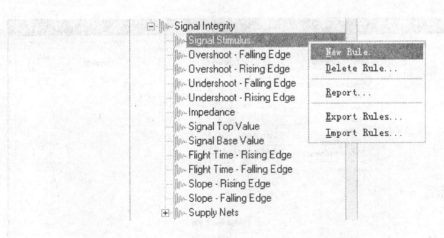

图 11-3 选择信号激励

Supplynets 界面下,将 Voltage 设置为 0,如图 11-5 所示,按相同方法再添加 Rule,将 Voltage 设置为 5。其余的参数按实际需要进行设置。最后单击 OK 退出。

5) 选择 Tools|Signal Integrity,在弹出的窗口中(见图 11-6)选择 Model Assignments,就会进入模型配置的界面(见图 11-7)。

在图 11-7 所示的模型配置界面下,能够看到每个器件所对应的信号完整性模型,并且每个器件都有相应的状态与之对应,关于这些状态的解释如表 11.2 所列。

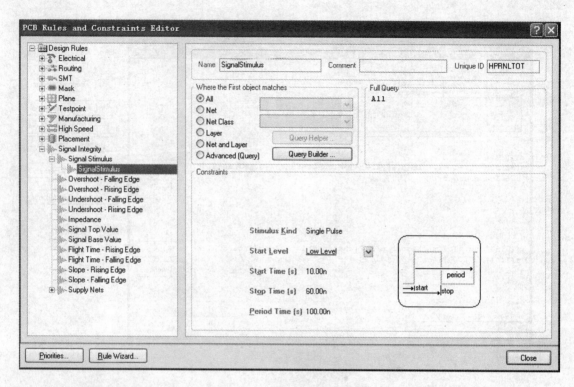

图 11-4 信号激励参数设置

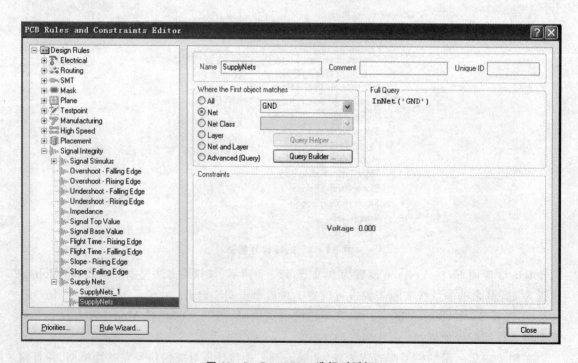

图 11-5 SupplyNets 选择对话框

第 11 章　利用 DXP 进行信号完整性分析

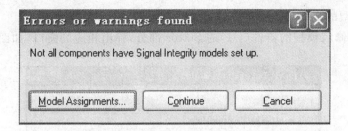

图 11-6　选择模型配置

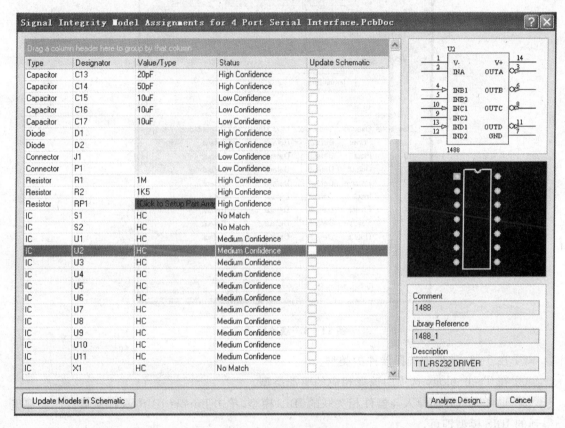

图 11-7　模型配置界面

表 11.2　器件状态的解释

状　态	解　释
No Match	表示目前没有找到与该器件相关联的信号完整性分析模型，需要人为地去指定
Low Confidence	系统自动为该器件指定了一种模型，但置信度较低
Medium Confidence	系统自动为该器件指定了一种模型，置信度中等
High Confidence	系统自动为该器件指定了一种模型，置信度较高
Model found	与器件相关联的模型已经存在
User Modified	用户修改了模型的有关参数
Model added	用户创建了新的模型

修改器件模型的步骤如下：

① 双击需要修改模型的器件(U1)的 Status 部分,弹出相应的窗口,如图 11-8 所示。

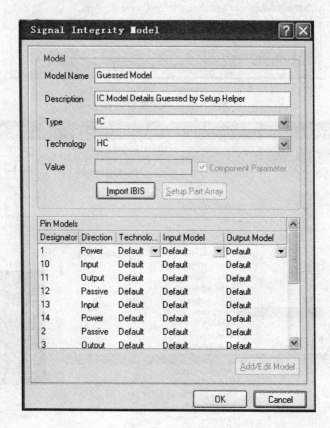

图 11-8 修改模型窗口

② 在 Type 选项中选择器件的类型。

③ 在 Technology 选项中选择相应的驱动类型。

④ 也可以从外部导入与器件相关联的 IBIS 模型,单击 Import IBIS,选择从器件厂商那里得到的 IBIS 模型即可。

⑤ 模型设置完成后单击 OK 按钮,退出。

6) 在图 11-7 所示的窗口,选择左下角的 Update Models in Schematic,将修改后的模型更新到原理图中。

7) 在图 11-7 所示的窗口,选择右下角的 Analyze Design,在弹出的窗口中(见图 11-9)保留默认值,然后单击 Analyze Design 选项,系统开始进行分析。

8) 图 11-10 为分析后的网络状态窗口,通过此窗口中左侧部分可以看到网络是否通过了相应的规则,如过冲幅度等,通过右侧的设置,可以以图形的方式显示过冲和串扰结果。选择左侧其中一个网络 TXB,右击,在下拉菜单中选择 Details,在弹出的如图 11-11 所示的窗口中可以看到针对此网络分析的详细信息。

9) 下面以图形的方式进行反射分析,双击需要分析的网络 TXB,将其导入到窗口的右侧,如图 11-12 所示。

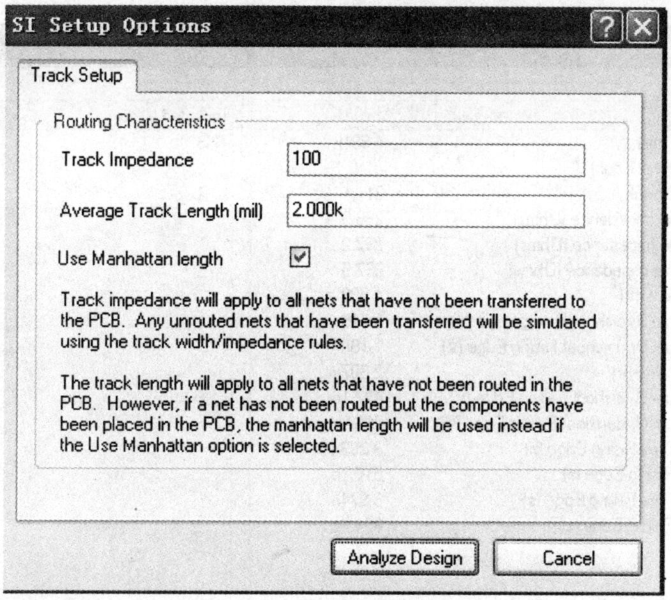

图 11-9　默认选项

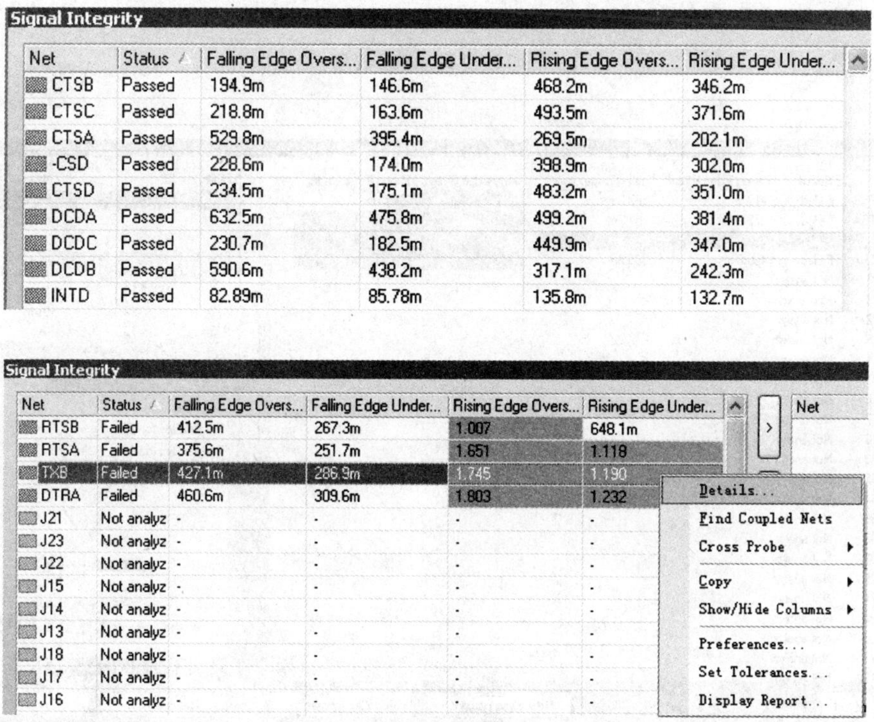

Net	Status	Falling Edge Overs...	Falling Edge Under...	Rising Edge Overs...	Rising Edge Under...
CTSB	Passed	194.9m	146.6m	468.2m	346.2m
CTSC	Passed	218.8m	163.6m	493.5m	371.6m
CTSA	Passed	529.8m	395.4m	269.5m	202.1m
-CSD	Passed	228.6m	174.0m	398.9m	302.0m
CTSD	Passed	234.5m	175.1m	483.2m	351.0m
DCDA	Passed	632.5m	475.8m	499.2m	381.4m
DCDC	Passed	230.7m	182.5m	449.9m	347.0m
DCDB	Passed	590.6m	438.2m	317.1m	242.3m
INTD	Passed	82.89m	85.78m	135.8m	132.7m

Net	Status	Falling Edge Overs...	Falling Edge Under...	Rising Edge Overs...	Rising Edge Under...
RTSB	Failed	412.5m	267.3m	1.007	648.1m
RTSA	Failed	375.6m	251.7m	1.651	1.118
TXB	Failed	427.1m	286.9m	1.745	1.190
DTRA	Failed	460.6m	309.6m	1.803	1.232
J21	Not analyz	-	-	-	-
J23	Not analyz	-	-	-	-
J22	Not analyz	-	-	-	-
J15	Not analyz	-	-	-	-
J14	Not analyz	-	-	-	-
J13	Not analyz	-	-	-	-
J18	Not analyz	-	-	-	-
J17	Not analyz	-	-	-	-
J16	Not analyz	-	-	-	-

图 11-10　分析后的网络状态窗口

选择右下角的 Reflections，反射分析的波形结果将会显示出来，如图 11-13 所示。

右击 TXB_U1.13_NoTerm，如图 11-14 所示在弹出的列表中选择 Cursor A 和 Cursor B，然后可以利用它们来测量确切的参数。测量结果在 Sim Data 窗口，如图 11-15 所示。

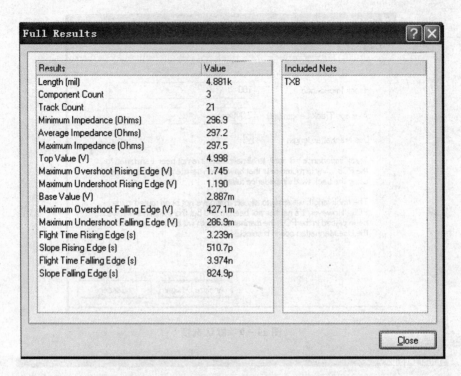

图 11-11 详细信息

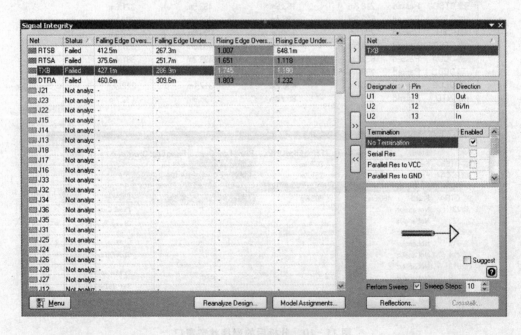

图 11-12 导入网络

10) 返回到如图 11-12 所示的界面下,窗口右侧给出了几种端接的策略来减小反射所带来的影响。选择 Serial Res,如图 11-16 所示,将最小值和最大值分别设置为 25 和 125,选中 Perform Sweep 选项,在 Sweep Steps 选项中填入 10,然后,选择 Reflections,将会得到如

第 11 章 利用 DXP 进行信号完整性分析

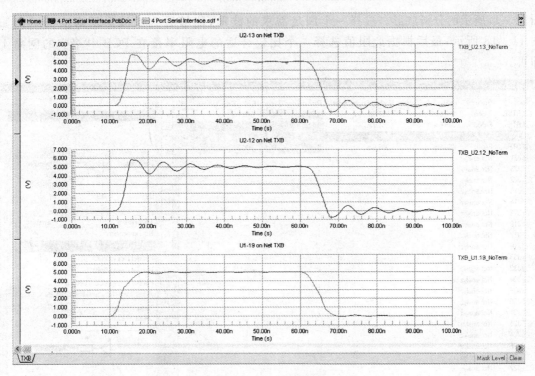

图 11-13 波形结果

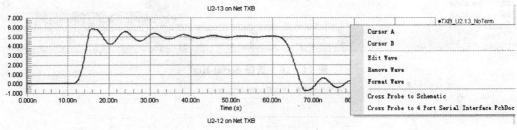

图 11-14 选择测量点

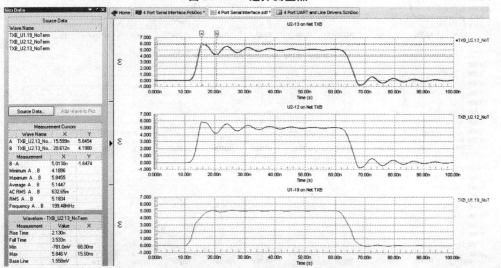

图 11-15 测量参数

图 11-17 所示的分析波形。选择一个满足需求的波形，能够看到此波形所对应的阻值如图 11-18 所示，最后根据此阻值选择一个比较合适的电阻串接在 PCB 中相应的网络上即可。

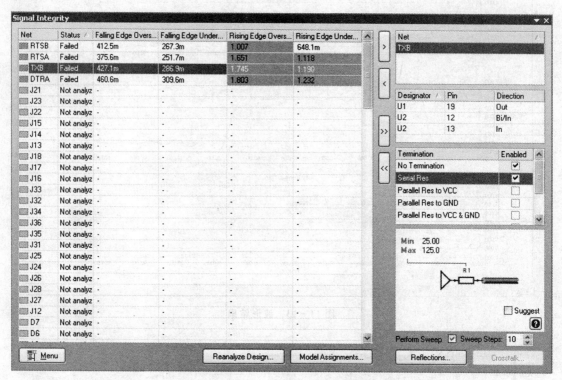

图 11-16 选择 Serial Res

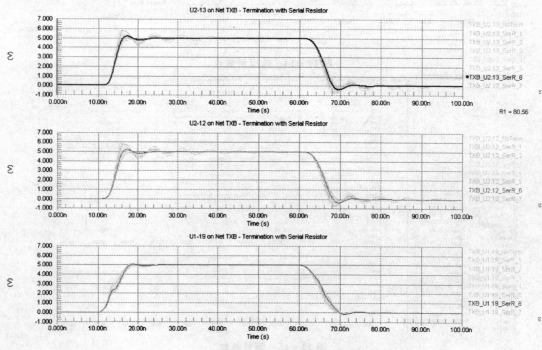

图 11-17 分析波形

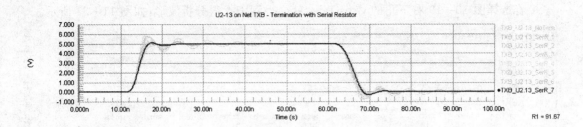

图 11-18 对应阻值

11) 接下来进行串扰分析。重新返回到图 11-12 所示的界面下,双击网络 RTSB 将其导入到右面的窗口,然后右击 TXB,在弹出的菜单中选择 Set Aggressor 设置干扰源(见图 11-19),结果如图 11-20 所示。

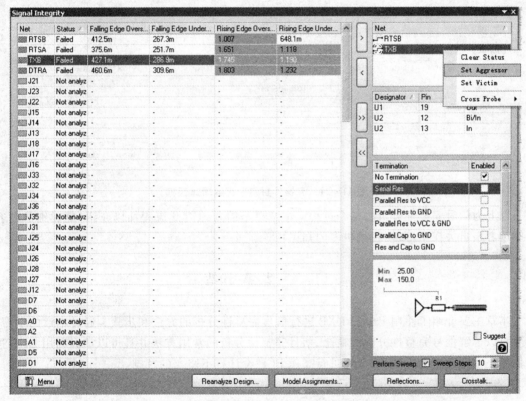

图 11-19 设置干扰源

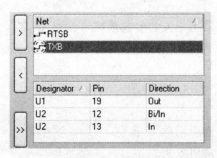

图 11-20 相关结果

接着选择图 10-19 右下角的 Crosstalk，就会得到串扰得分析波形，如图 11-21 所示。

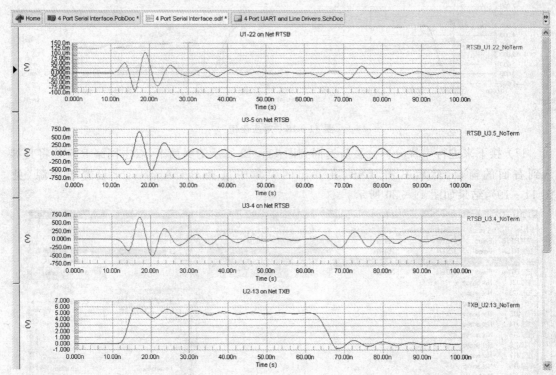

图 11-21　元器件封装形式编辑对话框

以上为信号完整性分析的整个过程。本章只是简要地对此流程加以介绍，更详细的内容希望读者亲自去探索，以便获得更多的知识！

11.5　本章小结

本章主要介绍了使用 Protel DXP 进行信号完整性分析的方法和步骤。通过本章的学习，学生可以了解信号完整性分析的概念、信号完整性分析的常用方法并且可以掌握利用 DXP 进行信号完整性分析的方法，为今后进行高速 PCB 设计打下坚实的基础。

11.6　上机练习

1) 结合本章 11.4 实例，熟悉相关的参数选择与设置，并掌握常用的完整性分析方法。
2) 选择一个自己熟悉的电路图进行基本的信号完整性分析练习。

11.7　习　题

1) 简述信号完整性分析概念。
2) 简述信号完整性分析常用方法。

第 12 章　基于 89C51 单片机的多功能实验电路板的制作实例

教学提示：本章主要介绍基于 89C51 单片机的多功能实验电路板的设计流程。通过本章的学习，读者可以掌握 PCB 工程设计的基本概念和基本处理技巧。

教学目标：通过本章的学习，学生应达到下述要求：
1) 掌握 PCB 板工程设计的基本方法；
2) 掌握原理图的设计方法；
3) 学会制作元器件；
4) 学会元器件的布局和布线方法和技巧。

12.1　实例说明

如图 12-1 所示，本章所用多功能实验电路板采用 89C51 为主芯片，板子上安装了 5 位数码管、8 个发光二极管、4 个按钮开关、1 个简单的音响电路、1 个用于计数实验的振荡器、1 个 RS232 串行接口等。使用这块实验板可以进行流水灯、人际界面程序设计、音响、中断、计数等基本编程训练联系，还可以学习 I^2C 接口芯片使用、SPI 接口芯片使用、与 PC 进行串行通信等目前较为流行的技术。

图 12-1　电路板实物

12.2　学习目标

通过本例的学习，提高读者的综合应用能力，将前面所学习的知识应用于实际的电路设计中，根据不同的情况使用不同的电路处理方法以及不同的 PCB 设计。

12.3 操作步骤

1) 运行 Protel DXP,在 Protel DXP 环境中选择 File|New|PCB Project 命令,建立一个 PCB 项目文件,如图 12-2 所示。选择 File|Save Project 命令,进行保存。

2) 选择 File|New|Schematic 命令,在项目中建立一个新的原理图文件,如图 12-3 所示。选择 File|Save 命令,进行保存。

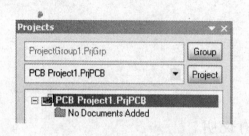

图 12-2　新建 PCB 项目文件

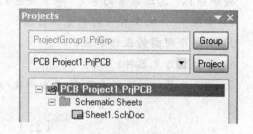

图 12-3　在项目中建立新的原理图文件

① 对图纸参数进行设置。选择菜单命令 Design|Options,将弹出 Document Options(图纸属性设置)对话框,如图 12-4 所示。

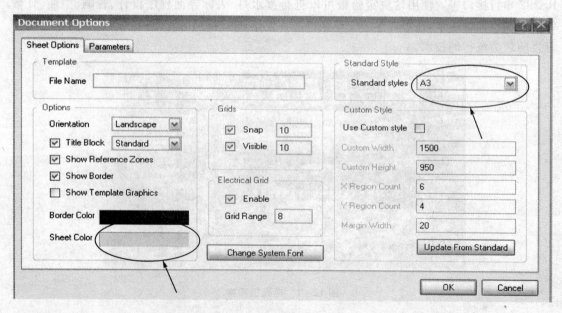

图 12-4　图纸参数设置

② 加载元器件库。在工作区面板的下面单击 Libraries 标签,则工作面板中将显示项目中的库的元器件单元,如图 12-5 所示。在 Miscellaneous Devices.IntLib 元器件库包括常用的电路分立元器件,如电阻 RES*、电感 Induct、电容 Cap*等。在 Miscellaneous Connectors.IntLib 元器件库,包括常用的连接器等,如 Header*。至此可以从中找到绘制该电路中所需要的电阻、电容、二极管、接插件等。

第 12 章　基于 89C51 单片机的多功能实验电路板的制作实例

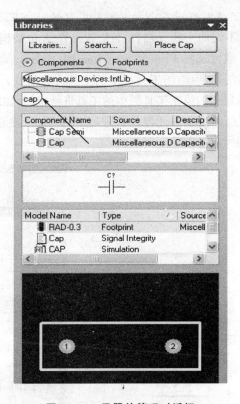

图 12 - 5　元器件管理对话框

单击库对话框中的 Search 按钮,弹出库搜索对话框,利用此对话框可以找到该电路图中的 NE555 集成块在哪个库中,如图 12 - 6 所示。

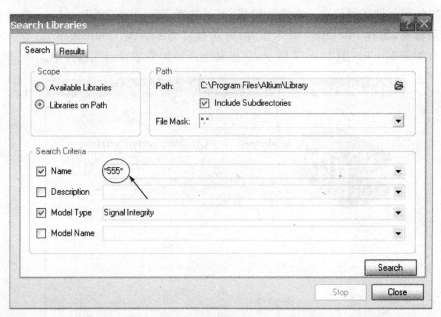

图 12 - 6　搜索对话框

注意：搜索 NE555 元器件时可以在 Name 文本框中键入 ＊555＊ 进行模糊搜索。

另外，对于该电路中找不到的一些元器件(2 位数码管、3 位数码管、AT24C01A、HIN232、AT89C51)可以自己创建。通过选择 File|New|Schematic Libray 命令，打开元器件库编辑器，选择 File|Save 命令进行保存。利用绘图工具栏中的工具进行绘制。例如该电路中的 X5045 集成块可以通过元器件库编辑器中的绘图工具栏中的工具进行绘制，如图 12-7 所示。

绘制完成的元器件，可以通过单击元器件管理器中的 Place 按钮，系统自动将所选择的元器件切换到原理图编辑器中，如图 12-8 所示。

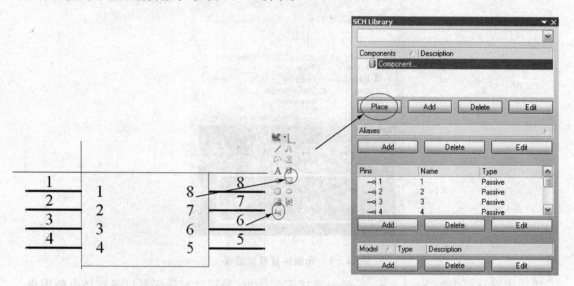

图 12-7　自己创建的 X5045 集成块　　　　图 12-8　元器件管理器

创建好的元器件还要创建元器件的封装，可以选择 File|New|PCB Libray 命令打开元器件封装库编辑器，选择 File|Save 命令保存，再选择 Tools|New Component 命令。利用向导生成其封装如图 12-9～图 12-17 所示，并把其生成的封装加载到元器件中。

图 12-9　PCB 元器件向导

第 12 章　基于 89C51 单片机的多功能实验电路板的制作实例

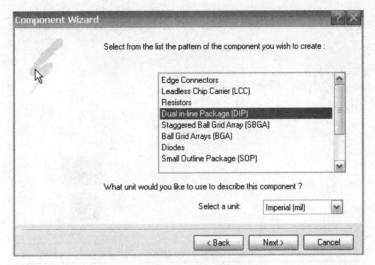

图 12-10　选择封装类型

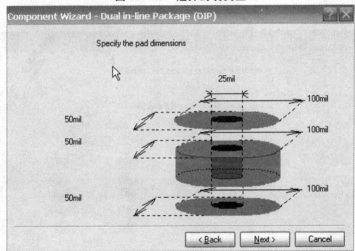

图 12-11　设置焊盘的尺寸

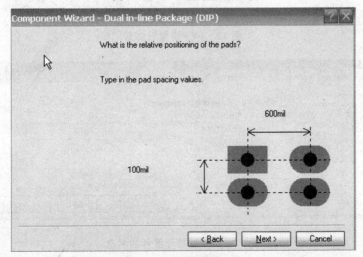

图 12-12　设置器件的大小

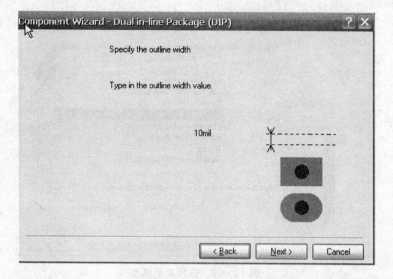

图 12-13　设置集成块外形

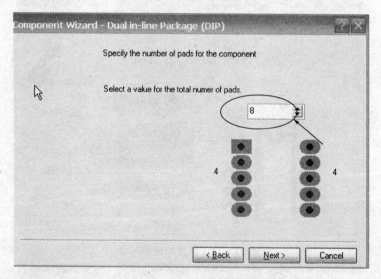

图 12-14　设置引脚数

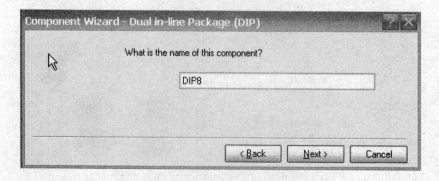

图 12-15　设置元器件的名称

注意：此处的引脚数是可以根据创建的集成块的引脚数进行修改的。

图 12-16　元器件封装完成对话框

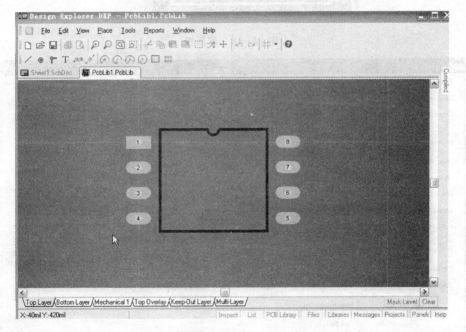

图 12-17　利用向导生成的集成块封装

完成元器件封装的制作后，再切换到原理图编辑器中。

③ 放置元器件。选中所要放置元器件，单击 Place 按钮或双击元器件名，光标变成"十"字形，光标上悬浮着一个元器件的轮廓，如图 12-18 所示。

④ 修改元器件的流水号及数值大小。选中所要修改的元器件，双击，将弹出 Component Properties（元器件属性）对话框进行元器件的属性编辑，如图 12-19 所示。例如修改电容元器件的流水号，在 Designator 框中键入 C1 作为元器件流水号。可以看到元器件的 PCB 封装

Protel DXP 电路设计与制板(第 2 版)

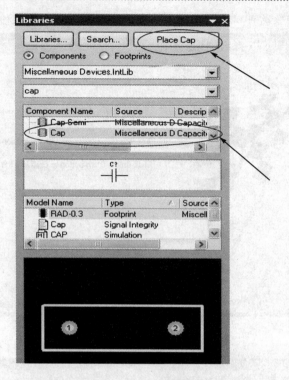

图 12-18 库面板

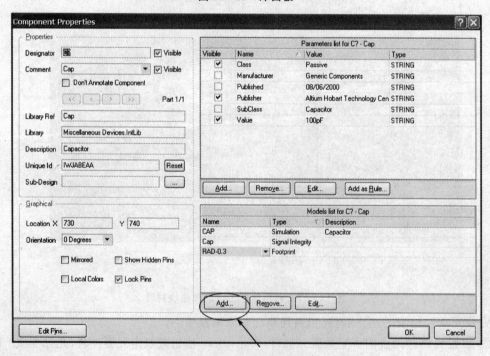

图 12-19 元器件的属性编辑

为右下方的 Footprint 一栏设置为 RAD-0.3。

注意：可以通过单击 Add 按钮进行元器件封装的添加，如图 12-19 所示。具体过程如图 12-20～图 12-24 所示。

第 12 章 基于 89C51 单片机的多功能实验电路板的制作实例

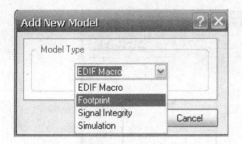

图 12-20 选择元器件的封装形式

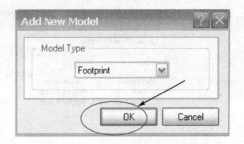

图 12-21 选择元器件的封装形式

图 12-22 元器件封装形式编辑对话框

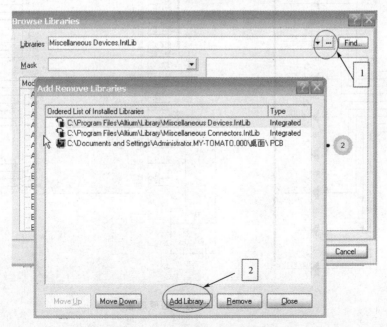

图 12-23 加载元器件对话框

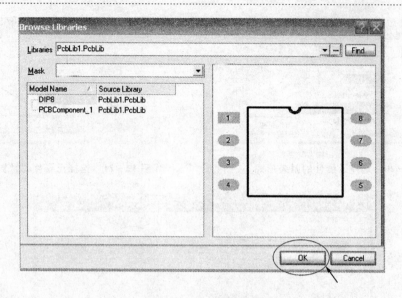

图 12-24　找到加载的元器件

⑤ 绘制元器件间的电气连接。通过布线工具栏中的绘制导线工具进行连接，如图 12-25 所示。绘制该电路的部分电路图，如图 12-26 所示。

图 12-25　放置导线

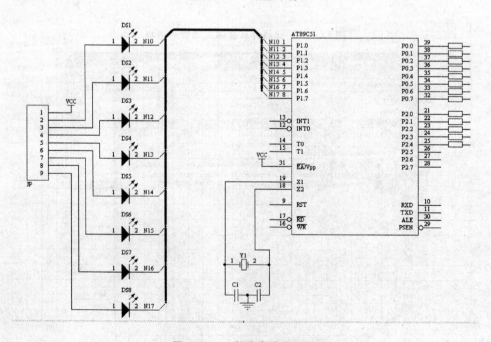

图 12-26　部分电路原理图

⑥ 放置网络标号。通过布线工具栏中的放置网络标号工具来放置网络标号,如图 12-27 所示。绘制该电路的部分电路图,如图 12-28 所示。

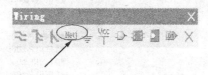

图 12-27 放置网络标号

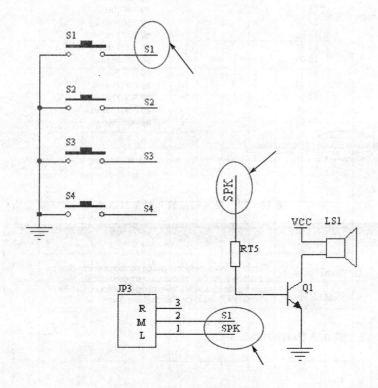

图 12-28 部分电路原理图

3) 生成网络表。绘制完电路图后,选择菜单命令 Design|Netlist For Document|Protel,系统就会生成当前电路图的网络表文件,并存放在当前工程的 Generated Protel Netlists 目录下。

4) 当原理图绘制完成后,切换到 PCB 编辑器,绘制 PCB 图:
① 在 PCB 编辑器上选择禁止布线层(Keep-Out layer),绘制电气边框。
② 导入网络表和封装。
在 PCB 编辑器中执行菜单命令 Design|Import Changes From,单击 [Validate Changes] 校验改变按钮,系统对所有元器件信息和网络信息进行检查,之后单击 [Execute Changes] 执行改变按钮命令,系统开始执行所有的元器件信息和网络信息的传送,如图 12-29 所示。
③ 自动布局。在 PCB 编辑器中,执行菜单命令 Tools|Auto Placement|Auto Placer,弹出自动布局菜单,如图 12-30 所示。自动布局效果如图 12-31 所示。

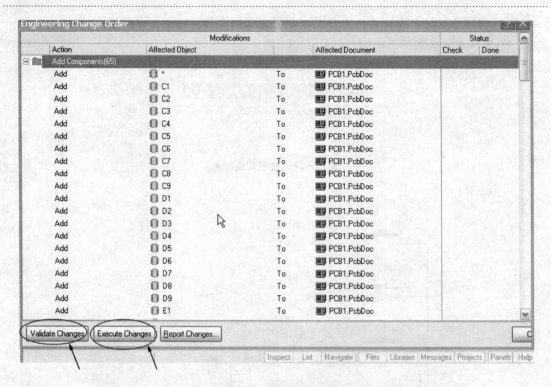

图 12-29 导入网络表和封装对话框

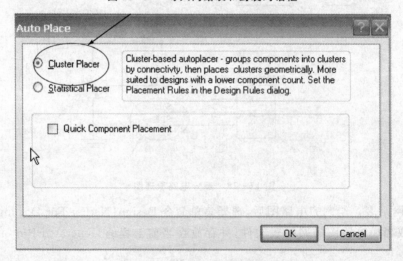

图 12-30 自动布局菜单

④ 手工调整元器件布局。对于自动布局后的封装位子,还要进行手工调整,使其达到更令人满意的效果。

⑤ 自动布线。执行菜单命令 Auto Route|All 即可完成对其自动布线,如图 12-32 所示。自动布线效果如图 12-33 所示。

⑥ 生成 3D 效果图。执行菜单命令 View|Board in3D,编辑器内的工作窗口变为 3D 仿真图形,如图 12-34 所示。

最后完成基于 89C 51 单片机的多功能实验电路板的制作。

第12章 基于89C51单片机的多功能实验电路板的制作实例

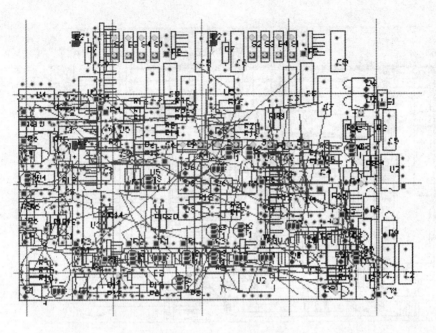

图 12-31 自动布局效果图

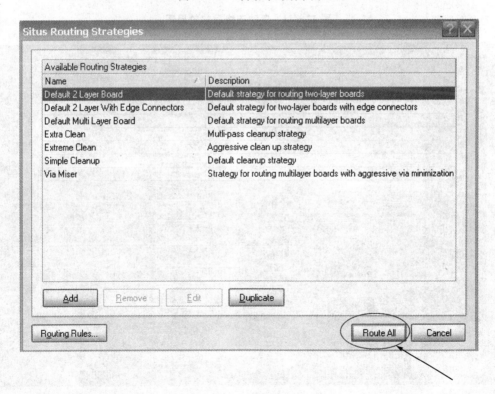

图 12-32 自动布线对话框

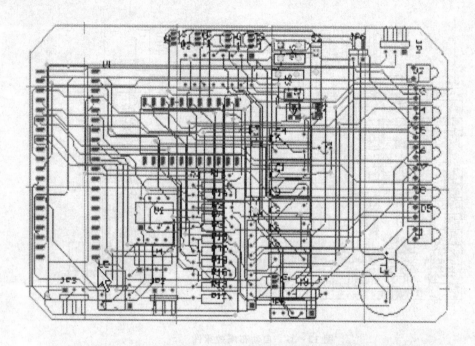

图 12-33 自动布线后的效果图

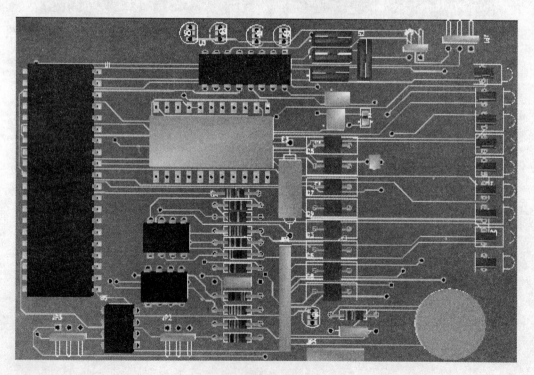

图 12-34 3D 效果图

12.4 本章小结

本章主要介绍了基于 89C51 单片机的多功能实验电路板的设计流程。通过本章的学习，学生可以掌握 PCB 工程设计的基本概念和基本处理技巧。主要包括以下几点：

1）建立工程项目；
2）绘制元器件；
3）创建元器件封装；
4）自动布局的设置方法；
5）自动布线的设置方法；
6）PCB 板的 3D 显示。

附录 A　常用原理图元器件符号与 PCB 封装形式

本附录详细介绍了 50 种常用原理图元器件符号与 PCB 封装形式,包括元器件名称、封装名称、原理图符号和 PCB 封装形式,有助于读者更好地查找相关资料,如表 A.1 所列。

表 A.1　常用原理图元器件符号与 PCB 封装形式

序号	元器件名称	封装名称	原理图符号	PCB 封装形式
1	Bettery	BAT－2		
2	Bell	PIN2		
3	Bridge1	E－BIP－P4/D		
4	Bridge2	E－BIP－P4/X		
5	Buzzer	PIN2		
6	Cap	RAD－0.3		

续表 A.1

序号	元器件名称	封装名称	原理图符号	PCB 封装形式
7	Cap Semi	C3216-906	Cap Semi 100pF	
8	Cap Var	C3225-910	Cap Var 100pF	
9	COAX	PIN2	COAX	
10	Connector	CHAMP1.2-2H14A	Connector 14	
8	D Zener	DIODE-0.7	D Zener	
9	Diode	DSO0C2/X	Diode	
10	Dpy RED-CA	DIP10	Dpy Red-CA	

续表 A.1

序号	元器件名称	封装名称	原理图符号	PCB 封装形式
14	Fues Thermal	PIN-W2/E	Fuse Thermal	
15	Inductor	C1005-0402	Inductor 10mH	
16	JFET-P	CAN-3/D	JFET-P	
17	Jumper	RAD-0.2	Jumper	
18	Header5	HDR1X5	Header 5	
19	Lamp	PIN2	Lamp	
20	LED3	DFO-F2/D	LED3	
21	MHDR1X7	MHDR1X7	MHDR1X7	

续表 A.1

序号	元器件名称	封装名称	原理图符号	PCB封装形式
22	MHDR2X4	MHDR2X4		
23	Mic2	DIP2		
24	MOSFET-P3	DFT-T5/Y		
25	MOSFET-P4	DSO-G3		
26	Motor Servo	RAD-0.4		
27	Motor Step	DIP6		
28	NPN	BCY-W3		
29	Op Amp	CAN-8/D		

续表 A.1

序号	元器件名称	封装名称	原理图符号	PCB 封装形式
30	Optoisolator2	SO–G5/P		
31	Phonejack2	PIN2		
32	Photo PNP	SFM–T2/X		
33	Photo Sen	PIN2		
34	PNP	SO–G3/C		
35	Relay	DIP–P5/X		
36	Relay–SPST	DIP4		
37	Res2	AXIAL–0.4		

续表 A.1

序号	元器件名称	封装名称	原理图符号	PCB封装形式
38	Res Adj2	AXIAL - 0.6		
39	Res Bridge	SFM - T4/A		
40	RPot2	VR2		
41	SCR	SFM - T3		
42	Speaker	PIN2		
43	SW - DIP4	DIP - 8		
44	SW DIP - 4	SO - G8		
45	SW - PB	SPST - 2		

续表 A.1

序号	元器件名称	封装名称	原理图符号	PCB封装形式
46	SW-SPDT	SPDT-3		
47	SW-SPST	SPST-2		
48	Trans CT	TRF-5		
49	Triac	SFM-T		
50	Trans	TRANS		

附录 B 相关快捷方式

Protel DXP 2004 项目面板和设计平台快捷方式如表 B.1 所列。

表 B.1 项目面板和设计平台快捷方式

快捷方式	相关操作
单击鼠标左键	选择光标所指文件
双击鼠标左键	编辑光标所指文件
单击鼠标右键	弹出右键菜单
Ctrl+F4	关闭当前文件
Alt+F4	关闭系统
Ctrl+Tab	切换当前编辑窗口
F4	隐藏/显示浮动面板

项目快捷方式如表 B.2 所列。

表 B.2 项目快捷方式

快捷方式	相关操作
C,C	编译当前设计项目
C,R	重复编译当前设计项目
C,O	在当前项目中打开项目选项对话框
C,D	编译文件

原理图编译器和 PCB 编译器共用的快捷方式如表 B.3 所列。

表 B.3 原理图编译器和 PCB 编译器共用的快捷方式

快捷方式	相关操作
Shift	当自动平移时,加速平移
Y	放置元器件时,上下翻转
X	放置元器件时,左右翻转
Shift+↑(↓、←、→)	在箭号方向以 10 个栅格为增量移动光标
↑、↓、←、→	在箭号方向以 1 个栅格为增量移动光标
Esc	退出当前命令
End	刷新屏幕
Home	以光标为中心刷新屏幕
PageDown 或 Ctrl+鼠标滑轮	以光标为中心缩小画面
PageUp 或 Ctrl+鼠标滑轮	以光标为中心放大画面

续表 B.3

快捷键	相关操作
鼠标滑轮	上下移动画面
Shift+鼠标滑轮	左右移动画面
按住鼠标右键	平移图纸
Ctrl+Z	撤销上一次操作
Ctrl+Y	重复上一次操作
Ctrl+A	选择全部
Ctrl+S	储存当前文件
Ctrl+C	复制
Ctrl+X	剪切
Ctrl+V	粘贴
Ctrl+R	复制并重复粘贴选中的对象
Delete	删除
V+D	显示整个文档
V+F	显示所有对象
X+A	取消所有选中
Tab	编辑正在放置的图件属性
Shift+C	取消过滤
Shift+F	查找相似对象
Y	Filter 菜单
F8	打开或关闭 Inspector 面板
F9	打开或关闭 List

原理图文件编译快捷键如表 B.4 所列。

表 B.4 原理图文件编译快捷键

快捷键	相关操作
Alt	在水平或垂直线上限制
Spacebar(空格键)	将正在移动的物体旋转 90°
Spacebar	在放置导线、总线和线段时激活开始或结束模式
Shift+ Spacebar	在放置导线、总线和线段时,设置放置模式
Spacebar	高亮笔有效时,空格键切换笔的颜色
Shift+ Spacebar	高亮笔有效时,Shift+空格键切换笔的模式
Ctrl+ Shift+鼠标左键	高亮笔有效时,单击图纸入口时跳转到目标图纸
BackSpace	在放置导线、总线和多边行填充时,移出最后一个顶点
Left−Click,Hold+Delete	删除选中线的顶点
Left−Click,Hold+Insert	在选中线处添加顶点
Ctrl+Left−Click&Drag	拖动选中对象

PCB 文件编译快捷键如表 B.5 所列。

表 B.5　PCB 文件编译快捷键

快捷键	相关操作
Shift+R	切换 3 种布线模式
Shift+E	打开或关闭捕获电气栅格功能
Ctrl+G	弹出捕获栅格对话框
G	弹出捕获栅格菜单
Ctrl+Left－Click	高亮网络
BackSpace	在放置导线时，删除最后一个拐角
Shift+Spacebar	在放置导线时设置拐角模式
L	移动元器件封装时使其翻转到其他层
SpaceBar	放置导线时改变导线的起始/结束模式
Shift+S	打开或关闭单层模式
O+D+D+Enter	在图纸模式显示
O+D+F+Enter	在正常模式显示
O+D	显示或隐藏 Preferences 对话框
L	浏览 Board Layers and Colors 对话框
Ctrl+H	选择连接的铜
Ctrl+Shift+Left－Click	切断线
＋	切换工作层面为下一层
－	切换工作层面为上一层
Ctrl	暂时不显示电气栅格
Ctrl+M	测量距离
Shift+Spacebar	旋转移动的物体（顺时针）
Spacebar	旋转移动的物体（逆时针）
Q	单位切换

附录 C 集合库与 PCB 封装库

C.1 集合库

Actel

　　Actel 3200DX. IntLib
　　Actel 40MX. IntLib
　　Actel 42MX. IntLib
　　Actel ACT1. IntLib
　　Actel ACT2. IntLib
　　Actel ACT3. IntLib
　　Actel Axcelerator. IntLib
　　Actel Ex. IntLib
　　Actel ProASIC 500K. IntLib
　　Actel ProASIC PLUS. IntLib
　　Actel SX. IntLib
　　Actel SX – A. IntLib
　　Actel SX – S IntLib

Analog Devices

　　AD Amplifier Buffer. IntLib
　　AD Analog Comparator. IntLib
　　AD Analog Multiplier. IntLib
　　AD Audio Pre – Amplifer. IntLib
　　AD Comm Clock Data Recovery. IntLib
　　AD Converter Analog to Digital. IntLib
　　AD Differential Amplifier. IntLib
　　AD DSP 16 – Bit. IntLib
　　AD DSP 32 – Bit. IntLib
　　AD Instrumentation Amplifier. IntLib
　　AD Logarithmic Amlifier. IntLib
　　AD Operational Amlifier. IntLib
　　AD Power Mgt charge Pump. IntLib
　　AD Power Mgt DC – DC Converter. IntLib
　　AD Power Mgt Supervisory Circuit. IntLib

AD Power Mgt Switching Regulator. IntLib
AD Power Mgt Voltage Reference. IntLib
AD Power Mgt Voltage Regulator. IntLib
AD RE and IF Frequency Synthesizer. IntLib
AD RE and IF Mixer IntLib
AD RE and IF Modulator Demodulator. IntLib
AD RE and IF Modulator. IntLib
AD Thermocouple Amlifier. IntLib
AD Transimpedance Amplifier. IntLib
AD Variable Gain Amplifier. IntLib
AD Video Amplifier. IntLib
AD Voltage Controlled Amplifier. IntLib

Agilent Technologies

Agilent Optoelectronic LED. IntLib

Allegro

Allegro Amplifier Power Amplifier. IntLib
Allegro Analog Timer Circuit. IntLib
Allegro Automotive Bus Line Driver Receiver. IntLib
Allegro Automotive Ignition Circuit. IntLib
Allegro Interface Arlington Driver. IntLib
Allegro Interface DC&Stepper motor. IntLib
Allegro Interface Dc Moter Controller Driver. IntLib
Allegro Interface LED Driver. IntLib
Allegro Interface Peripheral Driver. IntLib
Allegro Interface Printer Driver. IntLib
Allegro Interface Servo Motor Controller Driver. IntLib
Allegro Interface Stepper Motor Controller Driver. IntLib
Allegro Interface Vacuum Fluorescent Display Driver. IntLib
Allegro power mgt voltage detector. IntLib
Allegro Power Mgt Voltage Regulator. IntLib
Allegro RF and IF Noise Regulator. IntLib
Allegro RF and IF Radio Receiver Circuit. IntLib
Allegro Sensor Fluid Detector. IntLib
Allegro Sensor Hll-Effect Sensor. IntLib
Allegro Sensor Smoke Detector. IntLib

Altera

    Altera ACEX 1K. IntLib
    Altera APEX 20K. IntLib
    Altera APEX 20KC. IntLib
    Altera APEX 20KE. IntLib
    Altera APEX II. IntLib
    Altera Bus Interface Controller. IntLib
    Altera Classic EP. IntLib
    Altera Cyclone. IntLib
    Altera EPC Configuration. IntLib
    Altera EPCS Configuration Defier. IntLib
    Altera FLEX 10K. IntLib
    Altera FLEX 6000. IntLib
    Altera FLEX 8000. IntLib
    Altera MAX 3000A. IntLib
    Altera MAX 5000. IntLib
    Altera MAX 7000A. IntLib
    Altera MAX 7000B. IntLib
    Altera MAX 9000. IntLib
    Altera Mercury. IntLib
    Altera Stratix. IntLib

AMP

    AMP Card Esge 050 Series PCI. IntLib
    AMP CHAMP Miniature Ribbon050 SeriesII. IntLib
    AMP CompactPCI TypeA. IntLib
    AMP CompactPCI TypeA_B. IntLib
    AMP CompactPCI TypeB. IntLib
    AMP CompactPCI TypeC. IntLib
    AMP CompactPCI TypeD. IntLib
    AMP CompactPCI TypeE. IntLib
    AMP CompactPCI TypeF. IntLib
    AMP CompactPCI Type M. IntLib
    AMP D Subminiature 050 Series. IntLib
    AMP High-Speed MICTOR. IntLib
    AMP Memory Module DIMM II. IntLib
    AMP Memory Module DIMM. IntLib
    AMP Memory Module DIMM II. IntLib

附录 C 集合库与 PCB 封装库

AMP Memory Module DIMM. IntLib

Atmel

Atmel AT40K. IntLib
Atmel AT6000. IntLib
Atmel AT94K. IntLib
Atmel Industry Compatible CPLD. IntLib
Atmel Industry Standard SPLD. IntLib

Burr–Brown

BB Amplifier Buffer. IntLib
BB Analog Comparator. IntLib
BB Analog Current Mirror. IntLib
BB Analog Integrator. IntLib
BB Analog Multiplier Divider. IntLib
BB Communication Transceiver. IntLib
BB Communication xDSL interface. IntLib
BB Converter Analog to Digital. IntLib
BB Converter Data Acquisition System. IntLib
BB Converter Digital to Current. IntLib
BB Converter RMS to DC. IntLib
BB converter Voltage to Current.
BB Converter Voltage to Frequency.
BB Differential Amplifier. IntLib
BB Digital Filter. IntLib
BB Instrumentation Amplifier. IntLib
BB Interface Bridge Driver. IntLib
BB Interface Carrier Multi–wire Interface. IntLib
BB Interface Current Loop Receiver. IntLib
BB Isolation Amplifier. IntLib
BB Logarithmic Amplifier. IntLib
BB Operational Amplifier. IntLib
BB Power Mgt DC–DC Converter. IntLib
BB Power Mgt Voltage Reference. IntLib
BB Power Mgt Voltage Regulator. IntLib
BB Sample and Hold Amplifier. IntLib
BB Sensor Peak Detector. IntLib
BB Transconductance Amplifier. IntLib
BB Universal Active Filter. IntLib

BB Variable Gain Amplifier. IntLib
BB Video Multiplexer. IntLib
BB Voltage Controlled Amplifier. IntLib
BB Voltage Controlled Oscillator. IntLib

C - MAC Micro Technologies

C - MAC Crystal Oscillator. IntLib

Cooper Electronic Technologies

Cooper Passive Transformer. IntLib

Cypress MicroSystems

Cypress Microcontroller 8 - Bit. IntLib

Cypress Semiconductor

Cypress Communication Receiver. IntLib
Cypress Communication Transceiver. IntLib
Cypress Communication Transmitter. IntLib
Cypress Logic Translator. IntLib
Cypress Memory Static RAM. IntLib
Cypress Peripheral Bus Interface Controller. IntLib
Cypress Peripheral Multifunction Controller. IntLib
Cypress Peripheral Timing Frequency Generator. IntLib
Cypress PLD Delta 39K. IntLib
Cypress PLD Flash 370i. IntLib
Cypress PLD MAX EPLD. IntLib
Cypress PLD Quantum 38K. IntLib
Cypress PLD Simple. IntLib
Cypress PLD Ultra 37000. IntLib

Dallas Semiconductor

Dallas Communication ADPCM Processor. IntLib
Dallas Communication CEPT T1 Interface. IntLib
Dallas Communication Error Detection Cct. IntLib
Dallas Communication PCM Circuit. IntLib
Dallas Communication Transceiver. IntLib
Dallas Converter Parallel to Serial. IntLib
Dallas Interface Terminator. IntLib

Dallas Logic Delay Line. IntLib
Dallas Memory Asynchronous FIFO. IntLib
Dallas Memory EEPROM. IntLib
Dallas Memory Electronic Key. IntLib
Dallas Memory EPROM. IntLib
Dallas Memory ID Chip. IntLib
Dallas Memory Non-Volatile RAM. IntLib
Dallas Memory Serial RAM. IntLib
Dallas Memory Static RAM. IntLib
Dallas Microcontroller 8-Bit. IntLib
Dallas Peripheral Addressable Switch. IntLib
Dallas Peripheral Bankswitch. IntLib
Dallas Peripheral Lock Circuit. IntLib
Dallas Peripheral Memory Controller. IntLib
Dallas Peripheral Peripheral Interface. IntLib
Dallas Peripheral Programmable Switch. IntLib
Dallas Peripheral Pulse Generator. IntLib
Dallas Peripheral Real Time Clock. IntLib
Dallas Peripheral Speech Processor. IntLib
Dallas Power Mgt Battery. IntLib
Dallas Power Mgt Kickstarter. IntLib
Dallas Power Mgt Supervisory Circuit. IntLib
Dallas Power Mgt Switching Circuit. IntLib
Dallas Power Mgt Voltage Detector. IntLib
Dallas Sensor Temperature Sensor. IntLib

ECS Inc International

ECS Crystal Oscillator. IntLib

Elantec

Elantec Amplifier Buffer. IntLib
Elantec Analog Comparator. IntLib
Elantec Analog Multiplier Divider. IntLib
Elantec Interface CCD Driver. IntLib
Elantec Interface Line Driver. IntLib
Elantec Interface Line Transceiver. IntLib
Elantec Interface MOSFET Drever. IntLib
Elantec Interface PIN Driver. IntLib
Elantec Interface Servo Motor Controller. IntLib

Elantec Operational Amplifier. IntLib
Elantec Video Amplifier. IntLib
Elantec Video Gain Control Circuit. IntLib
Elantec Video Generator Circuit . IntLib
Elantec Video Sync Circuit. IntLib

Fairchild Semiconductor

FSC Amplifier Buffer. IntLib
FSC Comm Phase Locked Loop. IntLib
FSC Discrete BJT. IntLib
FSC Discrete Diode. IntLib
FSC Discrete Rectifier. IntLib
FSC Interface Display Driver. IntLib
FSC Interface Line Receiver. IntLib
FSC Interface Line Transceiver. IntLib
FSC Logic Arithmetic. IntLib
FSC Logic Buffer Line Driver. IntLib
FSC Logic Clock Support. IntLib
FSC Logic Comparator. IntLib
FSC Logic Counter. IntLib
FSC Logic Decoder Demix. IntLib
FSC Logic Flip-Flop. IntLib
FSC Logic Gate. IntLib
FSC Logic Latch. IntLib
FSC Logic Multiplexer. IntLib
FSC Logic Multivibrator. IntLib
FSC Logic Parity Gen Check Detect. IntLib
FSC Logic Register. IntLib
FSC Logic Switch. IntLib
FSC Logic Translator. IntLib
FSC Video Generator Circuit. IntLib

Gennum

Gennum Amplifier Pre-Amplifier. IntLib
Gennum Audio Amplifier. IntLib
Gennum Converter Digital to Analog. IntLib
Gennum Digital Filter. IntLib
Gennum Filter Highpass. IntLib
Gennum IF Amplifier. IntLib

Gennum Interface Line Driver. IntLib
Gennum Operational Amplifier. IntLib
Gennum Power Mgt SMPS Controller. IntLib
Gennum Power Amplifier. IntLib
Gennum Video Buffer Amplifier. IntLib
Gennum Video Multiplexer. IntLib
Gennum Video Multiplier. IntLib
Gennum Video SMPTE. IntLib
Gennum Video Switch. IntLib
Gennum Video Sync Circuit. IntLib

Harris Suppression Products

Harris Discrete Voltage - Sensitive Resistor. IntLib

Hitachi Semiconductor

Hitachi Microprocessor 16 - Bit. IntLib

Hirose Electric

HRS FPC - FFC FH9 Series. IntLib

Infineon Technologies

Infineon Discrete BJT. IntLib
Infineon Discrete Diode. IntLib

Intersil

Intersil Discrete BJT. IntLib
Intersil Discrete MOSFET. IntLib
Intersil DSP 10 - Bit. IntLib
Intersil DSP 10 - Bit. IntLib
Intersil DSP 14 - Bit. IntLib
Intersil DSP 16 - Bit. IntLib
Intersil DSP 20 - Bit. IntLib
Intersil DSP 24 - Bit. IntLib
Intersil DSP 8 - Bit. IntLib
Intersil Operational Amplifier. IntLib
Intersil RF and IF Demodulator. IntLib
Intersil RF and IF Modulator. IntLib

International Rectifier

IR Discrete Diode. IntLib

IR Discrete IGBT. IntLib
IR Discrete MOSFET - Low Power. IntLib
IR Discrete MOSFET - Power. IntLib
IR Discrete MOSFET. IntLib
IR Discrete Rectifier - Schottky. IntLib
IR Discrete Rectifier - Standard Recovery. IntLib
IR Discrete Rectifier - Ultrafast Recovery. IntLib
IR Discrete SCR. IntLib
IR Interface Bridge Driver. IntLib
IR Interface MOSFET Driver. IntLib

KEMET Electronics

KEMET Chip Capacitor. IntLib

Lattice Semiconductor

Lattice CPLD ispLSI 5000VE. IntLib
Lattice CPLD ispLSI. IntLib
Lattice CPLD ispMACH 4000. IntLib
Lattice CPLD ispMACH 5000B. IntLib
Lattice CPLD ispMACH 5000VG. IntLib
Lattice CPLD ispMACH . IntLib
Lattice CPLD ispXPLD 5000MX. IntLib
Lattice FPGA FPSC. IntLib
Lattice ispGDX. IntLib
Lattice ispPAC. IntLib
Lattice ispXPGA. IntLib
Lattice Logic Switch. IntLib
Lattice ORCA Series2. IntLib
Lattice ORCA Series3. IntLib
Lattice ORCA Series4. IntLib
Lattice Simple PLD. IntLib
Lattice SPLD GAL. IntLib
Lattice SPLD ispGAL. IntLib

Linear Technology

LT Amplifier Buffer. IntLib
LT Converter Current to Voltage. IntLib
LT Operational Amplifier. IntLib
LT Video Amplifier. IntLib

Maxim

Maxim Amplifier Buffer. IntLib
Maxim Analog Comparator. IntLib
Maxim Communication Receiver. IntLib
Maxim Commounication Transceiver. IntLib
Maxim Converter Analog to Digital. IntLib
Maxim Converter Data Acquisition System. IntLib
Maxim Converter Digital to Analog. IntLib
Maxim Current - Feedback Amplifier. IntLib
Maxim Filter Continuous - Time Active. IntLib
Maxim Filter Lowpass. IntLib
Maxim Filter Switched Capacitor. IntLib
Maxim Interface Display Driver. IntLib
Maxim Interface Laser Diode Driver. IntLib
Maxim Interface Line Driver. IntLib
Maxim Interface MOSFET Driver. IntLib
Maxim Logic Multiplexer. IntLib
Maxim Logic Switch. IntLib
Maxim Logic Timer. IntLib
Maxim Multiplexed Video Amplifier. IntLib
Maxim Operational Amplifier. IntLib
Maxim Passive Potentiometer. IntLib
Maxim Peripheral Memory Controller. IntLib
Maxim Peripheral Pulse Generator. IntLib
Maxim Power Mgt Battery Charger. IntLib
Maxim Power Mgt Battery. IntLib
Maxim Power Mgt Charge Pump. IntLib
Maxim Power Mgt DC - DC Converter. IntLib
Maxim Power Mgt Supervisory Circuit. IntLib
Maxim Power Mgt Switching Regulator. IntLib
Maxim Power Mgt Voltage Reference. IntLib
Maxim Power Mgt Voltage Regulator. IntLib
Maxim RF Amplifier. IntLib
Maxim RF Oscillator. IntLib
Maxim RF Power Amplifier. IntLib
Maxim Universal Active Filter. IntLib
Maxim Video Amplifier. IntLib
Maxim Video Buffer Amplifier. IntLib

Maxim Video Multiplexer. IntLib
Maxim Video Switch. IntLib
Maxim Wideband Amplifier. IntLib

Microchip

Microchip Microcontroller 8 – Bit. IntLib

Micron Technology

Micron Memory Dynamic RAM. IntLib

Mitel

Mitel Comm Central Office PBX Interface. IntLib
Mitel Comm CODEC Filter. IntLib
Mitel Comm CODEC. IntLib
Mitel Comm Communic Interface. IntLib
Mitel Comm Data Access Arrangement. IntLib
Mitel Comm DTMF Receiver. IntLib
Mitel Comm Framer Circuit. IntLib
Mitel Comm ISDN Circuit. IntLib
Mitel Comm MODEM Circuit. IntLib
Mitel Comm PCM Circuit. IntLib
Mitel Comm Phase Locked Loop. IntLib
Mitel Comm Protocol Controller. IntLib
Mitel Comm Subscriber Line Circuit. IntLib
Mitel Comm Switching Matrix. IntLib
Mitel Comm Telephone Circuit. IntLib
Mitel Logic Switch. IntLib

Molex

Molex DOCKING station. IntLib
Molex Modular Jacks Bottom. IntLib
Molex Modular Jacks Right Angle. IntLib
Molex Modular Jacks Vertical. IntLib

Motorola

Motorola Amplifier Audio Amplifier. IntLib
Motorola Amplifier Operational Amplifier. IntLib
Motorola Amplifier Video Amplifier. IntLib
Motorola Analog Multiplier Divider. IntLib

Motorola Analog Timer Ciruit. IntLib
Motorola Audio Tome Vol Bal Control. IntLib
Motorola Audio TV Stereo Decoder. IntLib
Motorola Automotive Direction Indicator. IntLib
Motorola Automotive Ignition Circuit. IntLib
Motorola Automotive Injection Driver. IntLib
Motorola Automotive Voltage Regulator. IntLib
Motorola Communication Interface. IntLib
Motorola Communication Receiver. IntLib
Motorola Communication Telephone. IntLib
Motorola Communication Transmitter. IntLib
Motorola Converter Analog to Digital. IntLib
Motorola Converter Digital to Analog. IntLib
Motorola Converter Tempreture to Voltage. IntLib
Motorola Discrete Diode. IntLib
Motorola Discrete IGBT. IntLib
Motorola Discrete JFET. IntLib
Motorola Discrete MOSFET. IntLib
Motorola Discrete SCR. IntLib
Motorola Discrete TRIAC. IntLib
Motorola DSP 16 - Bit. IntLib
Motorola DSP 24 - Bit. IntLib
Motorola Interface AC Motor Controller. IntLib
Motorola Interface Bridge Driver. IntLib
Motorola Interface Darlington Driver. IntLib
Motorola Interface DC Motor Controller. IntLib
Motorola Interface Display Driver. IntLib
Motorola Interface Line Driver. IntLib
Motorola Interface Line Receiver. IntLib
Motorola Interface Line Transceiver. IntLib
Motorola Interface MOSFET Driver. IntLib
Motorola Interface Peripheral Driver. IntLib
Motorola Interface Servo Motor Controller. IntLib
Motorola Interface Stepper Motor Controller. IntLib
Motorola Interface Terminator. IntLib
Motorola Interface Transistor Driver. IntLib
Motorola Logic Arithmetic. IntLib
Motorola Logic Buffer Line Driver. IntLib
Motorola Logic Comparator. IntLib

Motorola Logic Counter. IntLib
Motorola Logic Decoder Demix. IntLib
Motorola Logic Flip - Flop. IntLib
Motorola Logic Gate. IntLib
Motorola Logic Latch. IntLib
Motorola Logic multiplexer. IntLib
Motorola Logic Multivibrator. IntLib
Motorola Logic Parity Gen Check Detect. IntLib
Motorola Logic Register. IntLib
Motorola Logic Switch. IntLib
Motorola Logic Timer. IntLib
Motorola Memory Serial PROM. IntLib
Motorola Memory Static RAM. IntLib
Motorola Microcontroller 16 - Bit. IntLib
Motorola Microcontroller 32 - Bit. IntLib
Motorola Microcontroller 8 - Bit. IntLib
Motorola Microprocessor 16 - Bit. IntLib
Motorola Microprocessor 32 - Bit. IntLib
Motorola Microprocessor 8 - Bit. IntLib
Motorola Microwave Amplifier. IntLib
Motorola Peripheral Bus Interface Controller. IntLib
Motorola Peripheral Clock Generator. IntLib
Motorola Peripheral DMA Controller. IntLib
Motorola Peripheral Floppy Disk Controller. IntLib
Motorola Peripheral HD Data Sep Sync. IntLib
Motorola Peripheral IO Port. IntLib
Motorola Peripheral Multifunction Controller. IntLib
Motorola Peripheral Real Time Clock. IntLib
Motorola PLD Programmable Array Data. IntLib
Motorola Power Mgt DC - DC Converter. IntLib
Motorola Power Mgt SMPS Controller. IntLib
Motorola Power Mgt Supervisory Circuit. IntLib
Motorola Power Mgt Switching Circuit. IntLib
Motorola Power Mgt Switching Regulator. IntLib
Motorola Power Mgt Voltage Detector. IntLib
Motorola Power Mgt Voltage Reference. IntLib
Motorola Power Mgt Voltage Regulator. IntLib
Motorola Remote Control Receiver. IntLib
Motorola RF Amplifier. IntLib

Motorola RF and IF Frequency Synthesizer.IntLib
Motorola RF and IF Front End.IntLib
Motorola RF and IF Mixer.IntLib
Motorola RF and IF Modulator Demodulator.IntLib
Motorola RF and IF Radio Receiver Circuit.IntLib
Motorola RF and IF Transmitter.IntLib
Motorola RF Power Amplifier.IntLib
Motorola Sensor Temperature Sensor.IntLib
Motorola Video Colour Decoder Circuit.IntLib
Motorola Video Horz Processor Deflector.IntLib
Motorola Video Signal Processor.IntLib
Motorola Video Sound Circuit.IntLib
Motorola Video TV Interface Circuit.IntLib
Motorola Voltage Controller Oscilllator.IntLib
Motorola Wideband Amplifier.IntLib

NEC Electronics

NEC DSP 16 - Bit.IntLib
NEC Microcontroller 4 - Bit.IntLib
NEC Microcontroller 8 - Bit.IntLib
NEC Peripheral Floppy Disk Controller.IntLib
NEC Peripheral GPIB Interface Controller.IntLib
NEC Peripheral Graphics Display Controller.IntLib
NEC Peripheral Hard Disk Controller.IntLib
NEC Peripheral LCD Controller.IntLib
NEC Peripheral Multifunction Controller.IntLib
NEC Peripheral Speech Processor.IntLib

Newport Components

Newport Communication Transceiver.IntLib
Newport Power Mgt DC - DC Converter.IntLib

National Semiconductor

NSC Amplifier Buffer.IntLib
NSC Amplifier Pre - Amplifier.IntLib
NSC Analog Comparator.IntLib
NSC Analog Multiplier Divider.IntLib
NSC Analog Timer Circuit.IntLib
NSC Audio Driver.IntLib

NSC Audio Power Amplifier. IntLib
NSC Audio Processor. IntLib
NSC Automotive Injection Driver. IntLib
NSC Automotive Relay Timer Driver. IntLib
NSC Automotive Tachometer Circuit. IntLib
NSC Comm CODEC Filter. IntLib
NSC Comm DTMF Receiver. IntLib
NSC Comm Phase Locked Loop. IntLib
NSC Communication Interface. IntLib
NSC Communication Receiver. IntLib
NSC Communication Transceiver. IntLib
NSC Converter Analog to Digital. IntLib
NSC Converter Data Acquisition System. IntLib
NSC Converter Digital to Analog. IntLib
NSC Converter Frequency to Voltage. IntLib
NSC Converter Voltage toFrequency. IntLib
NSC Current - Feedback Amplifier. IntLib
NSC Differential Amplifier. IntLib
NSC Discrete BJT. IntLib
NSC Discrete Diode. IntLib
NSC Discrete JFET. IntLib
NSC Discrete Rectifier. IntLib
NSC Filter Switched Capacitor. IntLib
NSC Instrumentation Amplifier. IntLib
NSC Interface Darlington Driver. IntLib
NSC Interface DC & Stepper Motor Controller. IntLib
NSC Interface DC Motor Controller Driver. IntLib
NSC Interface Display Driver. IntLib
NSC Interface LED Driver. IntLib
NSC Interface Line Driver. IntLib
NSC Interface Line Receiver. IntLib
NSC Interface Line Transceiver. IntLib
NSC Interface Meter Driver. IntLib
NSC Interface MOSFET Driver. IntLib
NSC Interface Peripheral Driver. IntLib
NSC Interface PIN Driver. IntLib
NSC Interface Servo Motor Controller. IntLib
NSC LED Oscillator. IntLib
NSC Logic Arithmetic. IntLib

NSC Logic Boundary Scan. IntLib
NSC Logic Buffer Line Driver. IntLib
NSC Logic Clock ClockSupport. IntLib
NSC Logic Comparator. IntLib
NSC Logic Counter. IntLib
NSC Logic Decoder Demix. IntLib
NSC Logic Flip – Flop. IntLib
NSC Logic Gate. IntLib
NSC Logic Latch. IntLib
NSC Logic Multiplexer. IntLib
NSC Logic Multivibrator. IntLib
NSC Logic Parity Gen Check Detect. IntLib
NSC Logic Register. IntLib
NSC Logic Switch. IntLib
NSC Logic Translator. IntLib
NSC Operational Amplifier. IntLib
NSC Peripheral Bus Interface Controller. IntLib
NSC Peripheral Disk Pulse Detector. IntLib
NSC Peripheral Interrupt Controller. IntLib
NSC Power Amplifier. IntLib
NSC Power Mgt Battery Charger. IntLib
NSC Power Mgt Charge Pump. IntLib
NSC Power Mgt Current Source. IntLib
NSC Power Mgt DC – DC Converter. IntLib
NSC Power Mgt SMPS Controller. IntLib
NSC Power Mgt Switching Circuit. IntLib
NSC Power Mgt Switching Regulator. IntLib
NSC Power Mgt Voltage Reference. IntLib
NSC Power Mgt Voltage Regulator. IntLib
NSC RF and IF Frequency Synthesizer. IntLib
NSC RF and IF Demodulator. IntLib
NSC RF and IF Mixer. IntLib
NSC RF and IF Modulator Demodulator. IntLib
NSC RF and IF Receiver. IntLib
NSC RF and IF Transceiver. IntLib
NSC RF and IF Transmitter. IntLib
NSC Sense Amplifier. IntLib
NSC Sense Fluid Detector. IntLib
NSC Sense Temperature Sensor. IntLib

NSC Simple PLD. IntLib
NSC Transconductance Amplifier. IntLib
NSC Video Amplifier. IntLib
NSC Video Generator Circuit. IntLib
NSC Video Signal Processor. IntLib
NSC Video Switch. IntLib
NSC Video Sync Circuit. IntLib
NSC Video TV Interface Circuit. IntLib
NSC Voltage Controller Amplifier. IntLib
NSC Voltage Controller Oscillator. IntLib

ON Semiconductor

ON Semi Analog Comparator. IntLib
ON Semi Comm MODEM Circuit. IntLib
ON Semi Comm Phase Locked Loop. IntLib
ON Semi Comm Switching Matrix. IntLib
ON Semi Converter Serial to Paraller. IntLib
ON Semi Differential Amplifier. IntLib
ON Semi Interface Darlington Driver. IntLib
ON Semi Interface Display Driver. IntLib
ON Semi Interface LED Driver. IntLib
ON Semi Interface Line Driver. IntLib
ON Semi Interface Line Receiver. IntLib
ON Semi Interface Line Transceiver. IntLib
ON Semi Logic Arithmetic. IntLib
ON Semi Logic Buffer Line Driver. IntLib
ON Semi Logic Clock Support. IntLib
ON Semi Logic Comparator. IntLib
ON Semi Logic Counter. IntLib
ON Semi Logic Decoder Demix. IntLib
ON Semi Logic Delay Line. IntLib
ON Semi Logic Flip – Flop. IntLib
ON Semi Logic Gate. IntLib
ON Semi Logic Latch. IntLib
ON Semi Logic Multifunction. IntLib
ON Semi Logic Multiplexer. IntLib
ON Semi Logic Multivibrator. IntLib
ON Semi Logic Parity Gen Check Detect. IntLib
ON Semi Logic Register. IntLib

ON Semi Logic Switch. IntLib
ON Semi Logic Timer. IntLib
ON Semi Logic Translator. IntLib
ON Semi Logic Operational Amplifier. IntLib
ON Semi Logic Peripheral Clock Generator. IntLib
ON Semi Logic Peripheral HD Data Sep – Sync. IntLib
ON Semi Logic Peripheral Interface. IntLib
ON Semi Power Amplifier. IntLib
ON Semi Power Mgt Battery Charger. IntLib
ON Semi Power Mgt Battery . IntLib
ON Semi Power Mgt Charge Pump. IntLib
ON Semi Power Mgt DC – DC Converter. IntLib
ON Semi Power Mgt Power Controller. IntLib
ON Semi Power Mgt SMPS Controller. IntLib
ON Semi Power Mgt Supervisory Cct. IntLib
ON Semi Power Mgt Switching Regulator. IntLib
ON Semi Power Mgt Voltage Detector. IntLib
ON Semi Power Mgt Voltage Reference. IntLib
ON Semi Power Mgt Voltage Regulator. IntLib
ON Semi RF and IF Modulator – Demodulator. IntLib
ON Semi Voltage Controlled Oscillator. IntLib
ON Semi Wideband Amplifier. IntLib

Panasonic

Panasonic Resistor. IntLib

Philips Semiconductors

Philips Discrete BJT – Darlington. IntLib
Philips Discrete BJT – Low Power. IntLib
Philips Discrete BJT – Medium Power. IntLib
Philips Discrete BJT – RF Transistor. IntLib
Philips Discrete Diode – Schottky. IntLib
Philips Discrete Diode – Switching. IntLib
Philips Discrete JEET. IntLib
Philips Discrete MOSFET – Low Power. IntLib
Philips Discrete MOSFET – Power. IntLib
Philips Microcontroller 16 – Bit. IntLib
Philips Microcontroller 8 – Bit. IntLib

Quicklogic

Quicklogic Pasic1. IntLib
Quicklogic Pasic2. IntLib
Quicklogic Pasic3. IntLib

Raltron Electronics

Raltron Crysal Oscillator. IntLib

RF Micro Devices

RF Micro CATV Amplifier. IntLib
RF Micro IF Amplifier. IntLib
RF Micro Microwave Amplifier. IntLib
RF Micro RF and IF Attenuator. IntLib
RF Micro RF and IF Demodulator. IntLib
RF Micro RF and IF Frequency Synthesizer. IntLib
RF Micro RF and IF Mixer. IntLib
RF Micro RF and IF Modulator. IntLib
RF Micro RF and IF Modulator - Demodulator. IntLib
RF Micro Voltage Controlled Oscillator. IntLib

ST - Microelectronics

ST Analog Comparator. IntLib
ST Analog Timer Circuit. IntLib
ST Audio CD - Player Circuit. IntLib
ST Audio Driver. IntLib
ST Audio Graphic Equaliser. IntLib
ST Audio Processor. IntLib
ST Audio Surround Sound Processor. IntLib
ST Audio Switch. IntLib
ST Audio Tape Recorder Circuit. IntLib
ST Audio Tone Vol Bal Control IntLib
ST Audio TV stereo Decoder. IntLib
ST Automotive Diagnostic Serial Link. IntLib
ST Automotive Direction Indicator. IntLib
ST Automotive Ignition Circuit. IntLib
ST Automotive Injection Driver. IntLib
ST Automotive Tachometer Circuit. IntLib
ST Automotive Voltage Regulator. IntLib

ST Comm CODEC Filter. IntLib
ST Comm ISDN Circuit. IntLib
ST Comm MODEN Circuit. IntLib
ST Comm PCM Circuit. IntLib
ST Comm Subscriber Line Circuit. IntLib
ST Comm Switching Matrix. IntLib
ST Comm Telephone Circuit. IntLib
ST Comm Teletext Circuit. IntLib
ST Comm Trunk Interface. IntLib
ST Converter Digital to Analog. IntLib
ST Converter Parallel to Serial. IntLib
ST Converter Serial to Parallel. IntLib
ST Digital Filter. IntLib
ST Discrete BJT. IntLib
ST Interface Darlington Driver. IntLib
ST Interface DC&Stepper Motor Controller. IntLib
ST Interface DC Motor Controller. IntLib
ST Interface Display Driver. IntLib
ST Interface Line Driver. IntLib
ST Interface Line Transceiver. IntLib
ST Interface MOSFET Driver. IntLib
ST Interface Peripheral Driver. IntLib
ST Logic Arithmetic. IntLib
ST Logic Buffer Line Driver. IntLib
ST Logic Comparator. IntLib
ST Logic Counter. IntLib
ST Logic Decoder. IntLib
ST Logic Flip-Flop. IntLib
ST Logic Gate. IntLib
ST Logic Latch. IntLib
ST Logic Multiplexer. IntLib
ST Logic Multivibrator. IntLib
ST Logic Parity Gen Check Deter. IntLib
ST Logic Register. IntLib
ST Logic Special Function. IntLib
ST Logic Switch. IntLib
ST Logic Translator. IntLib
ST Memory Cache-Tag RAM. IntLib
ST Memory EEPROM Flash. IntLib

ST Memory EEPROM Parallel. IntLib
ST Memory EEPROM Serial. IntLib
ST Memory EPROM 1 - 16Mbit. IntLib
ST Memory EPROM 16 - 59kbit. IntLib
ST Memory Non - Volatile RAM. IntLib
ST Microcontroller 8 - Bit. IntLib
ST Microcessor16 - Bit. IntLib
ST Microcessor32 - Bit. IntLib
ST Monitor Amplifier. IntLib
ST Operational Amplifier. IntLib
ST Peripheral Disk Read Processor. IntLib
ST Peripheral Fuzzy logic. IntLib
ST Peripheral Link Adapter. IntLib
ST Peripheral Multifunction Controller. IntLib
ST Peripheral Real Time Clock. IntLib
ST Peripheral Smart Card. IntLib
ST Power Mgt AC DC Converter. IntLib
ST Power Mgt Current Source. IntLib
ST Power Mgt DC - DC Converter. IntLib
ST Power Mgt Limiter. IntLib
ST Power Mgt SMPS Controller. IntLib
ST Power Mgt Supervisory Circuit. IntLib
ST Power Mgt Switching Regulator. IntLib
ST Power Mgt Voltage Regerence. IntLib
ST Power Mgt Voltage Regulator. IntLib
ST Remote Control Receiver. IntLib
ST Remote Control Transmitter. IntLib
ST RF Amplifier. IntLib
ST RF and IF Demodulator. IntLib
ST RF and IF Frequency Synthesizer. IntLib
ST RF and IF Modulator Demodulator. IntLib
ST RF and IF Radio Receiver Circuit. IntLib
ST RF and IF Tuner Circuit. IntLib
ST Sensor Fluid Detector. IntLib
ST Sensor Proximity Detector. IntLib
ST Sensor Temperature Sensor. IntLib
ST Simple PLD. IntLib
ST Video AFC and ID Circuit. IntLib
ST Video Amplifier. IntLib

ST Video Colour Decoder Circuit. IntLib
ST Video Colour Encoder Circuit. IntLib
ST Video East - West Correction Cct. IntLib
ST Video H V Processor Deflector. IntLib
ST Video Horz Processor Deflector. IntLib
ST Video MPEG Audio Deflector. IntLib
ST Video Multiplexer. IntLib
ST Video Non - VGA Video Controller. IntLib
ST Video On - screen Display. IntLib
ST Video Picture - in - Picture Processor. IntLib
ST Video Processor. IntLib
ST Video Scan Circuit. IntLib
ST Video Signal Processor. IntLib
ST Video Sound Circuit. IntLib
ST Video Switch. IntLib
ST Video Sync Circuit. IntLib
ST Video TV Interface Circuit. IntLib
ST Video VCR Circuit. IntLib
ST Video VCR Rec Playback Amp. IntLib
ST Video Vert Processor Deflector. IntLib

Teccor Electronics

Teccor Discrete SCR. IntLib
Teccor DiscreteTRIAC. IntLib

Texas Instruments

TI Analog Comparator. IntLib
TI Analog Current Mirror. IntLib
TI Analog Timer Circuit. IntLib
TI Audio sound Generator. IntLib
TI Communication Interface. IntLib
TI Communication Sonar. IntLib
TI Converter Analog to Digital. IntLib
TI Converter Digital to Analog. IntLib
TI Crystal Oscillator. IntLib
TI Differential Amplifier. IntLib
TI Digital Signal Processor 16 - Bit. IntLib
TI Digital Signal Processor 32 - Bit. IntLib
TI Interface 8 - Bit Line Transceiver. IntLib

TI Darlington Driver. IntLib
TI Interface Display Driver. IntLib
TI Interface Line Driver. IntLib
TI Interface Line Driver. IntLib
TI Interface Line Receiver. IntLib
TI Interface Line Transceiver. IntLib
TI Interface MOSFET Drive. IntLib
TI Logarithmic Amplifier. IntLib
TI Logic Arithmetic. IntLib
TI Logic Boundary Scan. IntLib
TI Logic Buffer Line Driver. IntLib
TI Logic Clock Support. IntLib
TI Logic Comparator. IntLib
TI Logic Counter. IntLib
TI Logic Decoder Demix. IntLib
TI Logic EDAC. IntLib
TI Logic Flip-Flop. IntLib
TI Logic Gate1. IntLib
TI Logic Gate2. IntLib
TI Logic Latch. IntLib
TI Logic Memory Mapper.
TI Logic Multifunction. IntLib
TI Logic Multiplexer. IntLib
TI Interface Line Receiver. IntLib
TI Logic Multivibrator. IntLib
TI Logic Parity Gen Check Detect. IntLib
TI Logic Register. IntLib
TI Logic Switch. IntLib
TI Logic Translator. IntLib
TI Memory Dynamic RAM. IntLib
TI Memory EEPROM. IntLib
TI Memory EPROM. IntLib
TI Operational Amplifier. IntLib
TI Peripheral Bus Interface Controller. IntLib
TI Power Mgt Charge Pump. IntLib
TI Power Mgt DC-DC Converter. IntLib
TI Power Mgt Power Controller. IntLib
TI Power Mgt Supervisory Circuit. IntLib
TI Power Mgt Switching Regulator. IntLib

TI Power Mgt Voltage Detector. IntLib
TI Power Mgt Voltage Reference. IntLib
TI Power Mgt Voltage Regulator. IntLib
TI Switched Capacitor Filter. IntLib
TI Video Amplifier. IntLib
TI Voltage Controlled Oscillator. IntLib

Toshiba

Toshiba Discrete IGBT. IntLib

Vishay

Vishay Ceramic Capacitor. IntLib

Vishay Lite-On

Vishay Lite-On Discrete Diode. IntLib

Vishay Siliconix

Vishay Siliconix Discrete JEET. IntLib
Vishay Siliconix Discrete MOSFET. IntLib

Vishay Telefunken

Vishay Telefunken Discrete Diode. IntLib

Western Digital

WD Communication Interface. IntLib
WD Communication Protocol Controller. IntLib
WD Communication Receiver. IntLib
WD Communication Transceiver. IntLib
WD Communication Transmitter. IntLib
WD Communication UART. IntLib
WD Converter Parallel to Serial. IntLib
WD Converter Serial to Parallel. IntLib
WD Logic EDAC. IntLib
WD Memory FIFO Register. IntLib
WD Memory LIFO-FIFO Register. IntLib
WD Multiprocessor Interface. IntLib
WD Multipheral Clock Generator. IntLib
WD Peripheral CRC Generator. IntLib
WD Peripheral Data Encryption Processor. IntLib

WD Peripheral Disk Pulse Detector. IntLib
WD Peripheral Disk - Tape Support Circuit. IntLib
WD Peripheral DMA Controller. IntLib
WD Peripheral FD Controller. IntLib
WD Peripheral FD Data Sep - Sep. IntLib
WD Peripheral GPIB Interface Controller. IntLib
WD Peripheral HD Data Sep - Sync. IntLib
WD Peripheral Memory Controller. IntLib
WD Peripheral Real Time Clock. IntLib
WD Video Controller. IntLib

Xilinx

Xilinx CoolRunner II. IntLib
Xilinx CoolRunner XPLA3. IntLib
Xilinx Memory SPROM . IntLib
Xilinx PLD XC7000. IntLib
Xilinx PLD XC95000. IntLib
Xilinx PLD XC9500XL. IntLib
Xilinx PLD XC9500XV. IntLib
Xilinx Spartan XL. IntLib
Xilinx Spartan. IntLib
Xilinx Spartan - 3. IntLib
Xilinx Spartan - II. IntLib
Xilinx Spartan - IIE. IntLib
Xilinx Virtex. IntLib
Xilinx Virtex - E. IntLib
Xilinx Virtex - II Pro. IntLib
Xilinx Virtex - II. IntLib
Xilinx XC1700. IntLib
Xilinx XC1700E. IntLib
Xilinx XC1700. IntLib
Xilinx XC17S00A. IntLib
Xilinx XC17V00. IntLib
Xilinx XC18V00. IntLib
Xilinx XC2000. IntLib
Xilinx XC3000. IntLib
Xilinx XC4000E. IntLib
Xilinx XC4000EX. IntLib
Xilinx XC4000XL. IntLib

Xilinx XC4000XLA. IntLib
Xilinx XC4000. IntLib
Xilinx XCF. IntLib

Zetex

Zetex Discrete BJT. IntLib
Zetex Discrete Diode. IntLib
Zetex Discrete MOSFET. IntLib

Zilog

Zilog Communication Interface. IntLib
Zilog Logic Counter. IntLib
Zilog Memory FIFO Registor. IntLib
Zilog Microcontroller – 8 – Bit. IntLib
Zilog Microprocessor – 8 – Bit. IntLib
Zilog Microprocessor16 – Bit. IntLib
Zilog Microprocessor32 – Bit. IntLib
Zilog Multiprocessor Interface. IntLib
Zilog Peripheral Bus Interface Controller. IntLib
Zilog Peripheral Clock Generator. IntLib
Zilog Peripheral Data Encryption Processor. IntLib
Zilog Peripheral DMA Controller. IntLib
Zilog Peripheral Floppy Disk Controller. IntLib
Zilog Peripheral Graphics Display Controller. IntLib
Zilog Peripheral Interface. IntLib
Zilog Peripheral Memory Controller. IntLib
Zilog Peripheral Multifunction Controller. IntLib

Generic Components

Simulation Math Function. IntLib
Simulation Sources. IntLib
Simulation Special Function. IntLib
Simulation Transmission Line. IntLib
Miscellaneous Connectors. IntLib
Miscellaneous Devices. IntLib
PLD Supported Devices. IntLib

C.2　PCB封装库

Axial Lead Diode.PcbLib
BGA - Rectangle.PcbLib
BGA(-0.6mm Pitch,Square).PcbLib
BGA(0.8mm Pitch,Square).PcbLib
BGA(1.27mm Pitch,Square1).PcbLib
BGA(1.27mm Pitch,Square2).PcbLib
BGA(1.27mm Pitch,Square3).PcbLib
BGA(1.27mm Pitch,Square4).PcbLib
BGA(1.27mm Pitch,Square5).PcbLib
BGA(1.5mm Pitch,Square1).PcbLib
BGA(1.5mm Pitch,Square2).PcbLib
BGA(1.5mm Pitch,Square3).PcbLib
BGA(1.5mm Pitch,Square4).PcbLib
BGA(1mm Pitch,Square1).PcbLib
BGA(1mm Pitch,Square2).PcbLib
BGA(1mm Pitch,Square3).PcbLib
BGA(1mm Pitch,Square4).PcbLib
BGA(1mm Pitch,Square5).PcbLib
BGA(1mm Pitch,Square6).PcbLib
Bridge Rectifier.PcbLib
Bumpered QFP - Center Index.PcbLib
Bumpered QFP - Corner Index.PcbLib
CAN - Circle pin arrangement.PcbLib
CAN - Rectangle pin arrangement.PcbLib
Capacitor - Axial.PcbLib
Capacitor - Electrolytic.PcbLib
Capacitor - Tantalum Radial.PcbLib
Capacitor Axial Non - Polarised.PcbLib
Capacitor Radial Non - Polarised.PcbLib
Ceramic DFP.PcbLib
Ceramic QFP(Square).PcbLib
Chip Capacitor - 2 Contacts.PcbLib
Chip Diode - 2 Contacts.PcbLib
Chip Resistor - 2 Contacts.PcbLib
Con 050 DSubminiature.PcbLib
Con CardEdge.PcbLib

Con CampactPCI. PcbLib
Con Docking Station. PcbLib
Con FPC – FFC. PcbLib
Con High – Speed PCB. PcbLib
Con Mod Jack PCB. PcbLib
Con Rect Stag PCB. PcbLib
Cylinder with Flat Index. PcbLib
D – PAK. PcbLib
DIP – LED Display. PcbLib
DIP – Peg leads. PcbLib
DIP,Modified – Trimmed Leads. PcbLib
DIP,Shrink – Stub Leads. PcbLib
Diamond FQFP (0.3mm Pitch,Square)– Corner Index. PcbLib
d Base CAN – 2 Leads. PcbLib
Diamond Base CAN – 3＋Leads. PcbLib
Dual – In – Line Package. PcbLib
FQFP (0.3mm Pitch,Square)– Corner Index. PcbLib
FQFP (0.4mm Pitch,Square)– Corner Index. PcbLib
FQFP (0.5mm Pitch,Square)– Corner Index. PcbLib
FQFP – Rectangle. PcbLib
Flange Mount with Rectangle Base. PcbLib
Horizontal,Flange Mount with Tab. PcbLib
Leaded Chip Carrier (Square)– Centre Index. PcbLib
Leaded Chip Carrier (Square)– Corner Index. PcbLib
Leaded Chip Carrier – Rectangle. PcbLib
Leadless Chip Carrier – Rectangle. PcbLib
Leadless Chip Carrier – Square. PcbLib
Low Profile Module (LPM). PcbLib
MELF – Diode. PcbLib
MELE – Resistor. PcbLib
Miscellaneous Connector PCB. PcbLib
Miscellaneous Devices PCB. PcbLib
Miscellaneous. PcbLib
Pin Grid Array Package (PGA). PcbLib
QFP(– 0.6mm Pitch,Square)– Centre Index. PcbLib
QFP(– 0.6mm Pitch,Square)– Corner Index. PcbLib
QFP(– 0 SOT – 3 Flact Leads. PcbLib
QFP(～0.8mm Pitch,Square)– Corner Index. PcbLib
QFP – Rectangle. PcbLib

Quad In – Line Package (QUIP). PcbLib
Resistor – Axial. PcbLib
SOT – 3 Flact Leads. PcbLib
SOT 143. PcbLib
SOT 223. PcbLib
SOT 23 – 5 and 6 Leads. PcbLib
SOT 23. PcbLib
SOT 343. PcbLib
SOT 89. PcbLib
Shrink Small Outline (～0.6mm Pitch). PcbLib
Shrink In – Line with Mouting Hole. PcbLib
Shrink In – Line with no Mouting Hole. PcbLib
Shrink In – Line Package – 5＋ Leads. PcbLib
Small Outline (＋1.27mm Pitch). PcbLib
Small Outline (～0.8mm Pitch). PcbLib
Small Outline (～1.27mm Pitch)– 22＋ Leads. PcbLib
Small Outline (～1.27mm Pitch)– 6to20 Leads. PcbLib
Small Outline Capacitor – 2C – Bend Leads. PcbLib
Small Outline Capacitor – 2C – Bend Leads. PcbLib

Small Outline Diode – 2C – Bend Leads. PcbLib
Small Outline Diode – 2 Gullwing Leads. PcbLib
Small Outline Diode – 2 YokeLeads. PcbLib
Small Outline Diode – 3＋Flat Leads. PcbLib
Small Outline with J Leads. PcbLib
TSOP (0.4mm Pitch). PcbLib
TSOP (0.5mm Pitch). PcbLib
TSOP (～0.6mm Pitch). PcbLib
Tantalum Capacitor – Leadless. PcbLib
Vertical, Dual – Row, Flange Mount with Tab. PcbLib
Vertical, Single – Row, Flange Mount with Tab. PcbLib
Zig – Zag – In – Line Package Odd Lead Number. PcbLib
Zig – Zag – In – Line Package, Even Lead Number. PcbLib

附录D 热转印法自制PCB的方法与技巧

很多设计者都有过自制印制电路板的经历,综合前几种方法,对自制单面样板来说,最好的方法是热转印法。笔者用这方法已经有几年时间,自制了很多的样板(大部分为单面板,也有部分简单双面板),解决了实验过程中的很多问题。下面介绍该方法的操作要领。

D.1 准备材料

1. 覆铜板

覆铜板最好是按小块裁好的(由于人们通常只做小板,大板用起来还要临时去裁,故很麻烦)。如果覆铜板的边缘有突起的毛刺,则要用砂纸或砂轮打磨光滑。

2. 热转印纸

所谓的热转印纸也就是印刷面有一定的光滑度,在转印后揭纸的时候,比较容易与印墨脱离的纸张而已。符合这样特性的纸张有很多,不干胶的衬底也是很好的材料。

3. 腐蚀设备和药水

一个塑料盆,若干工业用过氧化氢(建材商店有卖,不要买医药行业用的),瓶装盐酸,宽毛刷。

4. 热转印机

热转印机可以用普通的过塑机代替。

如果用电熨斗代替,既累人效果也不好。由于过塑机的胶辊能提供均匀且充分的压力,故其是最好的选择。值得注意的是,新买来的过塑机要经过改造才可使用,不然过不了覆铜板这样的厚板。

具体的操作方法是拆开过塑机外壳,找到起压力调整作用的限位螺蛳帽(一般两边共有4个),将其往回退几圈就行了。

D.2 制作步骤

印制电路板的制作,往往是电子爱好者比较头痛的一件事。许多电子爱好者为了制作一块印制电路板,往往采用油漆描板、刀刻、不干胶粘贴等业余制作方法,速度较慢,而且很难制作出高质量的印制电路板。印制电路板的制作甚至成为许多初学者步入电子殿堂的"拦路虎"。

热转印法制作电路板,是将画好的电路板图形,通过激光打印机打印在热转印纸上,再将转印纸覆盖在敷铜板,经过加热,使融化的墨粉完全吸附在敷铜板上,等冷却后撕下转印纸,即可看到电路板图形已转印到敷铜板上了,黑色的抗腐蚀图层,即是我们想要的PCB图,最后进行腐蚀,即可得到PCB。制作过程中使用的加热工具是电熨斗或过塑机。

转印纸为制作电路板的优点如下:

1) 版精度高;

2) 制版成本低廉；

3) 制版速度快；

4) 可制作出准双面板。

1. 热转印法简介

所谓的热转印纸也就是印刷面有一定的光滑度，在转印后揭纸的时候，比较容易与印墨脱离的纸张而已。热转印法是小批量快速制作印刷电路板的一种方法。它利用了激光打印机墨粉的防腐蚀特性，具有制板快速(20 min)，精度较高(线宽 15 mil，间距 10 mil)，成本低廉等特点，但由于涂阻焊剂和过孔金属化等工艺的限制，这种方法还不能方便地制作任意布线双面板，只能制作单面板和所谓的"准双面板"。这种方法的实现，需要准备以下设备和原材料：一台电脑和一台激光打印机，打印机的墨粉用廉价的兼容墨粉即可；热转印纸；金属壳电熨斗一把，用所谓的"热转印机"(用塑封机改装的)也可以，个人觉得效果不如电熨斗，而且很贵；敷铜电路板，有电木基材和玻纤环氧树脂基材的，后者的性能要好一些；腐蚀的容器和药品，容器用塑料盒即可，药品可以用盐酸、过氧化氢和三氯化铁；钻孔用的钻机和钻头，钻头一般要用到 0.6 mm，0.8 mm 和 1.0 mm 的；当然还有锯板，磨边等一系列机械工具。

2. 设计布线规则

由于热转印制版的特点，在布线时要注意以下方面：

1) 线宽不小于 15 mil，线间距不小于 10 mil。为确保安全，线宽要在 25～30 mil，大电流线按照一般布线原则加宽。为布通线路，局部可以到 20 mil。15 mil 要谨慎使用。导线间距要大于 10 mil，焊盘间距最好大于 15 mil。

2) 尽量布成单面板，无法布通时可以考虑跳接线。仍然无法布通时可以考虑使用双面板，但考虑到焊接时要焊两面的焊盘，并排双列或多列封装的元器件在 toplayer 不要设置焊盘。布线时要合理布局，甚至可以考虑调换多单元器件(比如 6 非门)的单元顺序，以有利于布通。尽量使用手工布线，自动布线往往不能满足要求。

3) 有 0.8 mm 孔的焊盘要在 70 mil 以上，推荐 80 mil。否则会由于打孔精度不高使焊盘损坏。

4) 孔的直径可以全部设成 10～15 mil，不必是实际大小，以利于钻孔时钻头对准。

5) bottomlayer 的字要翻转过来写，toplayer 的正着写。

3. 打 印

打印前先进行排版，把要打的图排满一张 A4 纸，越多越好。因为有些图打出来是坏的，需要从中选一张好的来印。排入 toplayer 时要翻转过来，双面板的边框一定要保留，以利于对齐。然后进行设置，设成黑白打印，实际大小，关掉(hide)除 toplayer，bottomlayer，边框和 mutilayer 的其他所有层。然后打印在热转印纸的光面。

4. 加热转印

将打印好的转印纸裁好放在敷铜板上，用电熨斗(150～180 ℃)稍一加热就可以贴在上面，然后持续均匀加热数分钟，加热时稍用力压。待完全冷却后才可将转印纸揭下。此时如果还有缺损可以用记号笔修补。

5. 腐 蚀

将盐酸、过氧化氢和 Cu 按约 2∶1∶1 配好或将 Cu 与三氯化铁溶液按 28%～45% 的比例配好，放入印好的敷铜板，不断摇晃，数秒钟至数分钟内可以腐蚀好。

盐酸、过氧化氢和 Cu 将按方程式 $2HCl + H_2O_2 + Cu = CuCl_2 + 2H_2O$ 发生反应；同时，会有一些有刺激性气味的气体产生，可能是挥发的 HCl 和 H_2O_2 氧化 Cl^- 所得的 Cl_2，所以要注意通风。另外可以先加 HCl 溶液，放入敷铜板再逐渐加入 H_2O_2，以利于控制反应的进行。注意，H_2O_2 不能直接滴在敷铜板上，否则会损坏墨粉。

三氯化铁溶液与 Cu 的反应方程式 $Cu + 2FeCl_3 = CuCl_2 + 2FeCl_2$，要注意的是不要将三氯化铁溶液洒到衣服或墙壁上，否则洗不干净。

6. 钻孔与后续处理

腐蚀完后，对电路板进行钻孔和磨边处理，再用湿的细砂纸去掉表面的墨粉。

7. 焊　接

焊接前，可以对铜箔进行涂锡处理，但切勿用焊锡膏。在焊接元器件前，应先用管脚将跳线和过孔焊通；双面板两面的焊盘都要焊。

D.3　使用方法

1) 用激光打印机将电路板线路图打印到本热转印纸的光面。
2) 用制板机调至 150～180℃ 间，将热转印纸印有电路图的一面敷在敷铜板上，进行转印；也可用电熨斗代替制板机，手工转印。
3) 印完后去掉转印纸，将敷铜板放入三氯化铁溶液进行腐蚀。
4) 最后用汽油清洗电路板上的碳粉。

附录 E 印制电路板设计常用词汇

缩 写	英文全称	中文全称
AF	Adhesive face	胶粘剂面
AI	Auto insertion	自动插件
AOI	Automotive optical inspection	自动光学检查
ATE	Automatic test equipment	自动测试
ATM	Atmosphere	气压
B.M	Base material	基材
BAP	Break away panel	可断拼板
BB	Bare Board	裸板
BEW	Battery electro welder	电池电极焊接机
BFS	Base film surface	基膜面
BGA	Ballgrid array	球形矩阵封装
BL	Bonding layer	黏接层
BM	Basis materia	基体材料
BP	Back plane	背板
Briging		桥接
BUMPB	Build up multilayer printed board	积层多层印制板
BUPB	Build up printed board	积层印制板
CABLE		电缆
CBCCL	Ceramics base copper clad laminates	陶瓷基覆铜箔板
CBGA	Ceramic bga	陶瓷球型矩阵封装
CCD	Charge coupled device	监视连接组件
CCL	Copper clad laminate	覆铜箔层压板
CCS	Copper clad surface	铜箔面
CF	Compact flash memory card MP3、PDA	数码相机存储卡
CL	Cover layer	覆盖层
CLCC	Ceramic leadless chip carrier	陶瓷引脚
CM	Core material	内层芯板
COB	Chip on board	芯片直接贴附在电路板上
Component side		组件面

续表

缩　写	英文全称	中文全称
Conductor side		导线面
CP	Conductive pattern	导电图形
CPL	Composite laminate	复合层压板
CSB	Ceramic substrate	陶瓷硬制板
CSP	Cut to size panel	剪切板
CSP	Chip scale package	芯片尺寸构装
CTE	Coefficient of thermal expansion	热膨胀系数
CTL	Conductor trace line	导线
CWD	Cross wise direction	横向
D.B	Daughter board	子板
DD	Dataplay disk	微光盘
DIM	Depaneling machine	电路板切割机
DIP	Dual in line package	双列直插封装
DOE	Design of experiment	实验计划法
DSB	Double sided printed board	双面硬制板
EBC	Edge board contact	板边插头
EGS	Epoxy glass substrate	还氧玻璃基板
EMS		专业电子制造服务
Epoxide FFCCL clad laminates	Epoxide synthetic fiber fabric copper	还氧合成纤维布覆铜板
Epoxy CCL	Epoxide cellulose paper copper clad	
Epoxy FCCL	Epoxide woven glass fabric copper clad Laminate	环氧玻璃布基覆箔板
EPPB	Electroconductive paste printed board	导电胶硬制板
F.M		光学点
FC	Flush conductor	齐平导线
FFC	Flexible flat cable	挠性扁平电缆
FLUX		助焊剂
FPT	Fine pitch technology	微间距技术
GRID		网格
HC	Hybrid circuit	混合电路
IA	Information appliance	信息家电产品
IC	Integrate circuit	集成电路

续表

缩 写	英文全称	中文全称
INCH		英寸
IR	Infra red	红外线
ISO		国际认证
ITC	Inter connection	互连
JIS		日本工业标准
LAMINATE		层压板
LCC	Leadless chip carrier	集成电路插座
Legend		字符
LGA	LGA	封装
LWD	Length wise direction	纵向
M.S.D.S		国际物质安全资料
M.B	Mother board	母板
Mark		标志
MBCCL		金属基覆铜箔层压板
MBGA	Micro bga	微小球型矩阵封装
MCB	Molded circuit board	模塑电路板
MCBM	Metal clad bade material	覆金属箔基材
MCCCL	Metal core copper clad laminate	金属芯覆铜箔层压板
MCM	Multi chip module	多层芯片模块
MELF	Metal electrode face	二极管
MLB	Mulitlayer printed board	多层印制板
MPCB	Mulitlayer printed circuit	多层印制电路板
MQFP	Metalized qfp	金属四方扁平封装
MS	Membrane switch	薄膜开关
NCP	Non conductive pattern	非导电图形
NONCFC		无氟氯炭化合物
ORT		持续性寿命测试
OXIDE		氧化物
PAATTERN		图形
PB	Printed board	印制板
PBA	Printed board assembly	印制板装配
PBGA	Plastic ball grid array	塑料球矩形阵封装
PC	Printed circuit	印制电路

续表

缩 写	英文全称	中文全称
PCB	Printed circuit board	印制电路板
PHENOLIC CCL	Phenolic cellulose paper copper clad Laminate	酚醛纸质覆铜箔板
PMB	Mulitlayer prited wiring board	多层印制线路板
PMT		产品成熟度测试
Polyester FCCL	Polyester woven glass fabriccopper Clad laminate	聚酯玻璃布覆铜箔板
PTH	Plated thru hole	
PW	Printed wiring	印制线路
PWD	Printed wiring board	印制线路板
QFP	Quad flat package	四方扁平封装
RPB	Rigid printed board	刚性印制板
S.P	Support pin	支撑柱
SIP	Single in line	单列直插封装
SIR	Surface insulation resistance	绝缘阻抗
SM	Stiffener material	增强板材
SMC	Surface mount component	表面贴装组件
SMD	Surface mount device	表面贴装元器件
SME	Surface mounting equipment	表面安装设备
SMT	Surface mount technology	表面贴装技术
Solder balls		锡球
Solder mask		焊锡条
Solder Bars		阻焊漆
Solder side		焊接面
Solder skips		漏焊
Solder splash		锡渣
Solder Wires		焊锡线
Solderability		焊锡性
Soldering Iron		烙铁
S.O.P	Standard operation procedure	标准操作手册
SOP	Small out line package	小外形封装
SOT	Small outline transistor	小型晶体管封装

续表

缩 写	英文全称	中文全称
SPS		交换式电源供应器
SPWB	Stamped printed wiring board	模压印制板
SSB	Single sided printed board	单面印制板
SSOP	Shrink small outline package	收缩型小外型封装
T.M	Taping machine	芯片打带包装机
TAB	Tape automatice bonding	带状自动结合
TFC	Thick film circuit	厚膜电路
TFCCL	Teflon fiber glass copper clad laminates	聚四乙烯玻璃纤维覆铜箔板
TL	Transmission line	传输线
Touch Up		补焊
TQFP	Tape quad flat package	带状四方扁平封装
TTHC	Thin film hybrid circuit	薄膜混合电路
ULS	Unclad laminate surface	层压板面
UTL	Ultra thin laminate	超薄型层压板
UV	Ultraviolet	紫外线
UV BCL	Uv blocking copper clad laminates	紫外线阻挡型覆铜箔板
Viscosity		黏度

参考文献

1. 赵广林.轻松跟我学 Protel 99SE 电路设计与制版[M].北京:电子工业出版社,2005.
2. 王浩全,傅英明.Protel DXP 电路设计与制版实用教程[M].北京:人民邮电出版社,2005.
3. 崔玮,王金辉.Protel DXP 使用手册[M].北京:海洋出版社,2003.
4. 郝文化.Protel DXP 电路原理图与 PCB 设计[M].北京:机械工业出版社,2004.
5. 程昱.精通 Protel DXP 电路设计[M].北京:清华大学出版社,2004.
6. 韩晓东.Protel DXP 电路设计入门与应用[M].北京:中国铁道出版社,2004.
7. 谷树忠,闫胜利.Protel 2004 实用教程[M].北京:电子工业出版社,2005.

参考文献

1. 谢建华, 杨凡, 陈礼勇, 等. Proteus 在单片机教学中的应用研究[M]. 北京: 电子工业出版社, 2008.
2. 汪海军, 吴成东, 陈东岳. DSP 原理及应用技术[M]. 北京: 电子工业出版社, 2008.
3. 周润景, 张丽娜. 基于Proteus 的电路及单片机设计与仿真[M]. 北京: 北京航空航天大学出版社, 2006.
4. 张义和, 王敏男. DSP 与嵌入式应用系统开发[M]. 北京: 清华大学出版社, 2007.
5. 张毅刚. 单片机原理及应用[M]. 北京: 高等教育出版社, 2004.
6. 周坚. 单片机轻松入门[M]. 北京: 北京航空航天大学出版社, 2006.
7. 康华光. 电子技术基础(第五版)[M]. 北京: 高等教育出版社, 2006.